改訂第３版

これは廃棄物？
だれが事業者？

お答えします！

廃棄物処理

龍野 浩一
著

第一法規

本書について

「通知行政」と揶揄される「廃棄物処理法」（以下、「法」といいます）の運用上の性格を踏まえ、本書出版元の主催によるセミナー「通知で見る廃棄物処理法」等を数回にわたり実施したのは、平成２０年２月から平成２１年１０月にかけてのことです。その後、平成２２年５月１９日に法が、１２月２２日に同施行令（以下、「令」といいます）が、平成２３年１月２８日に同施行規則（以下、「則」といいます）がそれぞれ改正され、主要な通知の発出や廃止とガイドライン・マニュアル等の制改定を経て、４月１日に全面施行されました。

これらの改正等により、従来、解釈が困難とされてきた疑義は多少なりとも明確になった･･･わけはなく、以降の改正等と相まって、その難解さは高まるばかりです。そして、それを反映するかのごとく､連日のように寄せられる筆者への質問の内容も複雑化の一途を辿っています。今や１件の相談で２、３時間を費やすことはそう珍しくもなくなり、むしろ、きわめて日常的なものとなってしまいました。相談を受ける機会は以上にとどまらず、たとえば平成１８年度から事業化している「廃棄物管理士講習会」等においても、実務者にしか持ちえない多種多様な質問に回答してきました。その結果、筆者には多くの指導・助言事例が蓄積されています。

このようにして蓄積された事例を眠らせたまま有効に活用しないのはもったいない、また筆者や筆者の所属する団体が質・量ともにそれだけの相談を受け、指導・助言し、廃棄物の適正処理を推進している実情を広く世間に知っていただきたいという思いから、とりわけ解釈が困難とされている基幹分野を中心に厳選・集約して本書を執筆することとしました。ただし個別・具体な相談の主体や状況等が特定されやすくなることを避けるため、質問の内容は、１年あたりの平均的な照会頻度を添え、一般化しています。照会頻度の見方は、次のとおりです。

照会頻度の見方

★★★　･･･　年間平均で２０件以上あった同類の質問
★★☆　･･･　年間平均で１０件以上２０件未満あった同類の質問
★☆☆　･･･　年間平均で１０件未満あった同類の質問

回答は法令・告示・通知や判例等を踏まえたものを原則とし、簡素で平易な解説を心がけ、あえて持論は展開していません。また実務的な理解には直接不要と思われる背景・経緯等について、過剰な言及や補足も差し控えています。なお通知は法令・告示の解釈や運用を助ける有効な手段となりえますが、あくまで環境省（主務官庁）による「技術的な助言」であり、根底には「自治事務」と「法定受託事務」があります。都道府県等によっては「上乗せ」や「横出し」をはじめとする条例・規則・細則、さらには要綱・指針等を制定しているところもあります。したがって、月並みな締括りになってしまいますが、最終的な判断は必ず最寄りの所管課等に確認を取ってからにしてください。

平成２７年７月

公益社団法人大阪府産業廃棄物協会事務局にて

筆者

改訂増補にあたって

初版の刊行から２年が経過しました。

この間、本書に対する評価の声を数多くいただく一方で、廃棄物処理に係る筆者への相談が減る兆しは一向にありません。反対に、本書の刊行を契機として増えているのではないかと感じるほどです。初版で取り扱わなかった内容や以降に改正された法令事項等を含め、それまで以上の広範多岐にわたる質問が、引き続き筆者のもとに寄せられています。廃棄物管理担当者が抱える「悩み」は尽きないというわけです。事実、彼らが経験を積み、理解を重ね、本質に迫ろうとするほど、新たな疑義や矛盾に気づかされ、混乱に陥ってしまうことになるのが、この分野の厄介な点といえます。

本書の改訂増補に踏み切ったのは、以上の事情に対し、それでも誠実かつ熱心に向き合って試行錯誤されている実務者の方々から「第２弾」を求める打診を幾度となくいただいたためです。

改訂増補が施された本書を、どうぞ存分に活用してください。

平成２９年１０月
公益社団法人大阪府産業廃棄物協会事務局にて
筆者

改訂第３版の刊行にあたって

改訂増補が施され、今や廃棄物管理担当者の間で幅広く認知されつつある本書ですが、それでもなお、以降にあった法令改正やその他外部環境の大きな変化等により、廃棄物処理に係る筆者への相談は増え続けています。

同様に、こうした個別の疑義をテーマとするセミナーの実施依頼も増えており、終了後の壇上は常に「聴講者との意見交換の場」と化してしまう状況です。業界や立場を越え、実務者として確固たる信念と明確な問題意識を持って聴講されている方々からの質問は示唆に富み、中には本書の「第３弾」を必然とする貴重な事例が多くあります。

そこで、当初計画になかったのですが、初版の刊行から５年が経過した今般、急遽、本書の版を新たにし、再びその増補を図ることとした次第です。加筆にあたっては、既述のとおり受けた相談のうち最近で特に目立ったものを中心に選び、目次において**NEW**を添えています。また従来版から登載されているものについても、必要に応じ、さらに踏み込んだ解説や資料等を追加して内容の更新と強化に努めました。

以上の趣旨で刊行された改訂第３版となる本書を、引き続き存分に活用してください。

令和２年１２月
公益社団法人大阪府産業資源循環協会事務局にて
筆者

目 次

廃棄物の定義 編

事例 1 廃棄物該当性の判断について

事例 2 一般廃棄物と産業廃棄物の区分について

事業者の特定 編

事例 4 事業者の特定について

事例 5 処理責任から見た事業者の範囲について

廃棄物の定義 編

Q001　廃棄物の定義

★★★

廃棄物とは、どういうものをいうのですか？

法で「汚物又は不要物であって固形状又は液状のもの（放射性物質及びこれによって汚染されたものを除く）」と定義されています。

不要物とは、占有者（「所有者」ではありません）が自ら利用し、又は他人に売却すること（有償で譲渡すること）ができないために不要になったものをいい、これらに該当するか否かは「①物の性状（安定性と有害性）」、「②排出の状況（計画性）」、「③通常の取扱い形態（市場性）」、「④取引価値の有無（経済合理性）」、「⑤占有者の意思（客観的主観性）」等を総合的に勘案して判断しなければならないこととされています（資料1-1）。「総合判断説」といい、最高裁判所も支持している考え方です。

なお定義を踏まえ、固形状でも液状でもない気体状のものや放射性物質及びこれによって汚染されたものは廃棄物から除外されます。ただし、放射性物質及びこれによって汚染されたもののうち事故由来放射性物質により汚染されたものであって次のもの以外は、（たとえ放射性物質により汚染されたものでも）廃棄物から除外されず、法の適用を受けるので注意してください（資料1-2）。

- ▶「原子炉等規制法」や「放射線障害防止法」等の他の法令の規定に基づき廃棄されるもの
- ▶「放射性物質汚染対処特別措置法」の規定に基づき処理が行われる対策地域内廃棄物と指定廃棄物

資料1-1 廃棄物該当性の判断について

廃棄物とは、占有者が自ら利用し、又は他人に有償で譲渡することができないために不要となったものをいい、これらに該当するか否かは、その物の性状、排出の状況、通常の取扱い形態、取引価値の有無及び占有者の意思等を総合的に勘案して判断すべきものであること。

廃棄物は、不要であるために占有者の自由な処理に任せるとぞんざいに扱われるおそれがあり、生活環境の保全上の支障を生じる可能性を常に有していることから、法による適切な管理下に置くことが必要であること。したがって、再生後に自ら利用又は有償譲渡が予定される物であっても、再生前においてそれ自体は自ら利用又は有償譲渡がされない物であることから、当該物の再生は廃棄物の処理であり、法の適用があること。

また、本来廃棄物たる物を有価物と称し、法の規制を免れようとする事案が後を絶たないが、このような事案に適切に対処するため、廃棄物の疑いのあるものについては以下のような各種判断要素の基準に基づいて慎重に検討し、それらを総合的に勘案してその物が有価物と認められるか否かを判断し、有価物と認められない限りは廃棄物として扱うこと。なお、以下は各種判断要素の一般的な基準を示したものであり、物の種類、事案の形態等によってこれらの基準が必ずしもそのまま適用できない場合は、適用可能な基準のみを抽出して用いたり、当該物の種類、事案の形態等に即した他の判断要素をも勘案するなどして、適切に判断されたいこと。その他、平成１２年７月２４日付け衛環第６５号厚生省生活衛生局水道環境部環境整備課長通知「野積みされた使用済みタイヤの適正処理について」及び平成１７年７月２５日付け環廃産発第０５０７２５００２号環境省大臣官房廃棄物・リサイクル対策部産業廃棄物課長通知「建設汚泥処理物の廃棄物該当性の判断指針について」、平成２４年３月１９日付け環廃企発第１２０３１９００１号・環廃対発第１２０３１９００１号・環廃産発第１２０３１９００１号環境省大臣官房廃棄物・リサイクル対策部企画課長・廃棄物対策課長・産業廃棄物課長通知「使用済家電製品の廃棄物該当性の判断について」も併せて参考にされたいこと。

ア　物の性状

利用用途に要求される品質を満足し、かつ飛散、流出、悪臭の発生等の生活環境の保全上の支障が発生するおそれのないものであること。実際の判断に当たっては、生活環境の保全に係る関連基準（例えば土壌の汚染に係る環境基準等）を満足すること、その性状についてＪＩＳ規格等の一般に認められている客観的な基準が存在する場合は、これに適合していること、十分な品質管理がなされていること等の確認が必要であること。

イ　排出の状況

排出が需要に沿った計画的なものであり、排出前や排出時に適切な保管や品質管理がなされていること。

ウ　通常の取扱い形態

製品としての市場が形成されており、廃棄物として処理されている事例が通常は認められないこと。

エ　取引価値の有無

占有者と取引の相手方の間で有償譲渡がなされており、なおかつ客観的に見て当該取引に経済的合理性があること。実際の判断に当たっては、名目を問わず処理料金に相当する金品の受領がないこと、当該譲渡価格が競合する製品や運送費等の諸経費を勘案しても双方にとって営利活動として合理的な額であること、当該有償譲渡の相手方以外の者に対する有償譲渡の実績があること等の確認が必要であること。

オ　占有者の意思

客観的要素から社会通念上合理的に認定し得る占有者の意思として、適切に利用し若しくは他人に有償譲渡する意思が認められること、又は放置若しくは処分の意思が認められないこと。したがって、単に占有者において自ら利用し、又は他人に有償で譲渡することができるものであると認識しているか否かは廃棄物に該当するか否かを判断する際の決定的な要素となるものではなく、上記アからエまでの各種判断要素の基準に照らし、適切な利用を行おうとする意思があるとは判断されない場合、又は主として廃棄物の脱法的な処理を目的としたものと判断される場合には、占有者の主張する意思の内容によらず、廃棄物に該当するものと判断されること。

なお、占有者と取引の相手方の間における有償譲渡の実績や有償譲渡契約の有無は、廃棄物に該当するか否かを判断する上での一つの簡便な基準に過ぎず、廃プラスチック類、がれき類、木くず、廃タイヤ、廃パチンコ台、堆肥（汚泥、動植物性残さ、家畜のふん尿等を中間処理（堆肥化）した物）、建設汚泥処理物（建設汚泥を中間処理した改良土等と称する物）等、場合によっては必ずしも市場の形成が明らかでない物については、法の規制を免れるため、恣意的に有償譲渡を装う場合等も見られることから、当事者間の有償譲渡契約等の存在をもって直ちに有価物と判断することなく、上記アからオまでの各種判断要素の基準により総合的に判断されたいこと。さらに、排出事業者が自ら利用する場合における廃棄物該当性の判断に際しては、必ずしも他人への有償譲渡の実績等を求めるものではなく、通常の取扱い、個別の用途に対する利用価値並びに上記ウ及びエ以外の各種判断要素の基準に照らし、社会通念上当該用途において一般に行われている利用であり、客観的な利用価値が認められなおかつ確実に当該再生利用の用途に供されるか否かをもって廃棄物該当性を判断されたいこと。ただし、中間処理業者が処分後に生じた中間処理産業廃棄物に対して更に処理を行う場合には産業廃棄物処理業の許可を要するところ、中間処理業者が中間処理後の物を自ら利用する場合においては、排出事業者が自ら利用する場合とは異なり、他人に有償譲渡できるものであるか否かを含めて、総合的に廃棄物該当性を判断されたいこと。

平成３０年３月３０日環循規発第１８０３３０２８号
環境省環境再生・資源循環局廃棄物規制課長通知別添

資料1-2　放射性物質汚染対処特別措置法及び廃棄物処理法が適用される範囲等

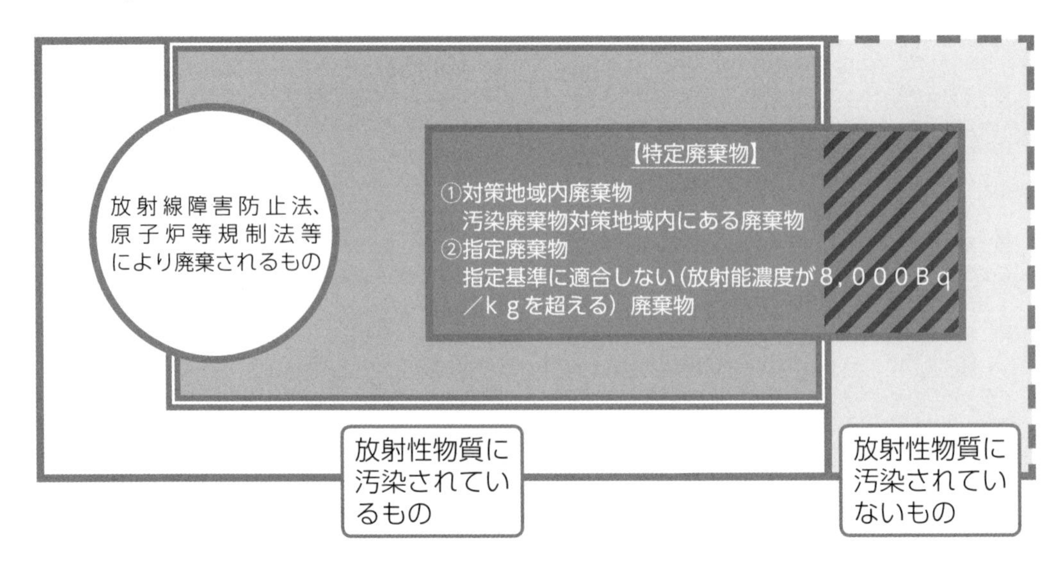

：事故由来放射性物質により汚染されたもの

：従来廃棄物処理法が適用されていた範囲

：放射性物質汚染対処特別措置法に基づき特定廃棄物に係る規制が適用される範囲

：放射性物質汚染対処特別措置法第２２条により新たに廃棄物処理法を適用することとする範囲

：放射性物質汚染対処特別措置法第２１条により廃棄物処理法が適用されないもの（当該特措法は適用）

参考

法第２条第１項
環整第４３号（昭和４６年１０月１６日）
環整第４５号（昭和４６年１０月２５日）
環計第３７号（昭和５２年３月２６日）
衛環第６５号（平成１２年７月２４日）
環廃産第１４２号（平成１４年３月８日）
環廃産第４０７号（平成１４年７月１８日）
環廃産第６７０号（平成１４年１１月５日）
環廃産発第０３１１２８００９号（平成１５年１１月２８日）
環廃産発第０５０７２５００２号（平成１７年７月２５日）
環廃対発第０６０６０５００４号（平成１８年６月５日）
環廃産発第０７０６２２００５号（平成１９年７月５日）
環廃対発第１１０８３１００１号・環廃産発第１１０８３１００１号（平成２３年８月３１日）
環廃企発第１１０８３１００１号・環水大総発第１１０８３１００２号（平成２３年８月３１日）
環廃企発第１１１２２８００２号・環水大総発第１１１２２８００２号（平成２３年１２月２８日）
環廃対発第１２０１２０００１号・環廃産発第１２０１２０００１号（平成２４年１月２０日）
環廃対発第１２０１２０００２号・環廃産発第１２０１２０００２号（平成２４年１月２０日）
環廃企発第１２０３１９００１号・環廃対発第１２０３１９００１号・環廃産発第１２０３１９００１号（平成２４年３月１９日）
環廃対発第１２１１０９３０５号・環廃産発第１２１１０９３００号（平成２４年１１月９日）
環廃対発第１３０６２８１号・環廃産発第１３０６２８１号（平成２５年６月２８日）
環廃対発第１３０７１２１号・環廃産発第１３０７１２２号（平成２５年７月１２日）
環廃対発第１５１０１９２号・環廃産発第１５１０１９１号・環水大総発第１５１０１９２号（平成２７年１０月１９日）
環廃対発第１６０３３０１３号・環廃産発第１６０３３０１７号（平成２８年３月３０日）
環廃対発第１６０４２８１号・環廃産発第１６０４２８１号（平成２８年４月２８日）
環循規発第１８０３３０２８号（平成３０年３月３０日）
事務連絡（平成１７年６月３０日）
事務連絡（平成２４年４月２７日）

事務連絡（平成２５年２月１２日）
津山簡易判（平成８年３月１８日）
広島高裁岡山支判（平成８年１２月１６日）
最高裁二小決（平成１１年３月１０日）
さいたま地判（平成１９年８月２９日）
東京高判（平成２０年２月２０日）

Q 002 主務官庁による廃棄物該当性の判断

使用済みの鉛バッテリーに含まれる鉛を精錬する事業者が、その電解液等を原料として生成される粗芒硝液（主成分として硫酸ナトリウムを、不純物として鉛等を含有する溶液）を市販工業薬品である芒硝液に加工する業務の第三者への委託にあたり、粗芒硝液の廃棄物該当性について問い合わせたところ、環境省から廃棄物に該当する旨の回答（「技術的な助言」ではありません）があったと聞きました。本来、その最終的な判断は都道府県等が行うものではないのですか？

確かに、廃棄物該当性の判断は都道府県等が行うものですが、一方で「産業競争力強化法」に基づく「グレーゾーン解消制度」を活用することにより、事業者が、新事業活動の実施に先立ち、あらかじめ規制の適用の有無について政府に照会し、事業所管大臣（この場合は経済産業大臣になります）から規制所管大臣（この場合は環境大臣になります）への確認を経て回答を受けることもできます。

ただし、この制度の活用は、新事業活動の実施に先立つものに限られており、既に行われている事業活動に係るものは対象外となっていることに注意してください。

参考

中環審第９４２号（平成２９年2月１４日）
環循規発第１８０３３０２８号（平成３０年3月３０日）

Q003 廃棄物に該当しないもの

★★

定義から除外されるもの以外に、廃棄物に該当しないものはありますか？

次のものは廃棄物に該当しない、又は廃棄物として適当でないこととされています。

▶港湾、河川等の浚渫（しゅんせつ）に伴って生じた土砂その他これに類するもの
▶漁業活動に伴って漁網にかかった水産動植物等であって、当該漁業活動を行った現場付近において排出したもの
▶土砂及び専ら土地造成の目的となる土砂に準ずるもの
▶動物霊園事業において取り扱われる愛玩動物の死体又は当該死体の火葬に伴って生じた焼骨であって墓地埋葬及び供養等が行われるもの、宗教行為の一部として除去した古い墓等（公益上若しくは社会の慣習上やむをえないもの）
▶特定チタン廃棄物（酸化チタン製造等の工程から生じたチタン廃棄物のうち、廃棄物に起因する空間放射線量率が１時間あたり０．１４μＧｙを超えるもの）
▶「下水道法」の規定に基づき下水道管理者が自ら処理を行う下水汚泥
▶「家畜伝染病予防法」の規定に基づき処理が行われる患畜又は疑似患畜
▶「鳥獣保護法」の規定に基づき生態系に影響をあたえないような適切な方法で埋設される捕獲物等（生活環境の保全上支障が生じ、又は生じるおそれがあると認められないもの）
▶微量のＰＣＢの混入の可能性を完全に否定できないとされる変圧器等の電気機器やＯＦケーブルが廃棄物となったもののうち、分析のために必要な最小限の量を採取し、分析後に余ったものは事業者に返却することを前提として運ばれる試料
▶放置間伐材について、通常の材木と同様の性状等が認められるもの
▶「放射性物質汚染対処特別措置法」の規定に基づき処理が行われる対策地域内廃棄物であって事故由来放射性物質により汚染されていないもの

参考

環整第４３号（昭和４６年１０月１６日）
環計第７８号（昭和５２年８月３日）
環産第２１号（昭和５７年６月１４日・平成１２年１２月２８日廃止）
衛産第２５号（平成３年６月６日）
衛環第２３３号（平成４年８月１３日）
衛環第２４３号（平成６年８月１２日）
衛企第１７号（平成１２年３月３１日）
環廃産発第０４０２１７００５号（平成１６年２月１７日）
環廃対発第０７０３３００１８号・環廃産発第０７０３３０００３号・環地保発第０７０３３０００６号（平成１９年３月３０日）
健衛発０７２９第１号（平成２２年７月２９日）
環廃産第１１０３２９００４号（平成２３年３月３０日）

環廃企発第１１１２２８００２号・環水大総発第１１１２２８００２号（平成２３年１２月２８日）
環廃産発第１６０６０２１号（平成２８年６月２日）
事務連絡（平成１２年８月２８日）
事務連絡（平成１５年４月１４日）
事務連絡（平成２０年３月３１日）
事務連絡（平成３１年２月２０日）
広島高裁岡山支判（平成２８年６月１日）

Q004 土砂と汚泥の判断

★★★

掘削工事に伴って生じたものに、「土砂（廃棄物に該当しないもの）」か、「汚泥（廃棄物に該当するもの）」か、判断できない掘削物があります。どのように考えて判断するべきでしょうか？

A

含水率が高く、粒子が微細で泥状を呈しているものは汚泥として取り扱わなければなりません。具体的には、標準仕様ダンプトラック等に山積みで積載できず、その上を人が歩けないような「①コーン指数おおむね２００ｋＮ／m^2以下のもの」又は「②一軸圧縮強度おおむね５０ｋＮ／m^2以下のもの」は汚泥に該当します。たとえ積載時にそのような性状を有さなくても、運搬中の練返しにより泥状を呈してしまうものも同様です。ただし、直径７４μｍ超の粒子をおおむね９５％以上含む掘削物（ずり分離等を行うことにより流動性を呈さなくなり、生活環境保全上の支障のないもの）は、容易に水分を除去して含水率を下げることができることから土砂として取り扱うことができます。また、地山の掘削により排出されるものも同様です。

以上の判断は掘削工事に伴って生じた時点で行わなければならず、たとえば水を利用して地山を掘削する工法においては、掘削物を元の土砂と水に分離する工程までを掘削工事としてとらえ、この一体となるシステムから排出される時点で土砂か汚泥かを判断することになります（資料1-3）。

なお汚泥又は汚泥処理物に土砂が混入したものは、あくまで土砂と廃棄物の混合物であり、これを「自然物たる土砂」として取り扱うことは認められません。また法の適用を受けない土砂でも、「土壌汚染対策法」に基づく汚染土壌（自然由来等のものを含みます）に指定される可能性があるので注意してください。

資料1-3　代表的掘削工法（例示）

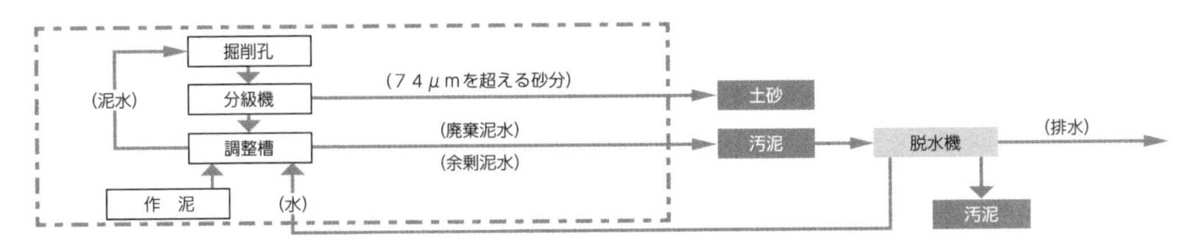

汚水循環工法の一例（汚水シールド・リバースサーキュレーション工法等）

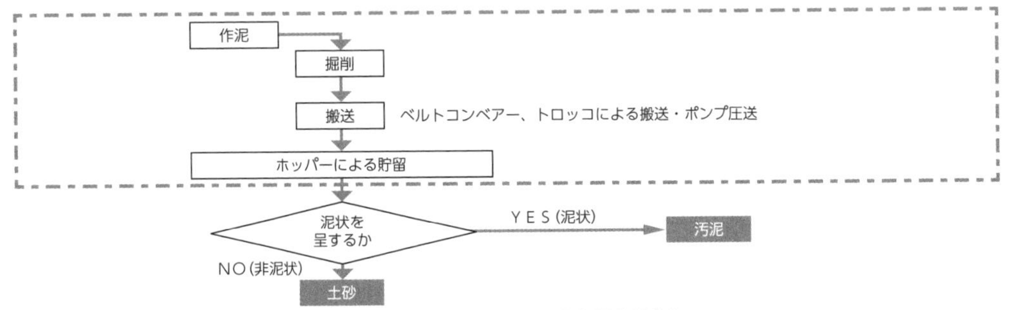

汚水非循環工法の一例（泥土圧シールド工法）

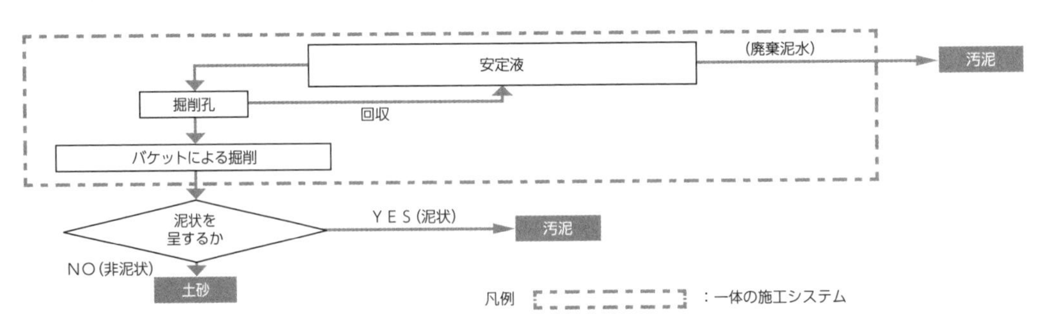

汚水非循環工法の一例（アースドリル工法等）

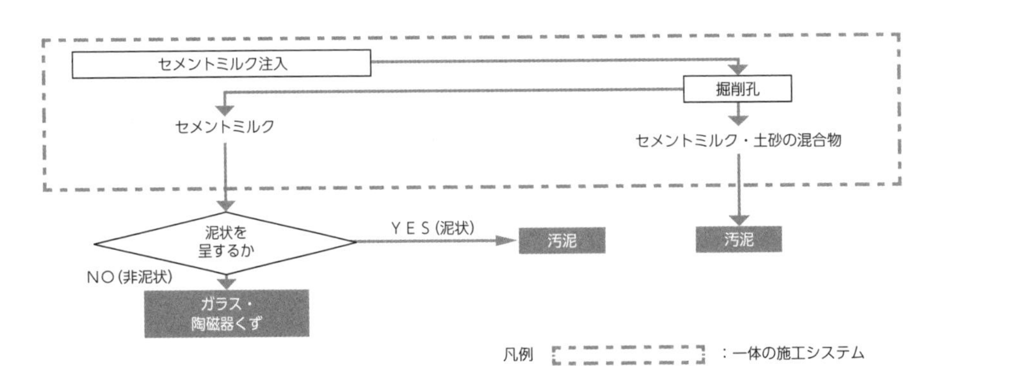

柱列式連続壁工法の一例（ＳＭＷ工法等）

「建設廃棄物処理指針（平成２２年度版）」（平成２３年３月）

参考

環整第４３号（昭和４６年１０月１６日）
環整第４５号（昭和４６年１０月２５日）
環産第７号（昭和５４年５月２８日・平成１２年１２月２８日廃止）
環廃産第４０７号（平成１４年７月１８日）
環廃産発第０５０７２５００２号（平成１７年７月２５日）
国官技第５０号・国官総第１３７号・国営計第４１号（平成１８年６月１２日）
環廃産第１１０３２９００４号（平成２３年３月３０日）
基発第１２２２第７号（平成２３年１２月２２日）
中環審第９４２号（平成２９年２月１４日）
環水大土発第１９０３０１５号（平成３１年３月１日）
環水大土発第１９０３０１６号（平成３１年３月１日）
環水大土発第１９０３０１７号（平成３１年３月１日）
環水大土発第１９０３０１８号（平成３１年３月１日）
環水大土発第１９０３０１９号（平成３１年３月１日）
環水大土発第１９１２０５１号（令和１年１２月５日）
可部簡易判（昭和５１年８月２１日）
広島高判（昭和５２年３月２２日）
岡山地判（平成１４年１月１５日）
広島高裁岡山支判（平成１６年７月２２日）
名古屋高判（平成１７年３月１６日）
岡山地判（平成１８年６月２１日）
京都地判（平成１９年４月１７日）

★☆☆

Q 005　油分が５％未満の土砂の取扱い

敷地内に廃油混じりの土砂があるのですが、油分が５％未満です。

過去の通知では、「①油分をおおむね５％以上含む泥状物は、汚泥と廃油の混合物として取り扱うこと」、「②油分を含む泥状物であって①に示す汚泥と廃油の混合物に該当しないものは、汚泥（油分を含む汚泥）として取り扱うこと」と示されており、それらの内容から「油分が５％未満の泥状物（廃油混じりの汚泥）は、汚泥と廃油の混合物でなく、汚泥として取り扱うこと」と考えられます。

以上の考え方を踏まえ、この廃油混じりの土砂を、土砂と廃油の混合物ではなく、土砂として取り扱ってよいでしょうか？

その通知の内容は、油分を含む泥状物（「油泥」といいます）について、それが排出された時点での法令上の取扱いを示したものであり、油分が５％未満の土砂までを「廃油を含まないもの」として取り扱ってよいこととしたわけではありません（資料1-4）。

したがって、この廃油混じりの土砂は、油分が５％未満であるか否かにかかわらず、土砂と廃油（廃棄物）の混合物になります。

なお、汚泥以外の廃棄物であって油分を含むものについても、それが５％未満であるか否かにかかわらず、当該廃棄物と廃油の混合物になると考えられます。

資料1-4 油分を含む泥状物と廃油混じりの土砂の取扱い

過去の通知では･･･

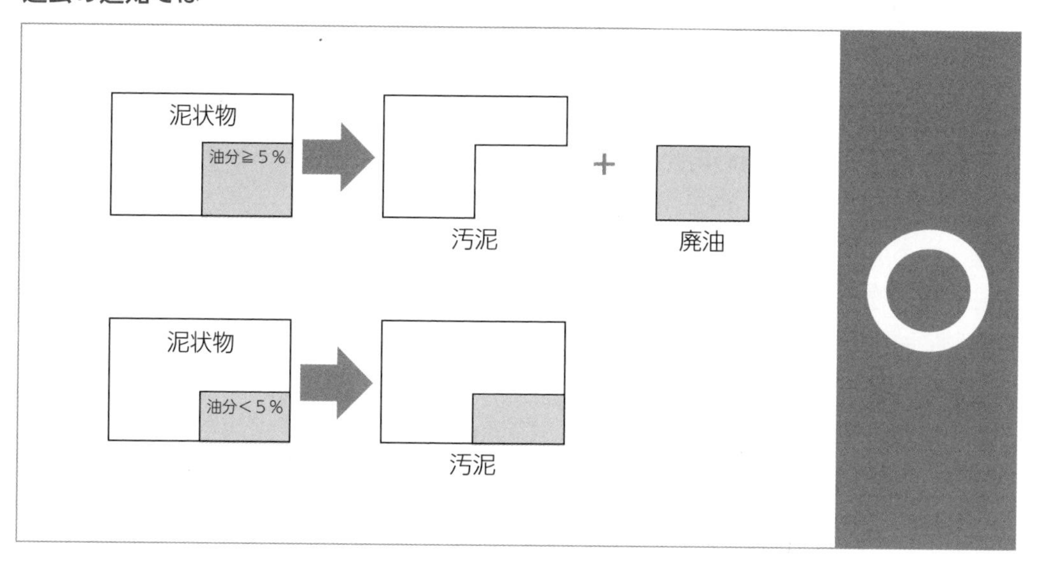

以上の考え方を踏まえ･･･

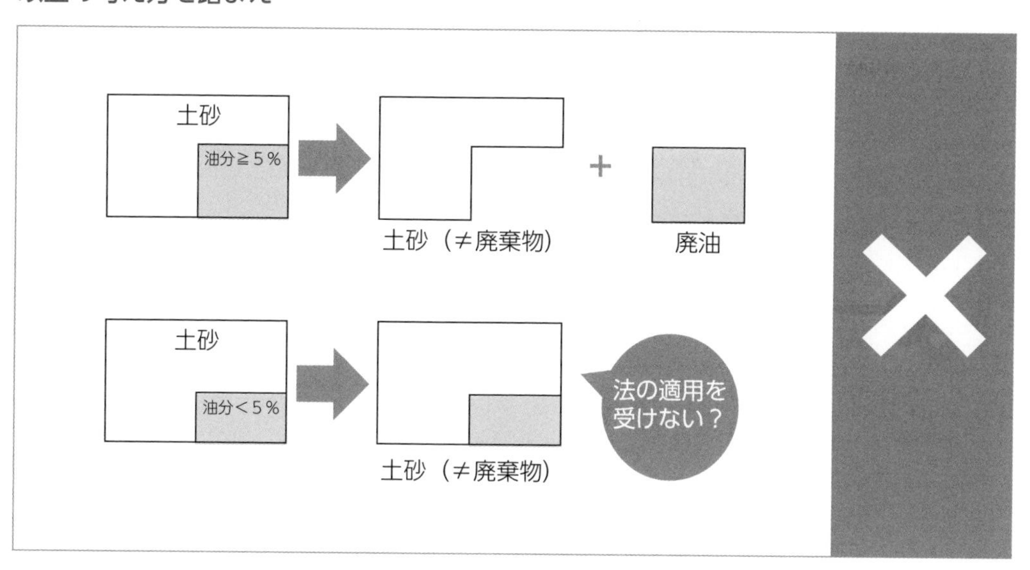

参考

環整第４３号（昭和４６年１０月１６日）
環水企第１８１号・環産第１７号（昭和５１年１１月１８日）
衛産第４７号（平成４年７月２３日）
衛産第６９号（平成４年１０月１５日）
環廃産第１１０３２９００４号（平成２３年３月３０日）
事務連絡（平成１３年１１月２７日）

Q006 有価物と専ら物

★★★

有価物とは何ですか？
専ら物（専ら再生利用の目的となる廃棄物）とは違うのでしょうか？

法で有価物の定義は明確に規定されていませんが、一般には総合判断説にしたがって廃棄物に該当しないと判断されたものをいい、循環資源として再使用（リユース）され、又は再生利用（リサイクル）されること等を前提としています。廃棄物に該当しないことから、基本的に法の適用を受けません（有害使用済機器は法の適用を受けます）。

一方の「①古紙」、「②くず鉄（古銅等を含む）」、「③空き瓶類（ガラス繊維くずを含む）」、「④古繊維」といった専ら物（「古木」、「廃ペットボトル」、「廃発泡スチロールトレイ」、「廃タイヤ」等は含まれません）は、有価物と同様、再生利用されることを前提としていますが、発生段階では廃棄物に該当することから法の適用を受けます（資料1-5）。

ただし、専ら物のみの処理を専門に取り扱っている既存の回収業者等（古紙業者、金属くず業等の鉄・非鉄スクラップ業者、カレット業者、古布業者、廃棄物再生事業者の登

資料1-5　有価物と専ら物の関係

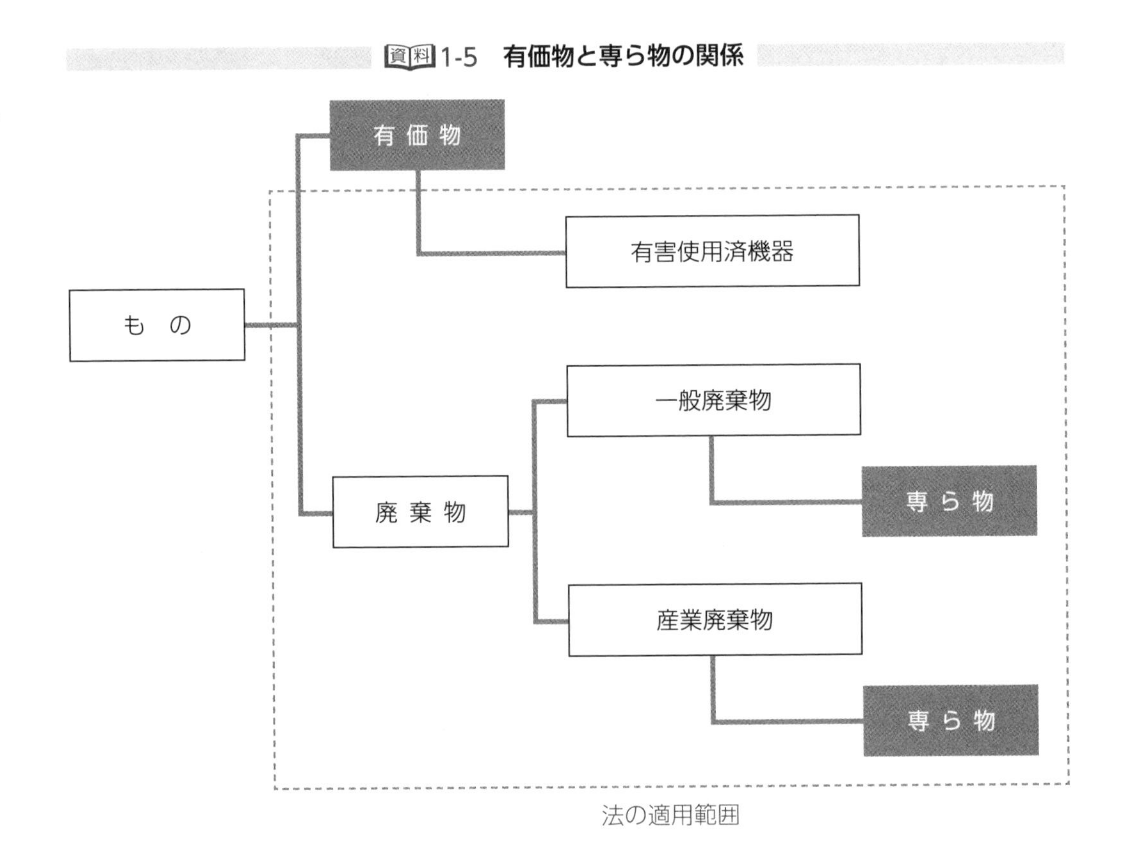

録を受けている者等）に委託する場合、受託者は廃棄物処理業の許可等を要しないこととされ、廃棄物処理基準も適用されず、帳簿の備えつけも義務づけられません（委託者に対し、廃棄物処理委託基準等は適用されます）。さらに専ら再生利用の目的となる産業廃棄物については、委託者がマニフェスト（産業廃棄物管理票）の交付も要しないこととされています。

参考

法第６条の２第６項→則第１条の１７第１号／則第１条の１８第１号
法第６条の２第７項
法第７条第１項
法第７条第６項
法第７条第１２項
法第７条第１３項
法第７条第１５項
法第１２条第２項
法第１２条第５項→則第８条の２の８第２号／則第８条の３第２号
法第１２条第６項
法第１２条の３第１項→則第８条の１９第３号
法第１４条第１項
法第１４条第６項
法第１４条第１２項
法第１４条第１７項
法第１７条の２
法第２０条の２
環整第４３号（昭和４６年１０月１６日）
環計第３７号（昭和５２年3月２６日）
衛環第２３２号（平成４年8月１３日）
衛環第２３３号（平成４年8月１３日）
衛環第２４５号（平成４年8月３１日・平成１２年１２月２８日廃止）
衛産第３６号（平成５年3月３１日・平成１２年１２月２８日廃止）
衛産第２０号（平成６年2月１７日・平成１２年１２月２８日廃止）
衛産第４２号（平成６年4月１日）
生衛発第１６３１号（平成１０年１１月１３日）
環廃産第１４２号（平成１４年3月8日）
環廃産第８３号（平成１５年2月１０日）
環廃産発第１７０６２０１号（平成２９年6月２０日）
環循適発第１８０３３０１０号・環循規発第１８０３３０１０号（平成３０年3月３０日）
環循規発第１８０３３０２８号（平成３０年3月３０日）
環循規発第２００３３０１号（令和２年3月３０日）
環循規発第２００７２０２号（令和２年7月２０日）
前橋地裁太田支判（昭和５５年3月１０日）
東京地裁八王子支判（昭和５５年4月8日）
東京高判（昭和５５年7月１７日）
東京高判（昭和５５年１０月２０日）
最高裁二小決（昭和５６年1月２７日）
盛岡地判（平成１２年6月１４日）
仙台高判（平成１４年1月２２日）

Q007 再生の定義 ★★★

廃棄物を処分し、有価物に変える方法を何というのですか？

「再生」といいます。廃棄物の処理行程において、それ以降に残さを生じさせないことから「①埋立処分」、「②海洋投入処分」に続く、第三の「最終処分の方法」として位置づけられており、例としては、次の方法等があります。

▶改良土として売却するための建設汚泥の造粒固化
▶ドレーン材や路盤材（建設汚泥処理物）として売却するための建設汚泥の焼成
▶路盤材（再生砕石）として売却するためのがれき類の破砕
▶路盤材（溶融スラグ）として売却するための焼却灰等の溶融
▶セメント原料として売却するための焼却灰等の焼成
▶木質ペレット（木材チップ）として売却するための木くずの破砕
▶炭として売却するための有機性廃棄物の熱分解（炭化）
▶ペットフレークとして売却するための廃ペットボトルの破砕
▶原材料として売却するための廃発泡スチロールの破砕減容
▶高炉の還元剤として売却するための廃プラスチック類の破砕
▶フラフ燃料として売却するための廃プラスチック類の破砕圧縮
▶ＲＰＦ（固形燃料）として売却するための廃プラスチック類と紙くずの圧縮固化（減容固化）
▶ＢＤＦ（バイオディーゼル燃料）として売却するための廃食用油の化学処理（メチルエステル化）
▶溶剤として売却するための廃溶剤の蒸留
▶飼料として売却するための食品廃棄物の乾燥
▶堆肥として売却するための食品廃棄物の分解発酵

したがって、これらの場合、産業廃棄物処理委託契約書（処分用）に含まれるべき事項である「最終処分の場所の所在地」、「最終処分の方法」、「最終処分に係る施設の処理能力」として再生元を記載することになります（売却先を記載するのではありません）。また、マニフェストの記載事項である「最終処分を行う場所の所在地」や「最終処分を行った場所の所在地」についても同様です。

以上から明らかなように再生も「廃棄物の処理」（資料1-6）であり、「分別」、「保管」、「収集」、「運搬」、「処分」等と同様、法の適用を受けるので注意してください（「処理」と「処分」の違いにも注意してください）。

なお、再生の完了により最終処分が終了したこと、すなわち廃棄物が有価物に変わっ

資料1-6 廃棄物の処理行程

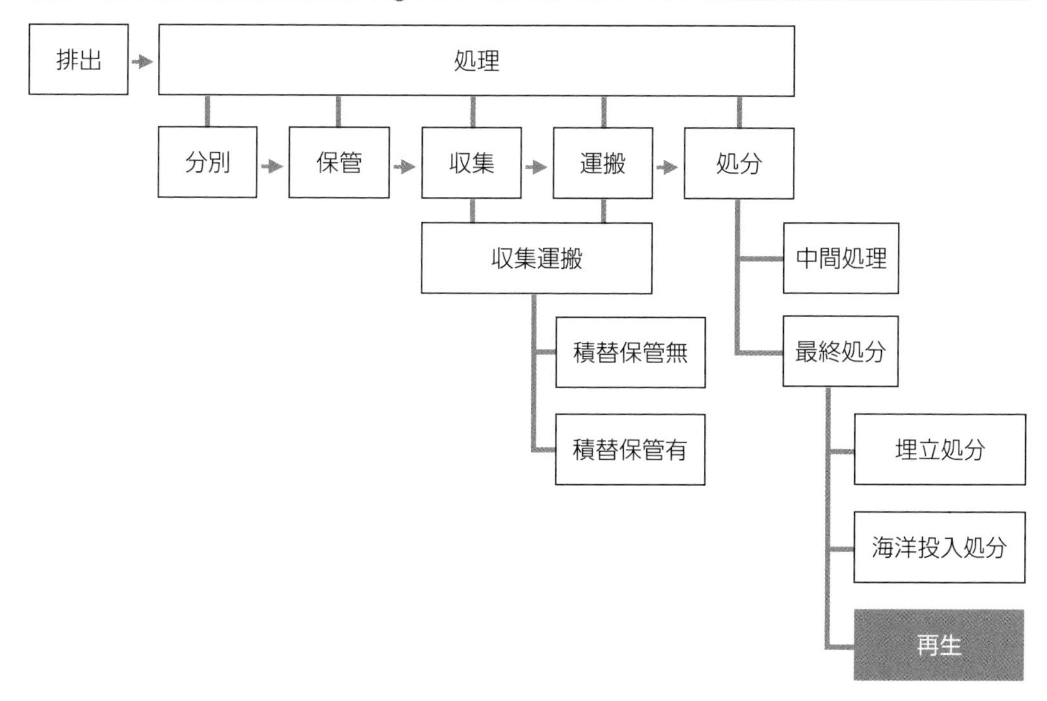

たこととされるのは、再生前のものを「客観的に売却できる性状を有するもの」や「社会通念上合理的な方法で計画的に利用されることが確実であることを客観的に確認できるもの」に変えた時点をいうのであって、再生後のものを実際に売却し、又は社会通念上合理的な方法で計画的に利用した時点をいうのではありません。したがって、売却し、又は社会通念上合理的な方法で計画的に利用するまでの間、再生後のものを敷地内に置いておく行為は、「廃棄物の保管」でなく、「有価物の保管」になることから法の適用を受けません。ただし「社会通念上合理的な方法で計画的に利用されることが確実であることを客観的に確認できるもの」を有価物とする考え方は、その対象が建設汚泥処理物や再生砕石等に限られることに注意してください。これらの有価物該当性を判断するにあたり、「①再生（処理又は製造）及びその管理の計画書」、「②再生利用の実施に係る産業廃棄物処分業者と建設汚泥処理物や再生砕石等の利用者の間での確認書」、「③関連する法令の規定に基づき公的機関によって認可等された建設工事であることを証明する書類」、「④工事発注仕様書」、「⑤再生資源利用促進計画書」、「⑥その他の事前協議文書」等により確認することで足りることとされています。また、「⑦都道府県等又は公益法人といった建設汚泥処理物や再生砕石等に係る利害関係のない独立・中立的な第三者による透明性及び客観性を伴った認証」等を受けたものであることについても同様とされています。

参考

法第１条

法第１２条第５項
環水企第８４号・厚生省環第８９４号（昭和４６年１２月２７日）
環整第２号（昭和４７年1月１０日・平成１２年１２月２８日廃止）
環産第３号（昭和５５年1月３０日・平成１２年１２月２８日廃止）
環整第１４９号・環産第４５号（昭和５５年１１月１０日）
衛環第２３２号（平成４年８月１３日）
環水企第１８１号・厚生省生衛第７８８号（平成４年８月３１日）
環水企第１８２号・衛環第２４４号（平成４年８月３１日）
衛産第１１９号（平成７年１２月２７日）
衛産第１２０号（平成７年１２月２７日）
環水企第１８号・生衛発第４１号（平成１２年1月１７日）
衛環第３８号（平成１２年３月３１日）
衛環第９６号（平成１２年１２月２８日）
環廃産第２８号（平成１４年1月１７日）
環廃産第２９号（平成１４年1月１７日）
環廃産第４０７号（平成１４年７月１８日）
環廃産発第０３１１２８００９号（平成１５年１１月２８日）
環廃対発第０３１２２５００４号（平成１５年１２月２５日）
環廃対発第０５０２１８００３号・環廃産発第０５０２１８００１号（平成１７年２月１８日）
環廃対発第０５０４０１００２号・環廃産発第０５０４０１００３号（平成１７年４月1日）
環廃産発第０５０７２５００２号（平成１７年７月２５日）
国官技第５０号・国官総第１３７号・国営計第４１号（平成１８年６月１２日）
環廃対発第０７０３３００１８号・環廃産発第０７０３３０００３号・環地保発第０７０３３０００６号（平成１９年３月３０日）
環廃産発第０７０８１４００１号・環地保発第０７０８１４００１号（平成１９年８月１４日）
環廃対発第０７０９２８００１号（平成１９年９月２８日）
環廃対発第０７１１１９００１号（平成１９年１１月１９日）
環廃対発第０９１００２００１号（平成２１年１０月２日）
環廃産発第１０１２２４００２号（平成２２年１２月２４日）
環廃産発第１１０３１７００１号（平成２３年３月１７日）
２３林政利第１２３号（平成２４年３月２７日）
２３林政利第１２４号（平成２４年３月２７日）
中環審第９４２号（平成２９年２月１４日）
環循規発第１８０３３０２８号（平成３０年３月３０日）
環循規発第２００７２０２号（令和２年７月２０日）
２消安第２４９６号（令和２年８月３１日）
東京高判（平成１２年８月２４日）
大阪地判（平成１５年３月１８日）
大阪高判（平成１５年１２月２２日）
東京地判（平成２３年１２月１６日）

Q008 輸送費の取扱い

★★★

占有者が廃棄物を再生利用する、又は電気、熱若しくはガスのエネルギー源として利用するために有償で譲り受ける者へ引き渡す場合の輸送は、法の適用を受けますか？

A

引渡し側（甲）が輸送費用を負担し、これが売却代金を上回る等、廃棄物の引渡しに関する事業全体において甲に経済的損失が生じている場合でも、少なくとも再生利用する、又は電気、熱若しくはガスのエネルギー源として利用するために有償で譲り受ける者（乙）が占有者となった時点（乙の敷地に搬入され、卸された時点）以降は廃棄物に該当しないこととされていることに加え、平成２５年３月までの解釈を踏まえると、それまでの輸送の間は法の適用を受ける可能性が高いと考えられます（資料1-7）。

なお、この場合で廃棄物に該当しないと判断する際（輸送者は「貨物自動車運送事業法」の適用を受けます）は、総合判断説にしたがうほか、次の点にも注意してください。

▶再生利用にあっては、乙による再生利用が製造事業として確立・継続しており、売却実績がある製品の原材料の一部として利用するものであること（建設工事における埋立材としての利用を含みません）

▶電気、熱若しくはガスのエネルギー源としての利用にあっては、乙による利用が発電事業、熱供給事業又はガス供給事業として確立・継続しており、売却実績があるエネルギー源の一部として利用するものであること（ＲＰＦ等による熱回収）

資料1-7　廃棄物か否かを判断する際の輸送費の取扱い

各主体から見た取引価値	法の適用
右図　a－b＞０　の場合	
甲：取引価値・有	×
輸送者：有価物の運搬	×
乙：取引価値・有	×
右図　a－b≦０　の場合	
甲：取引価値・無	○
輸送者：廃棄物の運搬	○
乙：取引価値・有	×

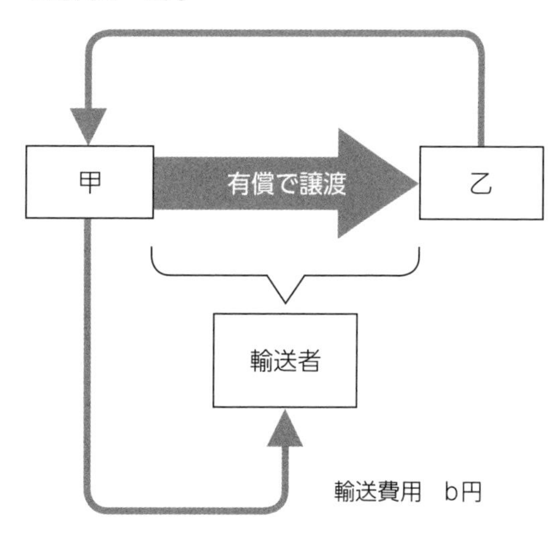

▶譲渡先の選定に合理的な理由が認められること（再生利用する、又は電気、熱若しくはガスのエネルギー源として利用するための技術を有する者が限られているといった理由や事業活動全体としては系列会社との取引を行うことが利益となるといった理由により遠隔地に輸送する場合等）

以上の考え方は、廃棄物か否かを判断する際の輸送費の取扱い等に関する解釈が平成２５年３月に変更されたことによるものであり、留意点として「①乙の範囲を電気、熱若しくはガスのエネルギー源として利用するために有償で譲り受ける者まで拡大したこと」及び「②乙が占有者となるまでの輸送の間は法の適用を受ける旨の明示が削除されたこと」があります。

また、甲が廃棄物を乙へ引き渡す場合の輸送を、乙が行い、売却代金とは別に、これを上回る輸送費用を甲から受領するケースについても、輸送費用という経費を勘案すると、乙は、有償で廃棄物を引き取るわけでなく、輸送費用から売却代金を差し引いた分の金銭を受領して引き取ることになるため、結果として逆有償譲渡になっていることに加え、平成２５年３月までの解釈を踏まえると、乙の敷地に搬入され、卸された時点以降も含めて法の適用を受ける可能性が高いと考えられます。

参考

衛産第５０号（平成３年１０月１８日）
環廃産発第０５０３２５００２号（平成１７年３月２５日）
環廃産発第１３０３２９１１号（平成２５年３月２９日）
中環審第９４２号（平成２９年２月１４日）
環循規発第１８０３３０２８号（平成３０年３月３０日）
環循規発第２００７２０２号（令和２年７月２０日）
事務連絡（平成１０年３月２５日）
事務連絡（平成１７年７月４日）
事務連絡（平成２５年３月２９日）
事務連絡（平成２５年６月２８日）

Q009 廃棄物の疑いがある有価物の自ら利用又は自ら保管 ★★★

1 他人に売却できないものにより占有者が土地造成を行う場合、「自ら利用」になりますか？

2 地下工作物（建設工事において本来撤去するべき対象となるもの）が老朽化したために埋め殺す場合、「自ら利用」になりますか？

3 次の場合、「自ら利用」になりますか？

①複数の事業者が共同で設置したボイラー等を、木くずを燃料として、各々の責任関係を明確にした上で生産事業のために利用する場合

②「中小企業等協同組合法」に基づく協同組合により設置されたボイラー等を、木くずを燃料として、組合員が協同組合との責任関係を明確にした上で生産事業のために利用する場合

4 占有者が「有価物」と主張しているものを長期間にわたり保管し続けて放置している場合、法の適用を受けますか？

5 木くずを粉砕して他人に売却している事業者が粉砕した木くずの保管に伴って悪臭や汚水等を生じさせたことにより周辺住民から苦情が出ている場合、法の適用を受けますか？

6 廃棄物だけでなく、「廃棄物であることの疑いのあるもの」の保管、収集、運搬若しくは処分も法の適用を受けますか？

A

1 土地の所有権又は賃借権を有するか否かにかかわらず、「廃棄物の埋立処分」すなわち投棄禁止違反になります。「自ら利用」とは「他人に売却できる性状を有するもの」を占有者が使用することをいい、占有者が自己の生産工程へ投入して原材料として使用する場合を除き、他人に売却できないものを占有者が使用することは自ら利用になりません。

自ら利用になることとされている例としては、森林内の建設工事現場において、生活環境保全上支障のない形態で根株等を自然還元利用する場合（根株等が雨水等で下流へ流出するおそれがないよう、安定した状態になるようにして行う場合であって、必要に応じて柵工や筋工等を適宜設置するもの）のほか、「①小規模な土留め」としての利用、「②水路工における浸食防止」としての利用、「③チップ化することによる法面浸食防止材」、「④マルチング及び作業歩道の舗装材」といった建設資材として利用する場合等があります。

なお根株等が含まれたままの剥ぎ取り表土をそのまま盛土材として利用する場合について、根株等は表土の一部ととらえられることから法の適用を受けないこと（廃

棄物として規制する必要のないものであること）とされています。

2 地下工作物を埋め殺そうとする時点から占有者はそれを廃棄物と判断しているので、投棄禁止違反になります。

3 総合判断説にしたがって木くずが廃棄物に該当しないと判断されるのであれば、①、②とも「自ら利用」になります。

　なお、その判断にあたっては、必ずしも他人への有償譲渡の実績を求められるものでないこととされています。

4「①自ら利用を目的とする加工等又は売却のために速やかに引渡しを行うことを内容とし、かつ履行期限の確定した具体な契約が締結されていない」場合で「②おおむね１８０日以上の長期にわたり乱雑に放置されている状態である」場合、占有者が「有価物」と主張しているものは有価物と認められないことから法の適用を受けます。

5 粉砕した木くずは有価物であることから法の適用を受けないこと（産業廃棄物保管基準を適用することはできないこと）とされています。

　なお粉砕した木くずがそれ以降も廃棄物として処理されるのであれば、すべからく法の適用を受けること（産業廃棄物処理基準が適用されること）から、生活環境の保全上支障が生じないようにして、これを保管しなければなりません。ただし、それは廃棄物処理に係る著しい悪臭、騒音又は振動により生活環境の保全上支障を生じさせないためのものであり、廃棄物処理に伴い当然に生ずる臭気等を全く許さないような、対応不可能な措置（各地域において農業者等で通常行われている方法により動物ふん尿の収集等が行われる場合の臭気規制等々）を講ずることまで求めたものでありません。

　以上のほか、「悪臭防止法」、「騒音規制法」、「振動規制法」等の適用にも注意してください。

6 報告の徴収や立入検査の対象となっていることから、これにより廃棄物に該当すると判断されれば法の適用を受けます。

　なお「…疑いのあるもの」とは、廃棄物でないと占有者が主張した場合でも、通常、そのものがどのように取り扱われているか（廃棄物として処理されているのが通例であるのか、有価物として取引されているのが通例であるのか）等により、都道府県又は市町村において社会通念に照らして廃棄物である可能性があると判断したものをいいます。

参考

法第１２条第１項→令第６条
法第１２条第２項→則第８条
法第１８条
法第１９条
法第２５条第１項第１４号
環整第１２８号・環産第４２号（昭和５４年１１月２６日・平成１２年１２月２８日廃止）
環産第３号（昭和５５年1月３０日・平成１２年１２月２８日廃止）

環産第２１号（昭和５７年6月１４日・平成１２年１２月２８日廃止）
衛産第３６号（昭和６０年7月１２日）
衛環第２３３号（平成４年8月１３日）
環大特第８７号（平成４年8月３１日）
衛環第３７号（平成１０年5月7日）
生衛発第７８０号（平成１０年5月7日）
衛産第８１号（平成１１年１１月１０日）
衛環第６５号（平成１２年7月２４日）
衛産第９５号（平成１２年7月２４日）
環廃産第５１３号（平成１３年１１月２９日）
環廃産第６７０号（平成１４年１１月5日）
環廃対発第０３１１２８００３号・環廃産発第０３１１２８００７号（平成１５年１１月２８日）
環廃産発第０７０６２２００５号（平成１９年7月5日）
環循規発第１８０３３０２８号（平成３０年3月３０日）
環循適発第１９０５２０１号・環循規発第１９０５２０１号（令和１年5月２０日）
環循規発第１９０９０５１３号（令和１年9月5日）
事務連絡（平成１１年１１月２９日）
事務連絡（平成１４年2月１４日）
事務連絡（平成２４年6月8日）
広島高判（平成1年7月１１日）
宇都宮地判（平成１１年7月8日）
東京高判（平成１５年5月２９日）
福島地裁会津若松支判（平成１６年2月2日）
仙台高判（平成１６年7月6日）
最高裁二小決（平成１８年2月２０日）
長崎地判（平成２１年1月8日）
東京高判（平成２１年4月２７日）
大阪地判（平成２４年6月２９日）

Q010 廃棄物と有価物の判断

★★☆

1 他人の不要としたものを引き取って燃焼させ、発生する熱を利用する場合、「廃棄物の焼却」になりますか？

2 専焼ボイラーの燃料として活用されている間伐材等を原料とし、製造された木質ペレットや木質チップについて、それらを燃焼させて生じた焼却灰は廃棄物に該当しますか？

3 購入した被覆電線を焼却し、銅線を取り出して売却する場合、「廃棄物の焼却」になりますか？

4 一定割合の銅を含むレンガくずを売買する場合、レンガくずだけは廃棄物に該当しますか？

5 金属含有物を購入して金属を回収していた者が市況の低下により処理料金を受領することになった場合、法の適用を受けますか？

6 養豚業者が飲食店等から残飯を豚肉と交換で受け取り、全て飼料にしている場合、法の適用を受けますか？

7 廃棄物由来のプラスチックくずや金属くずを原材料として販売・出荷・輸出しているのですが、仕向地（相手国）側の輸入規制基準にしたがって洗浄されていない空き缶が生活ごみと判断された結果、税関において陸揚げを拒否され、日本に積み戻されること（シップバック）がありました。この場合、積み戻された物品は法の適用を受けますか？

A

1 熱回収（サーマルリサイクル）するためでも、無償で、又は金銭を受領して（逆有償で）引き取るのであれば「廃棄物の焼却」になります。

2 塗料や薬剤を含む、若しくはそのおそれのある廃木材又はこれを原料として製造したペレットやチップと混焼して生じたものでなく、畑の融雪剤や土地改良材等といった有効活用が確実で、かつ不要物と判断されないものは廃棄物に該当しません。

3 被覆電線が有価物に該当することから「廃棄物の焼却」にはなりません。

4 レンガくずと銅が一体不可分な場合、総体としてレンガくずは有価物（「総体有価物」といいます）に該当します。ただし、レンガくずと銅が占有者により容易に分別できるにもかかわらず、これらを、あわせて売却しているのであれば、レンガくずのみは廃棄物に該当します。

以上の考え方は、貴金属を含む汚泥を売買する場合等についても同様です。

5 金属含有物は廃棄物に該当することから法の適用を受けます。

6 豚肉が残飯の対価的性格を有していると認められるのであれば、残飯は有価物に該当することから法の適用を受けません。

7 不要物が混入しているものや再生が不十分なものは、廃棄物に該当するおそれが強いこと（仮にこのような物品が輸出された場合、廃棄物の国境を越える移動が不適切に行われたものとして国際問題ともなりかねないこと）とされていることから法の適用を受けると考えられます。

参考

環整第１２８号・環産第４２号（昭和５４年１１月２６日・平成１２年１２月２８日廃止）
環産第２１号（昭和５７年６月１４日・平成１２年１２月２８日廃止）
衛産第３６号（平成５年３月３１日・平成１２年１２月２８日廃止）
衛産第４１号（平成７年３月３１日）
環廃産第３７６号（平成１４年６月２８日）
環廃企発第０５０１１９００１号・環廃産発第０５０１１９００１号（平成１７年１月１９日）
環廃対発第１１０２０４００４号・環廃産発第１１０２０４００１号（平成２３年２月４日）
環廃対発第１３０６２８１号・環廃産発第１３０６２８１号（平成２５年６月２８日）
環廃産発第１３０６２８２号（平成２５年６月２８日）
環循規発第１８０８２０２号（平成３０年８月２０日）
環循適発第１９０５２０１号・環循規発第１９０５２０１号（令和１年５月２０日）
事務連絡（平成２１年６月１０日）
注意喚起（平成３１年４月１２日）
事務連絡（令和２年１０月１日）
水戸地判（平成１６年１月２６日）
水戸地判（平成１９年１０月４日）
徳島地判（平成１９年１２月２１日）
東京高判（平成２０年４月２４日）
東京高決（平成２２年３月１０日）

Q011 不用品の回収

★★★

不用品回収業者が家庭や事務所から使用済みの家電製品等を引き取っている光景をよく見ますが、これは廃棄物でないのですか？

次の場合は廃棄物に該当し、不用品回収業者は市町村の委託又は廃棄物収集運搬業の許可等を受けている必要があります。

- ▶再使用品としての市場性が認められない場合（年式が古い、通電しない、破損、リコール対象製品等）
- ▶再使用の目的に適さない粗雑な取扱いが行われている場合（雨天時での幌なしトラックによる収集、野外保管、乱雑な積上げ等）
- ▶飛散・流出を防止するための措置やフロン回収の措置等を講じずに廃棄物処理基準に適合しない方法により分解、破壊等の処分（脱法的な処分を目的としたもの）が行われている場合

なお、使用済みの家電製品等で廃棄物に該当するもののうち「家電リサイクル法」の適用を受ける家庭用の「①廃ユニット形エアコンディショナー（ウィンド形・一部のセパレート形に限る）」、「②廃テレビジョン受信機（ブラウン管式・一部の液晶式・プラズマ式のもの）」、「③廃電気冷蔵庫・廃電気冷凍庫」、「④廃電気洗濯機・廃衣類乾燥機」（以下、「特定家庭用機器廃棄物」といいます）については、現在、反復継続してそれらの小売販売を行っている者（以下、「小売業者」といいます）に引取り義務があります。ここでいう小売業者とは、いわゆる家電販売店等に限られるものでなく、中古品を販売する古物商や質屋等も含まれます。また引取りの対象は、過去に自ら販売した特定家庭用機器が不要になったもの、新たに販売する特定家庭用機器と引替えに引取りを求められた同種の特定家庭用機器廃棄物のみとされています。引取りにあたり、小売業者は廃棄物収集運搬業の許可を要しません（廃棄物処理基準等は適用されます）が、それを他人に委託する場合、受託者は廃棄物収集運搬業の許可を受けていなければなりません。ただし、許可を受けるべき一般廃棄物収集運搬業と産業廃棄物収集運搬業の関係について、双方のどちらかの許可を受けていれば、特定家庭用機器一般廃棄物も特定家庭用機器産業廃棄物も収集運搬することができます。これらのうち産業廃棄物収集運搬業の許可を受けている受託者が事業者から特定家庭用機器産業廃棄物を引き取る際は、当該事業者に対し産業廃棄物処理委託基準が適用され、家電リサイクル券（特定家庭用機器廃棄物管理票）とは別にマニフェストの交付も要することとされています。

以上のほか、使用済みの家電製品等の種類によっては「資源有効利用促進法」や「小型家電リサイクル法」の適用を受けるケースがあるので注意してください。

一方、廃棄物に該当しない使用済みの家電製品等について、その種類によっては有害使用済機器として法の適用を受けるものがあることにも注意してください。

参考

法第１７条の２
令第３条第２号ヘ→厚生省告示第１４８号（平成１１年6月２３日）
令第３条第３号ト
令第６条第１項第２号ハ→厚生省告示第１４８号（平成１１年6月２３日）
令第６条第１項第３号カ
衛産第３６号（昭和６０年7月１２日）
警察庁丁生企発第１０４号（平成7年9月１１日）
生衛発第９８３号（平成１１年7月1日）
環水企第２６６号・生衛発第９８４号（平成１１年7月1日）
環廃企第６２号・環廃対第７４号・環廃産第１１５号（平成１３年3月２２日）
環廃対第３９８号（平成１３年１０月2日）
環廃産第３７６号（平成１４年6月２８日）
環廃企発第０３０４１４００２号（平成１５年4月１４日）
環廃対発第０５０２１８００３号・環廃産発第０５０２１８００１号（平成１７年2月１８日）
環廃対発第１０１０２１００１号・環廃産発第１０１０２１００１号（平成２２年１０月２１日）
環廃対発第１１０２０４００５号・環廃産発第１１０２０４００２号（平成２３年2月4日）
環廃産発第１１０３１７００１号（平成２３年3月１７日）
環廃企発第１２０３１９００１号・環廃対発第１２０３１９００１号・環廃産発第１２０３１９００１号（平成２４年3月１９日）
環廃企発第１３０３０８３号（平成２５年3月8日）
環廃産第１３０９２０１号（平成２５年9月２０日）
環循適発第１８０３３０１０号・環循規発第１８０３３０１０号（平成３０年3月３０日）
環循規発第１８０３３０２８号（平成３０年3月３０日）
事務連絡（平成２１年6月1日）
事務連絡（平成２４年4月２７日）
事務連絡（平成２４年9月２８日）
事務連絡（平成２９年5月１２日）
注意喚起（平成３１年4月１２日）
事務連絡（令和1年9月9日）
事務連絡（令和1年１０月１１日）
事務連絡（令和2年7月4日）

★★★

Q012 有害使用済機器の定義

ヤード業者や輸出業者の間で「雑品スクラップ」といわれているもの（廃棄物ではありません）のうち、有害使用済機器として法の適用を受けるものがあると聞きました。これは何ですか？

A

使用を終了し、収集された機器（廃棄物を除きます）のうち、その一部が原材料として相当程度の価値を有し、かつ適正でない保管又は処分等が行われた場合に人の健康又は生活環境に係る被害を生ずるおそれがある「①ユニット形エアコンディショナー（ウィンド形・一部のセパレート形に限る）」、「②電気冷蔵庫・電気冷凍庫」、「③電気洗濯機・衣類乾燥機」、「④テレビジョン受信機（プラズマ式・一部の液晶式・ブラウン管式のもの）」、「⑤電動ミシン」、「⑥電気グラインダー・電気ドリルその他の電動工具」、「⑦電子式卓上計算機その他の事務用電気機械器具」、「⑧ヘルスメーターその他の計量用又は測定用の電気機械器具」、「⑨電動式吸入器その他の医療用電気機械器具」、「⑩フィルムカメラ」、「⑪磁気ディスク装置・光ディスク装置その他の記憶用電気機械器具」、「⑫ジャー炊飯器・電子レンジその他の台所用電気機械器具（②を除く）」、「⑬扇風機・電気除湿機その他の空調用電気機械器具（①を除く）」、「⑭電気アイロン・電気掃除機その他の衣料用又は衛生用の電気機械器具（③を除く）」、「⑮電気こたつ・電気ストーブその他の保温用電気機械器具」、「⑯ヘアドライヤー・電気かみそりその他の理容用電気機械器具」、「⑰電気マッサージ器」、「⑱ランニングマシンその他の運動用電気機械器具」、「⑲電気芝刈機その他の園芸用電気機械器具」、「⑳蛍光灯器具その他の電気照明器具」、「㉑電話機・ファクシミリ装置その他の有線通信機械器具」、「㉒携帯電話端末・ＰＨＳ端末その他の無線通信機械器具」、「㉓ラジオ受信機・テレビジョン受信機（④を除く）」、「㉔デジタルカメラ・ビデオカメラ・ＤＶＤレコーダーその他の映像用電気機械器具」、「㉕デジタルオーディオプレーヤー・ステレオセットその他の電気音響機械器具」、「㉖パーソナルコンピュータ」、「㉗プリンターその他の印刷用電気機械器具」、「㉘ディスプレイその他の表示用電気機械器具」、「㉙電子書籍端末」、「㉚電子時計・電気時計」、「㉛電子楽器・電気楽器」、「㉜ゲーム機その他の電子玩具・電動式玩具」をいいます。以上は、一般消費者が通常生活の用に供する機器（家庭用のもの）やこれと同じ構造を有するものに限られ、その付属品（リモコンやＡＣアダプタ等）を含むものです。したがって、次の場合は有害使用済機器になりません。

▶①～㉜が有価物と認められない場合（廃棄物として法や「家電リサイクル法」又は「小型家電リサイクル法」等の適用を受けます）

▶①～㉜が全体として機能し、又は本来意図されている用途として再使用できる状態にある場合（部品等の機器の一部のみ使用可能なケースであっても、全体として機能しないのであれば、修理が予定されていない限り、この場合に含みません）

▶①～㉜が、その所有者等自らによって排出され、行為として収集されていない場合

▶①～㉜が業務用のものとして明らかに判別できる場合（壁かけ形の業務用エアコンのように家庭用の機器と判別困難なものであれば、この場合に含みません）

▶①～㉜が変形・破損・解体・処理により、外形上、元の機器として判別できない場合

有害使用済機器は、廃棄物に該当しないものの、ぞんざいに取り扱われることにより、その内部に含まれる有害物質が飛散・流出する等のおそれがあり、生活環境の保全上支障を生じさせる可能性があることから法の適用を受けます。具体的には、その保管又は処分等を行おうとする者（行為の区分に応じて「①廃棄物処理業者等」、「②家電リサイクル法又は小型家電リサイクル法の規定に基づき経済産業大臣等の認定を受けた業者等」、「③市町村・都道府県・国」、「④保管の用に供する各事業場について敷地面積が１００ｍ²以下のものを設置する業者」、「⑤機器の修理業や小売業等といった本来の業務に付随して保管のみを一時的に行う業者」を除き、「有害使用済機器保管等業者」といいます）は、あらかじめ、その旨を都道府県知事等に届け出なければなりません。また実際の保管又は処分等にあたっては、産業廃棄物処理基準等でなく、法令により別途定められている基準（火災の発生や延焼防止のための措置を含むものです）に適合するよう行わなければならず、これに係る帳簿を備えつける必要があります。

以上の考え方は、有害使用済機器の保管又は処分等が行われる場合に限られており、その運搬のみを行う者や行為に対してまで同様に求めるものでありません。

参考

法第１７条の２第１項→令第１６条の２／則第１３条の２
法第１７条の２第２項→令第１６条の３
法第１７条の２第２項→令第１６条の３第１号ニ→則第１３条の８
法第１７条の２第２項→令第１６条の３第２号ハ→則第１３条の１０
法第１７条の２第２項→令第１６条の３第２号ニ→環境省告示第１０号（平成３０年3月１２日）
則第１３条の１２
環廃企発第０６０３１６００１号（平成１８年3月１６日）
環廃企発第１２０３１９００１号・環廃対発第１２０３１９００１号・環廃産発第１２０３１９００１号（平成２４年3月１９日）
中環審第９４２号（平成２９年2月１４日）
環循適発第１８０３３０１０号・環循規発第１８０３３０１０号（平成３０年3月３０日）
環循規発第１８０３３０２８号（平成３０年3月３０日）
環循適発第１９０５２０１号・環循規発第１９０５２０１号（令和１年5月２０日）
環循規発第１９０７１８１号（令和１年7月１８日）
事務連絡（令和１年8月1日）
事務連絡（令和１年9月9日）
事務連絡（令和１年１０月１１日）
事務連絡（令和２年7月４日）

Q013 使用済自動車等

★☆☆

1 「自動車リサイクル法」に基づく使用済自動車は、廃棄物に該当しますか？

2 「自動車リサイクル法」に基づく解体自動車は、廃棄物に該当しますか？

3 「自動車リサイクル法」に基づく特定再資源化物品は、廃棄物に該当しますか？

A

1 廃棄物と見なして法の適用を受けることとされています。

なお、次の点に注意してください。

▶通常、自動車を使用済自動車とするか否かは、一義的には、様々な情報に基づいて所有者の意思により判断されることとなるが、「①ハーフカット、ノーズカット、ルーフカット又はテールカットが行われている場合」や「②エンジン、車軸、サスペンション等の取外し（いわゆる部品取り）が行われている場合」にあっては、これらの行為が行われる前の時点で既に使用済自動車となっていたことが外形上明らかであると整理されることから、当該自動車を使用済自動車として取り扱うことが適当であること

▶自動車に係る投棄禁止違反又は廃棄物処理基準違反（不適正な保管）等の疑いがある事案については、占有者が確知されないことや占有者の主張が社会通念と異なることがあるため、当該自動車の客観的な状況を踏まえ、場合によっては占有者の主張によらず使用済自動車であるか否かについて判断する必要があること

2 廃棄物と見なして法の適用を受けることとされています。ただし適正に解体され、その全部を利用することとして輸出業者等に引き渡されたものは、一律に廃棄物と見なされず、個別に判断されます。

なお、次の点に注意してください。

▶ 1 中にある①や②の行為は「使用済自動車の解体」になり、その終了後に残存するもの（廃車がら・プレス）は解体自動車として取り扱わなければならないこと

▶ 1 中にある①や②の行為以外の何らかの部品等の取外しについても「使用済自動車の解体」になる可能性がある一方、「①カーナビ」、「②カーステレオ」、「③カーラジオ」、「④車内定着式テレビ」、「⑤ＥＴＣ車載器」、「⑥時計」、「⑦サンバイザー」、「⑧サイドバイザー」、「⑨ブラインド（カーテン・カーテンレールを含む）」、「⑩泥除け」、「⑪消火器」、「⑫運賃メーター」、「⑬防犯灯」、「⑭防犯警報装置」、「⑮防犯ガラス（プラスチック製のものを含む）」、「⑯タコグラフ（運行記録計）」、「⑰自重計」、「⑱運賃料金箱（両替機を含む）」の取外しは「使用済自動車の解体」にならず、したがって、その終了後に残存するものは解体自動車として取り扱う

必要がないこと

▶①～⑱のほか「⑲タイヤ」、「⑳ミラー」、「㉑バンパー」、「㉒ボンネット」、「㉓リアハッチ・トランクリッド」、「㉔ヘッドランプ・テールランプ・ストップランプ等といったランプ類」については、コンテナ輸送に伴う積載効率の観点（コンテナに係る幅や高さ制限の問題）から一時的に取り外すことを余儀なくされ、自動車としての基本性能を損なうことなく解体に関する専門知識・技術・経験を要しない範囲で取り外し、取り外された車両と一体のものとして同じコンテナに積載する場合に限り、これらの取外しは「使用済自動車の解体」にならず、したがって、その終了後に残存するものは解体自動車として取り扱う必要がないこと

3 廃棄物と見なして法の適用を受けることとされています。特定再資源化物品とは、「自動車リサイクル法」に基づく自動車破砕残さ及び指定回収物品をいいます（フロン類を含みません）。

参考

法第１９条の３
法第１９条の１０
法第２５条第１項第１４号
環廃対発第０３１２２６００５号・環廃産発第０３１２２６００４号（平成１５年１２月２６日）
環廃対発第０５０２１８００３号・環廃産発第０５０２１８００１号（平成１７年２月１８日）
事務連絡（平成１６年9月１７日）
事務連絡（平成１７年5月9日）
事務連絡（平成１７年6月３０日）
事務連絡（平成２３年１２月9日）
事務連絡（平成２５年2月１２日）
事務連絡（平成２６年1月１７日）
事務連絡（平成２８年4月２２日）
注意喚起（平成２９年6月２０日）
事務連絡（平成３０年１０月２３日）
事務連絡（令和１年9月9日）
事務連絡（令和１年１０月１１日）
事務連絡（令和２年7月4日）

Q014 処分期間を経過した高濃度ＰＣＢ使用製品

★★★

処分期間（ＰＣＢ廃棄物処理基本計画に定める計画的処理完了期限の１年前の日まで）が経過しても、なお高濃度ＰＣＢ使用製品が使用され続けているようなことがあった場合、所有事業者の主観的意思としては、あくまでそれを「廃棄物に該当しない有用なもの」として使用していることが考えられます。

この場合において総合判断説にしたがうと、たとえ「ＰＣＢ廃棄物処理特別措置法」に違反して使用されている高濃度ＰＣＢ使用製品でも廃棄物に該当すると明確に判断することは困難なケースがありえ、結果としてその状態が放置されるおそれがあります。

以上について、速やかに判断できる考え方はないでしょうか？

A

「ＰＣＢ廃棄物処理特別措置法」により、処分期間を経過した高濃度ＰＣＢ使用製品は、所有事業者の主観的意思及び使用実態の如何にかかわらず、高濃度ＰＣＢ廃棄物と見なすこととされていることから法の適用を受けます。

同様に、「電気事業法」に基づく電気工作物に該当する高濃度ＰＣＢ使用製品（「高濃度ＰＣＢ使用電気工作物」といいます）について、特例処分期限日（処分期間の末日から起算して１年を経過した日）までに廃棄されなかったものも高濃度ＰＣＢ廃棄物と見なすこととされていることから法の適用を受けます（資料1-8）。

なお、処分期間は中間貯蔵・環境安全事業株式会社（以下、「ＪＥＳＣＯ」といいます）の各事業所が対象とする地域ごとに異なること（資料1-9）から、保管事業者が処分期間内の処分の履行義務を逃れることを目的としてより処分期間の末日の到来が遅い地域に高濃度ＰＣＢ廃棄物を移動させることが考えられますが、「ＰＣＢ廃棄物処理特別措置法」では、こうした行為を認めない趣旨で保管場所の変更が制限されている（ＪＥＳＣＯを除きます）ので注意してください。ただし試験研究に用いる高濃度ＰＣＢ廃棄物について、保管事業者の保管場所から試験研究を行う施設に移動させられた後は、長期間にわたり保管されることなく、速やかに試験研究の用に供されることが明らかであること（試験研究の用に供するべく保管場所から搬出される時点で保管事業者による保管が終了し、ＪＥＳＣＯで処分が予定される高濃度ＰＣＢ廃棄物でなくなること）から、そのような保管場所の変更は制限されないこととされています。

資料1-8　高濃度ＰＣＢ廃棄物・高濃度ＰＣＢ使用製品に関するＰＣＢ廃棄物処理特別措置法及び電気事業法に基づく規制・手続きのフロー（ポイント）

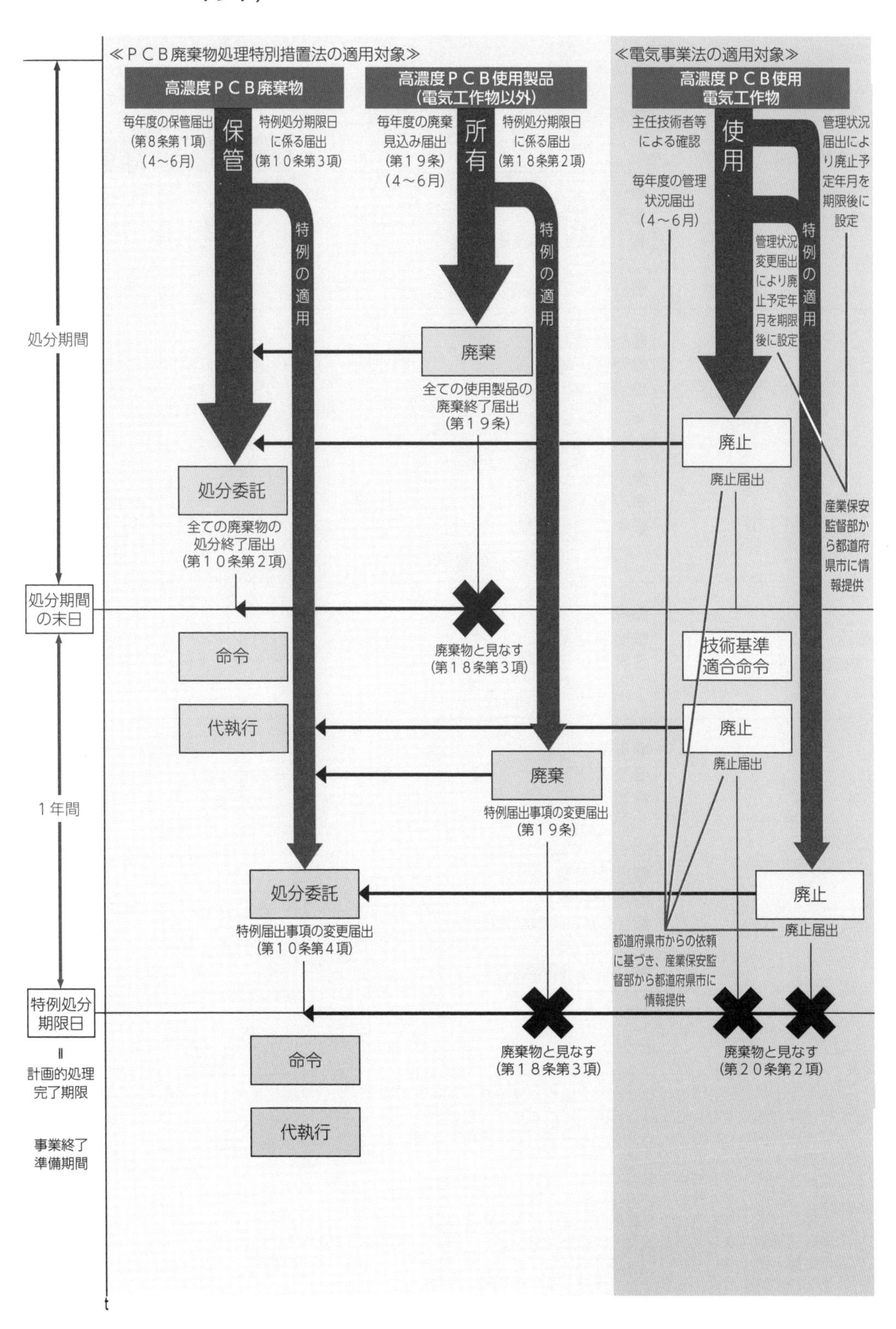

資料1-9　高濃度ＰＣＢ廃棄物の地域別処分期間等

<table>
<tr><th>ＪＥＳＣＯの処理施設
（事業所の所在地）</th><th>高濃度ＰＣＢ廃棄物
の種類</th><th>保管場所
の所在する区域</th><th>処分期間</th><th>計画的処理
完了期限</th></tr>
<tr><td rowspan="3">北九州
（福岡県北九州市若松区）</td><td rowspan="2">●廃ＰＣＢ等
●廃変圧器
●廃コンデンサ
等</td><td rowspan="2">右図
E</td><td>～平成３０年
3月３１日</td><td>～平成３１年
3月３１日</td></tr>
<tr><td colspan="2">（事業終了）</td></tr>
<tr><td>●廃安定器
●汚染物等
●３ｋｇ未満の廃変圧器
等
●これらの保管容器</td><td>右図
C・D・E</td><td>～令和３年
3月３１日</td><td>～令和４年
3月３１日</td></tr>
<tr><td>大阪
（大阪府大阪市此花区）</td><td>●廃ＰＣＢ等
●廃変圧器
●廃コンデンサ
等</td><td>右図
D</td><td>～令和３年
3月３１日</td><td>～令和４年
3月３１日</td></tr>
<tr><td>豊田
（愛知県豊田市）</td><td>●廃ＰＣＢ等
●廃変圧器
●廃コンデンサ
等</td><td>右図
C</td><td>～令和４年
3月３１日</td><td>～令和５年
3月３１日</td></tr>
<tr><td>東京
（東京都江東区）</td><td>●廃ＰＣＢ等
●廃変圧器
●廃コンデンサ
等</td><td>右図
B</td><td>～令和４年
3月３１日</td><td>～令和５年
3月３１日</td></tr>
<tr><td rowspan="2">北海道
（北海道室蘭市）</td><td>●廃ＰＣＢ等
●廃変圧器
●廃コンデンサ
等</td><td>右図
A</td><td>～令和４年
3月３１日</td><td>～令和５年
3月３１日</td></tr>
<tr><td>●廃安定器
●汚染物等
●３ｋｇ未満の廃変圧器
等
●これらの保管容器</td><td>右図
A・B</td><td>～令和５年
3月３１日</td><td>～令和６年
3月３１日</td></tr>
</table>

参考

環廃対発第０４０４０１００８号・環廃産発第０４０４０１００５号（平成１６年4月1日）
環廃産発第０４０４０１００６号（平成１６年4月1日）
環廃産発第０６０３３１００１号（平成１８年3月３１日）
環廃産発第１６０８０１２号（平成２８年8月1日）
環廃産発第１６０８０１３号（平成２８年8月1日）
環循施発第１８０３２０２号（平成３０年3月２０日）
環循規発第１８０３３０２８号（平成３０年3月３０日）
環循規発第１８０７３１３号・環循施発第１８０７３１３号（平成３０年7月３１日）
環循施発第１８０８２９１号（平成３０年8月２９日）
環循施発第１８１１２８２号（平成３０年１１月２８日）
環循規発第１８１１２９２号・環循施発第１８１１２９１号（平成３０年１１月２９日）
環循規発第１９０２２６３号・環循施発第１９０２２６１号（平成３１年2月２６日）

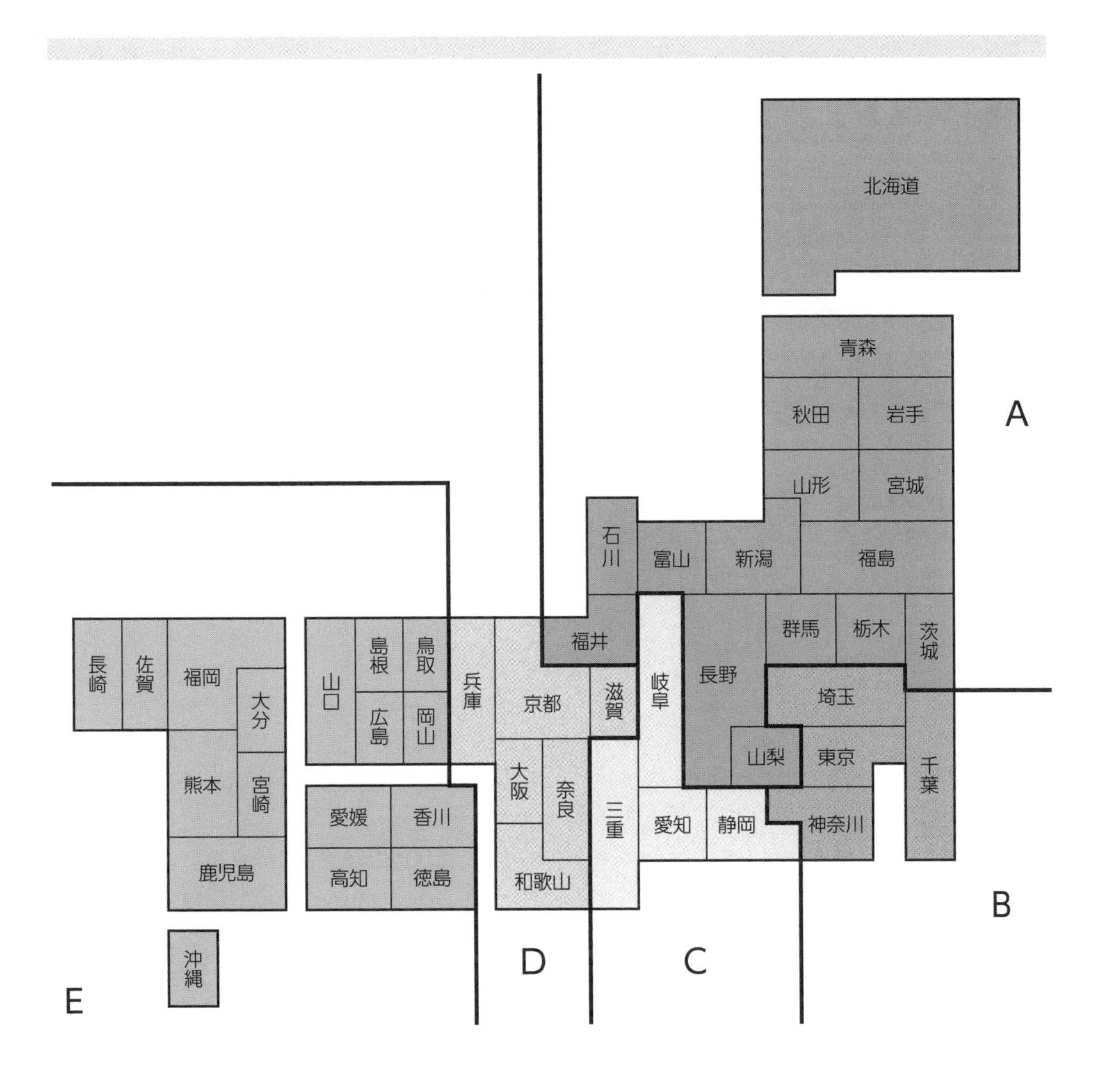

環循施発第１９０５１６１号（令和１年５月１６日）
環循規発第１９１２２０１号・環循施発第１９１２２０１号（令和１年１２月２０日）
環循施発第２００４２８１号（令和２年４月２８日）
環循施発第２００９２５１号（令和２年９月２５日）
事務連絡（平成２８年１２月２２日）
事務連絡（令和１年１２月２０日）
事務連絡（令和２年１月２１日）
事務連絡（令和２年２月７日）
事務連絡（令和２年４月２日）
事務連絡（令和２年４月６日）
事務連絡（令和２年４月１５日）
事務連絡（令和２年９月２５日）

Q 015 コンクリートくずが混入している汚染土壌

★★☆

工場跡地に残る、コンクリートくずが混入している汚染土壌の処理に困っています。

本来は法に基づく廃棄物の中間処理施設等と「土壌汚染対策法」に基づく汚染土壌処理施設の双方に位置づけられている施設に搬入し処分するべきなのでしょうが、そのような条件を満たす受入施設が近隣にありません。

ところで、汚染土壌処理施設には「①浄化等処理施設」、「②セメント製造施設」、「③埋立処理施設」、「④分別等処理施設」の類型があり、これらのうち④は「汚染土壌から岩石、コンクリートくずその他の物を分別し、又は汚染土壌の含水率を調整するための施設」と定義されています。

以上を踏まえると、④であれば、(たとえ廃棄物の中間処理施設等に位置づけられていない施設でも)コンクリートくずが混入している汚染土壌を受け入れてもらうことに法令上の問題はないと思われます。どうでしょうか?

A

分別等処理施設とは、あくまで「土壌汚染対策法」に基づく施設をいうこと(法に基づく廃棄物の中間処理施設等でないこと)から、直ちに問題がないとまではいえないようです。平成21年10月に報道発表された「汚染土壌処理業の許可の申請の手続等に関する省令の制定及び本省令に係る土壌汚染対策法施行規則の一部を改正する省令案に対する意見の公募(パブリックコメント)の結果について」中にある環境省の考え方(資料1-10)にしたがえば、コンクリートくずが混入している汚染土壌について、総体として廃棄物に整理できるものであれば法のみの適用を受けることから廃棄物の中間処理施設等で受け入れてもらうことに問題はなく、総体として汚染土壌に整理できるものであれば「土壌汚染対策法」のみの適用を受けることから汚染土壌処理施設で受け入れてもらうことに問題はなく、どちらにも整理できず廃棄物と汚染土壌の混合物になるというのであれば両法の適用を受けることから廃棄物の中間処理施設等であって汚染土壌処理施設であるものに受け入れてもらう必要があると考えられます。また、このような整理は、現場(工場跡地)から搬出されるものの状態に応じて個別に判断されることとされています。

具体的には、次の点等を総合的に勘案して判断することになると思われます。

- ▶そもそも、コンクリートくずと汚染土壌の現場分別は不可能か。
- ▶コンクリートくずと汚染土壌の量的割合は、どうか。
- ▶コンクリートくずと汚染土壌それぞれの有害性は、どうか。

資料1-10 「土壌汚染対策法施行規則の一部を改正する省令案の概要」に対する意見の概要及び意見に対する考え方について（本件省令に係る部分のみ）抜粋

分類	御意見の概要	御意見に対する考え方
汚染土壌処理施設の定義について	汚染土壌にコンクリートくずが混入しているということは、現場から搬出される地点で廃棄物扱いにしなければならないのではないか。また、土壌汚染対策法が適用される「汚染土壌」と廃棄物処理法が適用される「コンクリートくず」の運搬・処分において、それらの混合物を取扱う場合、両法律の適用関係及びどのように区分されるのか、明確にしてほしい（他２件）。	廃掃法に規定する廃棄物に該当するものがあると考えられる場合、当該汚染土壌については、土壌汚染対策法に基づく規制のほか、廃棄物として廃掃法に基づく規制も併せて課せられることとなります。現場から搬出されるものが、全体として汚染土壌又は廃棄物のいずれかに整理できれば土壌汚染対策法又は廃掃法のみの規定の適用を受け、いずれにもよりがたく汚染土壌と廃棄物が混合されたものであれば両法の規定の適用を受けることになり、これらのいずれによるべきかは、現場から搬出されるものの状態に応じ、個別に判断されることとなります。

参考

環整第４３号（昭和４６年１０月１６日）
環廃産第１１０３２９００４号（平成２３年３月３０日）
環水大土発第１７１２２７２号（平成２９年１２月２７日）
環水大土発第１９０３０１５号（平成３１年３月１日）
環水大土発第１９０３０１６号（平成３１年３月１日）
環水大土発第１９０３０１７号（平成３１年３月１日）
環水大土発第１９０３０１８号（平成３１年３月１日）
環水大土発第１９０３０１９号（平成３１年３月１日）
環水大土発第１９１２０５１号（令和１年１２月５日）

Q016 災害廃棄物由来の再生資材

東日本大震災では、津波等により大量の災害廃棄物が発生しました。被災地の復旧復興に向けてこれを迅速に処理していくためには、できるだけ災害廃棄物の再生利用を進めていかなければならないと思うのですが、「製品としての市場の形成」や「占有者と相手方の間での有償譲渡」は生じにくい状況にあることから、総合判断説にしたがって廃棄物に該当しないと判断することは困難と考えられます。

以上の状況を理由として、総合判断説以外の考え方にしたがって廃棄物該当性を判断してもよいでしょうか？

津波堆積物、ガラスくず、陶磁器くず（瓦くず、レンガくずを含みます）又は不燃混合物の細粒分（篩下（ふるいした））に由来する再生資材のうち、関係する県等や市町村が次の要件を満たすことを確認したものは廃棄物に該当しないこととされています（災害廃棄物に由来する、その他の再生資材については、通常どおり総合判断説にしたがって廃棄物該当性を判断しなければならないので注意してください）。

▶災害廃棄物を分別し、又は中間処理したものであること
▶他の再生資材と同様に、有害物質を含まないものであること
▶他の再生資材と同様に、生活環境保全上の支障（飛散流出、水質汚濁、ガス等の発生等）を生じるおそれがないこと
▶復旧復興のための公共工事において再生資材として確実に活用されること
▶上記の公共工事を行う者が定める構造・耐力上の安全性等の構造物が求める品質を満たしていること
▶上記の公共工事を行う者によって、災害廃棄物由来の再生資材の種類、用途、活用場所等が記録・保存されること

以上の考え方は、東日本大震災以降の地震等大規模災害で発生する廃棄物についても参考にされることになると思われます。

参考

環廃対発第１１０８１８００１号（平成２３年8月１８日）
基安安発０８３０第１号・基安労発０８３０第１号・基安化発０８３０第１号（平成２３年8月３０日）
基安安発０８３０第２号・基安労発０８３０第２号・基安化発０８３０第２号（平成２３年8月３０日）
環廃対発第１２０５２５００１号・環廃産発第１２０５２５００１号（平成２４年5月２５日）
環循規発第１８０３３０２８号（平成３０年3月３０日）
事務連絡（令和１年１０月１８日）
事務連絡（令和２年7月6日）
福岡地裁小倉支判（平成２６年1月３０日）
大阪地判（平成２６年１２月１１日）
大阪地判（平成２８年1月２７日）

Q017 事業活動の範囲

★★★

勤務時間中に従業員が事務所で昼食を取り、不要になったプラスチック製の弁当・飲料容器があります。これらは事業活動に伴って生じたものでない（従業員がプライベートで排出したものである）と考え、一般廃棄物として取り扱おうと思っているのですが、問題ないでしょうか？

A

問題です。ポイントは、どこまでの廃棄物が「事業活動に伴って生じた･･･」範囲に含まれるのかにあります。この点について、事業活動から必ず生じる必要まではありませんが、事業活動と何らかの関連において生じるというだけでなく、廃棄物の発生工程が事業者による事業の範囲にあることが必要とされています。つまり、そもそも事業活動が行われていなければ、勤務時間中に事務所で昼食が取られることはなかったのであり、それゆえ廃棄物も発生していなかったというわけです。したがって不要になったプラスチック製の弁当・飲料容器は事業活動と密接不可避な関係にあることから、一般廃棄物でなく、産業廃棄物の「廃プラスチック類」になります。一方、「容器包装が一般廃棄物になったもの」（以下、「容器包装廃棄物」といいます）に該当しないため、「容器包装リサイクル法」の適用を受けません。

仮に、これを従業員に持ち帰らせて一般廃棄物として処理させた場合、本来は産業廃棄物であるものが一般廃棄物を処理するための施設に投入されたとして投棄禁止違反になると考えられるので注意してください。

以上の考え方は、事務所・店舗や施設・工場・作業場で使用されている什器類・事務用具や乾電池・蛍光管・消火器等が不要になった場合についても同様です。また、災害時用に備蓄されている飲食料品等が不要になった場合についても同様です。ただし、これらを事業が廃止等された後も引き続き日常生活で実際に使用し、それ以降不要になったものにあっては、当然に「事業活動に伴って生じた･･･」範囲に含まれません（一般廃棄物になります）。

なお、事業活動とは「①反復継続して行われるもの」であり、「②単に営利を目的とする企業活動にとどまらず、公共的事業をも含む広義のもの」をいいます。したがって、地方公共団体による行政サービスや町内会によるイベント運営等も事業活動です。

参考

法第２条第２項

法第２条第４項第１号
法第２５条第１項第１４号
環整第４３号（昭和４６年１0月１６日）
環整第４５号（昭和４６年１0月２５日）
生衛第４６２号（平成8年4月１8日）
リサ推第１２号（平成１１年5月１１日）
リサ推第１５号（平成１１年7月8日）
環循規発第１８０３３０２８号（平成３０年3月３０日）
事務連絡（令和２年5月１３日）
東京高判（平成１６年6月3日）
最高裁三小決（平成１８年2月２８日）

018 事業活動の一環として行う付随的活動

★★★

スーパー・コンビニ等の店頭に設置されている、ごみ回収ボックスに投入された廃ペットボトル等は、その購入者が排出した一般廃棄物になりますか？

A

本来は購入者による（市民としての）消費活動に伴って生じたものであり、したがって購入者が排出した一般廃棄物になりますが、次の要件を満たす場合に限り、スーパー・コンビニ等が販売後に行う店頭での回収は、本体事業活動（「飲料品の販売」という事業活動）と回収対象物（廃ペットボトル等）に密接な関連性があるとして「事業活動の一環として行う付随的活動」と認められることから、スーパー・コンビニ等が排出した産業廃棄物の「廃プラスチック類」になります（この場合は容器包装廃棄物に該当しないため、「容器包装リサイクル法」の適用を受けません）。

- ▶**主体**：販売を行う者と同一の法人格を有する者が回収を行う場合に限られること
- ▶**対象**：再生利用に適した廃ペットボトル等で、かつ販売製品と化学的、物理学的に同一程度の性状を保っているものに限られること（たとえばポリエチレンテレフタレート製の容器で飲料若しくは醤油等を充填するもの又はプラスチック製の食品用トレイが廃棄物となったものであって、販売店側で他の廃棄物と分別して回収されたものが考えられます）
- ▶**回収の場所**：販売を行う場所と近接した場所で回収が行われる場合に限られること
- ▶**管理意図及び管理能力**：販売製品の販売から回収までの一連の行為について管理する意思があり、かつ適切な管理が可能であること
- ▶**一環性及び付随性**：本体事業活動の便益向上を図るために、当該事業活動に密接に関連するものとして付随的かつ一環として行う行為に限られること

ただし、店頭での回収が開始された当初から一般廃棄物処理計画にしたがって廃ペットボトル等の処理を一般廃棄物処理業者に委託し、これが適正に行われている場合等にあっては、引き続き一般廃棄物として適正処理が継続されることを妨げるものでないこととされています。

参考

法第２条第２項
法第２条第４項第１号
法第６条
環整第４３号（昭和４６年１０月１６日）
環整第４５号（昭和４６年１０月２５日）
生衛第４６２号（平成８年４月１８日）
リサ推第１２号（平成１１年５月１１日）
リサ推第１５号（平成１１年７月８日）

環廃企発第０５０１１９００１号・環廃産発第０５０１１９００１号（平成１７年1月１９日）
環廃企発第１６０１０８５号・環廃対発第１６０１０８４号・環廃産発第１６０１０８４号（平成２８年1月
８日）
環廃対発第１６０９１５２号（平成２８年9月１５日）
環循規発第１８０３３０２８号（平成３０年3月３０日）

Q019 事業系一般廃棄物

★★☆

事業活動に伴って生じた廃棄物でも、一般廃棄物になるものがあるのですか？

A

あります。一般廃棄物というと、多くは「ごみ」すなわち（家庭での）日常生活に伴って生じた廃棄物（以下、「家庭系廃棄物」といいます）を想像すると思いますが、法では「産業廃棄物以外の廃棄物」と定義されています。

一方の産業廃棄物は･･･というと、「事業活動に伴って生じた廃棄物（以下、「事業系廃棄物」といいます）のうち法令で規定される２０種類と輸入された廃棄物（法令で規定される２０種類、航行廃棄物並びに携帯廃棄物を除く）」と定義されていることから、これら以外の事業系廃棄物は全て一般廃棄物になります。そのような一般廃棄物を、家庭系廃棄物と区別するために「事業系一般廃棄物」ということがあります。ただし、事業系一般廃棄物も家庭系廃棄物も法令で規定されている用語ではありません。

なお、産業廃棄物の処理責任が事業者にあることはよく知られていますが、事業系一般廃棄物の処理責任も事業者にあるので注意してください（資料2-1）。

以上のほか、事業者には次の責務があります。

▶事業系廃棄物の再生利用等を行うことによりその減量に努めること（減量化・再生利用計画の策定、減量化・再生利用の推進のための協議会の設置等）

▶ものの製造、加工、販売等に際し、製品・容器等が廃棄物となった場合の処理の困難性についてあらかじめ自ら評価し、適正処理が困難にならないような製品や容器等の開発を行うこと

資料2-1 廃棄物の区分と処理責任

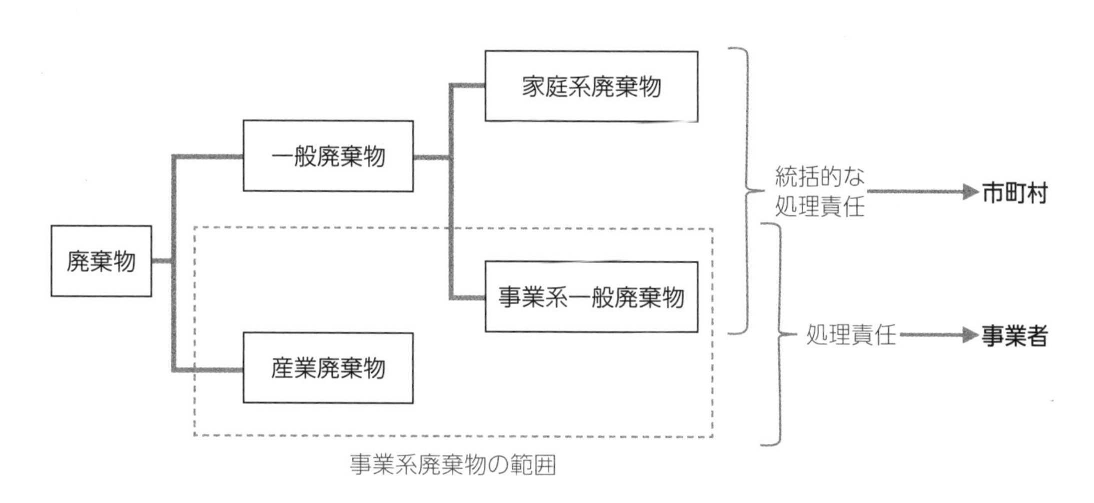

▶製品・容器等に係る廃棄物の適正処理方法について情報を提供すること等により、製品・容器等が廃棄物となった場合に適正処理が困難になることのないようにすること

▶廃棄物の減量その他適正処理の確保等について国や地方公共団体の施策に協力すること

参考

法第２条第２項
法第２条第４項第１号→令第２条
法第２条第４項第２号→令第２条の２／令第２条の３
法第３条
厚生省環第７８４号（昭和４６年１０月１６日）
環整第４３号（昭和４６年１０月１６日）
衛環第１７７号（昭和６２年１２月４日）
衛産第３１号（平成２年４月２６日）
衛環第２３２号（平成４年8月１３日）
環廃対発第０３１１２８００２号・環廃産発第０３１１２８００６号（平成１５年１１月２８日）
環廃対発第１７０３２１２号・環廃産発第１７０３２１１号（平成２９年3月２１日）
環廃産発第１７０６２０１号（平成２９年6月２０日）

Q020 あわせ産廃

★★☆

一般廃棄物処理業者が「あわせ産廃」といっていたのですが、これは何ですか？

A

市町村が、単独に、又は（一部事務組合等により）共同して、一般廃棄物とあわせて処理することができる産業廃棄物をいいます。一般廃棄物と産業廃棄物が複合しているもので、これらの区分ごとに事業者が分別・排出できない廃棄物を対象とするケースが多いようですが、その範囲は市町村により様々で、縮小・廃止の傾向にあります。その他、「市町村や都道府県が、産業廃棄物の適正処理を確保するために、これを処理することが必要であると認める産業廃棄物」もあります。

なお、あわせ産廃として処理する場合、産業廃棄物になる部分の処理委託にあたっては、一般廃棄物処理委託基準でなく、産業廃棄物処理委託基準（又は特別管理産業廃棄物処理委託基準）が適用されますが、マニフェストの交付を要しません。

一方、受託者である市町村や都道府県は産業廃棄物処理業の許可を受けている必要がなく、したがって、産業廃棄物処理基準（又は特別管理産業廃棄物処理基準）は適用されるものの、帳簿の備えつけも義務づけられません。また産業廃棄物になる部分の処理にあたり使用することとなる市町村の一般廃棄物処理施設について、別途、産業廃棄物処理施設設置の許可を受けている必要もないこととされています。ただし産業廃棄物になる部分の処理に要する費用の徴収は、それぞれ、条例で規定するところにより、これを行わなければなりません。

参考

法第１１条第２項
法第１１条第３項
法第１２条第５項→則第８条の２の８第１号／則第８条の３第１号
法第１２条第６項
法第１２条の２第５項→則第８条の１４第１号／則第８条の１５第１号
法第１２条の２第６項
法第１２条の３第１項→則第８条の１９第１号
法第１３条
法第１４条第１項
法第１４条第６項
法第１４条第１２項
法第１４条第１７項
法第１４条の４第１項
法第１４条の４第６項
法第１４条の４第１２項
法第１４条の４第１８項
環整第４３号（昭和４６年１０月１６日）
環整第５７号（昭和４６年１２月１７日）
環整第２号（昭和４７年1月１０日・平成１２年１２月２８日廃止）
環整第２９号（昭和４７年5月１８日）
衛産第２０号（平成6年2月１７日・平成１２年１２月２８日廃止）

衛環第２５１号（平成9年9月３０日）
衛環第３７号（平成１０年5月7日）
生衛発第１６３１号（平成１０年１１月１３日）
生衛発第１４６９号（平成１２年9月２８日）
環廃対第５７５号・環廃産第５７９号（平成１３年１２月２８日）
環廃対発第０７０９０７００１号・環廃産発第０７０９０７００１号（平成１９年9月7日）
環廃対発第０８０４１８００５号（平成２０年4月１８日）
環企発第０８０５１５００６号（平成２０年5月１５日）
環廃対発第０８１０１７００３号（平成２０年１０月１７日）
環循適発第１９０５２０１号・環循規発第１９０５２０１号（令和１年5月２０日）
環循適発第２００５０１３号・環循規発第２００５０１１号（令和２年5月１日）
最高裁三小決（平成１８年2月２８日）

Q 021 一般廃棄物の判断例

★★★

1 料亭の調理場から排出されたフグの有毒部位は、一般廃棄物になりますか？

2 病院や薬局から排出された不要な試薬で粉末・顆粒状のものは、一般廃棄物になりますか？

3 床屋や美容室から排出された不要な髪の毛や爪は、一般廃棄物になりますか？

4 試験研究機関から排出された実験動物の死体は、一般廃棄物になりますか？

5 漁業者が使用する漁船に付着していた不要な貝殻は、一般廃棄物になりますか？

6 香料の製造工場から排出された不要な線香は、一般廃棄物になりますか？

7 飼料や肥料の原料であった肉骨粉等を廃棄物として処理する場合、これは一般廃棄物になりますか？

8 産業廃棄物の「動物ふん尿」は畜産農業から排出されるものに限られていますが、では実験用動物飼育業、愛玩動物飼育業、昆虫飼育業等から排出される同じ性状のものは、一般廃棄物になりますか？

9 野球場やゴルフ場で植え替えた不要な芝生は、一般廃棄物になりますか？

10 卸売・小売業者が排出した不要な被服製品は、一般廃棄物になりますか？

11 天然繊維を素材とするアパレルの製造工場から排出された不要な被服製品は、一般廃棄物になりますか？

12 建設業者が事務所で排出した不要な書類は、一般廃棄物になりますか？

13 展示会の終了により原状回復のため場内の仕切り・展示台を撤去した後の不要なコンパネや角材（コンパネに貼られたポスター等を含みます）は、一般廃棄物になりますか？

14 輸入したバナナ等の果実や生鮮野菜が腐ったものを通関手続き後に陸上で処理する場合、これらは一般廃棄物になりますか？

15 事業系ビルの排水とし尿の合併処理を行っている設備（生活排水処理施設を含みます）から排出された泥状の汚水は、一般廃棄物になりますか？

16 事務所が火事になり焼けてしまったプラスチック製の什器類を片づけたいのですが、これは一般廃棄物になりますか？

17 景観美化活動の一環として海岸漂着物等が全国各地で回収されているニュースや新聞記事を、よく見ます。あれを廃棄物として処理する場合、一般廃棄物になりますか？

18 市町村が設置するごみ焼却施設でごみの焼却により発生する熱エネルギーを回収して発電等を行っている場合、炉内の焼却残さは一般廃棄物になりますか？

1 そのとおり一般廃棄物になります（特別管理一般廃棄物にはなりません）。

2 そのとおり一般廃棄物になります。ただし泥状を呈しているものは産業廃棄物の「汚泥」になり、液状を呈しているものは産業廃棄物の「廃酸」又は「廃アルカリ」になります。また廃水銀又は廃水銀化合物に係るものであって、「①国又は地方公共団体の試験研究機関」、「②大学及びその付属試験研究機関」、「③学術研究又は製品の製造若しくは技術の改良、考案若しくは発明に係る試験研究を行う研究所」、「④農業、水産又は工業に関する学科を含む専門教育を行う高等学校、高等専門学校、専修学校、各種学校、職員訓練施設又は職業訓練施設」、「⑤保健所」、「⑥検疫所」、「⑦動物検疫所」、「⑧植物防疫所」、「⑨家畜保健衛生所」、「⑩検査業に属する施設」、「⑪商品検査業に属する施設」、「⑫臨床検査業に属する施設」、「⑬犯罪鑑識施設」等から排出されたもののうち原体と見なせるものは、特別管理産業廃棄物の「廃水銀等」になります（使用後の当該試薬を含む廃液のような、原体と見なせないものは、水銀含有ばいじん等や特別管理産業廃棄物の「特定有害産業廃棄物（水銀又はその化合物を含有するもの）」になります）。

なお同様に排出された不要な放射性医薬品は、「放射性物質及びこれによって汚染されたもの」になるので法の適用を受けません。

試薬によっては「毒物劇物取締法」等の適用を受けることがあるので注意してください。

3 「理容」や「美容」という事業活動に伴って生じた廃棄物ではありますが、法令で規定される２０種類と輸入された廃棄物のいずれにも該当しないこと（産業廃棄物にならないこと）から一般廃棄物になります。

4 そのとおり一般廃棄物になり、さらに医学、歯学、薬学、獣医学に係る試験研究機関から排出された「病原微生物に関連した試験、検査等に用いられたもの」であれば、感染性廃棄物（特別管理一般廃棄物の「感染性一般廃棄物」）になります。

なお、と畜場から排出された獣畜の死体（解体されたものを含みます）は、産業廃棄物の「動物系固形不要物」になります。また、動物霊園事業において取り扱われる愛玩動物の死体であって墓地埋葬及び供養等が行われるもの（公益上若しくは社会の慣習上やむをえないもの）や「鳥獣保護法」の規定に基づき生態系に影響をあたえないような適切な方法で埋設される捕獲物等（生活環境の保全上支障が生じ、又は生じるおそれがあると認められないもの）は廃棄物に該当しない、又は廃棄物として適当でないこととされています。その他「家畜伝染病予防法」の規定に基づき処理が行われる患畜又は疑似患畜も廃棄物に該当しない、又は廃棄物として適当でないこととされていますが、産業廃棄物の「動物の死体」になるものについては、そのような処理を行わない場合、法の規定に基づき（当該産業廃棄物として）処理を行うことが認められています。

5 そのとおり一般廃棄物になります。

なお食料品製造業者、医薬品製造業者、香料製造業者が製造原料に係る不要物として排出した場合は、産業廃棄物の「動植物性残さ」になるので注意してください。

6 そのとおり一般廃棄物になります。

なお線香の製造原料として使用した動物又は植物に係る固形状の不要物は、産業廃棄物の「動植物性残さ」になります。

以上の考え方は、食料品の製造工場から排出された不要な固形食品等についても同様です。

7 製品であった肉骨粉等を廃棄物として処理するのであれば、一般廃棄物になります。たとえば（製品として）輸入され、港湾等の倉庫で保管されていた肉骨粉等が廃棄物となったものは、当該倉庫がある市町村において発生した一般廃棄物です。ただし配合飼料工場や肥料工場で原料として使用していた肉骨粉等について、牛への誤用・流用を防止するため利用が不可能となったことにより廃棄物として排出されたものは、産業廃棄物の「動植物性残さ」になることとされています。また、産業廃棄物として排出される死亡牛や廃脊柱(せきちゅう)用の化製処理ラインから生じたものは、産業廃棄物の「１３号廃棄物」（産業廃棄物を処分するために処理したもの）になるので注意してください。

8 そのような「畜産類似業」から排出されるものは、産業廃棄物の「動物ふん尿」になります。また農家が副業として家畜を飼育しているケースであっても、自家用以外のものであれば、同様に産業廃棄物の「動物ふん尿」になります（社会通念上、自家用と見なしうる飼育頭数の場合は除かれることとされています）。

これらの管理等にあたっては、「家畜排せつ物法」が優先適用されることに注意してください。

なお、と畜場から排出された同じ性状のものは、「畜産類似業」から排出されるものにならないので一般廃棄物になります。

9 素材について、天然芝であれば一般廃棄物になり、人工芝であれば産業廃棄物の「廃プラスチック類」になります。

10 素材について、綿や麻等の天然繊維であれば一般廃棄物になり、ポリエステルやレーヨン等の合成繊維であれば産業廃棄物の「廃プラスチック類」になります。また双方の混合製品であれば、割合により総体として一般廃棄物又は産業廃棄物の「廃プラスチック類」になります。

以上の考え方は、繊維工業を除く製造業者等から排出された不要な従業員の作業着や手袋等についても同様です。

11 そのとおり一般廃棄物になります。不要な天然繊維が産業廃棄物の「繊維くず」になるのは「衣服その他の繊維製品製造業を除く繊維工業に係るもの」等であることから、アパレルの製造工場から排出されたものはこれに含まれません。

12 建設業者によって排出された不要な紙が産業廃棄物の「紙くず」になるのは、「工作物の新築、改築又は除去に伴って生じたもの」に限られています（資料2-2）。したがって、それ以外の工程から発生する書類は一般廃棄物になります。ただし紙の製造業者等によって排出される不要な紙については、そのように発生工程が限られていないため、たとえ事務所から排出された書類でも産業廃棄物の「紙くず」になります。

以上の考え方は、産業廃棄物の「木くず」や「繊維くず」についても同様です（資料2-3／資料2-4）。

なお工作物とは、「人為的な労作を加えることにより、通常、土地に固定して設置されているもの」をいいます。したがって、土地に固定して設置されていない構造物等の維持修繕は「工作物の新築、改築又は除去･･･」になりません。

13 そのとおり一般廃棄物になります。展示会の場内に設けられた仕切り・展示台は工作物に該当しますが、その設計、製作、施工及び撤去等は建設業でなく、ディスプレイ業に係るものであることから産業廃棄物の「紙くず」や「木くず」になりません。

資料2-2　令第２条第１号で規定される紙くず

発生工程が限定されている産業廃棄物
●建設業に係るもの（工作物の新築、改築［増築を含む］又は除去に伴って生じたものに限る）
排出事業種が限定されている産業廃棄物
●パルプ、紙又は紙加工品の製造業に係るもの ●新聞業（新聞巻取紙を使用して印刷発行を行うものに限る）に係るもの ●出版業（印刷出版を行うものに限る）に係るもの ●製本業に係るもの ●印刷物加工業に係るもの
発生工程も排出事業種も限定されていない産業廃棄物
●ＰＣＢが塗布され、又は染み込んだもの

資料2-3　令第２条第２号で規定される木くず

発生工程が限定されている産業廃棄物
●建設業に係るもの（工作物の新築、改築［増築を含む］又は除去に伴って生じたものに限る）
排出事業種が限定されている産業廃棄物
●木材又は木製品の製造業（家具の製造業を含む）に係るもの ●パルプ製造業に係るもの ●輸入木材の卸売業に係るもの ●物品賃貸業に係るもの
発生工程も排出事業種も限定されていない産業廃棄物
●貨物の流通のために使用したパレット（パレットへの貨物の積づけのために使用した梱包用の木材を含む）に係るもの ●ＰＣＢが染み込んだもの

資料2-4　令第２条第３号で規定される繊維くず

発生工程が限定されている産業廃棄物
●建設業に係るもの（工作物の新築、改築［増築を含む］又は除去に伴って生じたものに限る）
排出事業種が限定されている産業廃棄物
●繊維工業（衣服その他の繊維製品製造業を除く）に係るもの
発生工程も排出事業種も限定されていない産業廃棄物
●ＰＣＢが染み込んだもの

14 そのとおり一般廃棄物になります。バナナ等の果実や生鮮野菜が腐ったものは、通関手続き後に輸入業者が不要と判断したのであって、最初から廃棄物として輸入しているわけではないことから輸入に係る廃棄物（以下、「国外廃棄物」といいます）にならず、したがって産業廃棄物になりません。

15 合併処理することが予定されているのであれば、一般廃棄物になります。

16 火事による被害を大して受けていないのであれば（半焼程度であれば）産業廃棄物の「廃プラスチック類」になりますが、全焼していれば事業活動に伴って生じたわけではなくなること（通常の事業活動によってでは、そのような著しい性状の変化が起こりえないこと）から一般廃棄物になります。

17 地域住民及び非営利組織その他の民間団体等がボランティア活動として回収したものであれば一般廃棄物になりますが、これらの団体等が海岸管理者からの事業委託等により（自らの）事業として回収したものであれば事業系廃棄物として取り扱うこととされており、その種類に応じて一般廃棄物又は産業廃棄物になります。

以上の考え方は、海・湖等において漂流、堆積又は散乱しているごみ等についても同様です。

18 焼却前のごみが一般廃棄物であることから、焼却後の炉内残さも一般廃棄物になります。

参考

法第２条第１項
法第２条第２項
法第２条第３項→令第１条
法第２条第４項第１号→令第２条
法第２条第４項第２号→令第２条の２／令第２条の３
法第２条第５項→令第２条の４第５号ニ→則第１条の２第５項第１号→則別表第１
法第１５条の４の５第３項第１号
環整第４５号（昭和４６年１０月２５日）
環整第２号（昭和４７年1月１０日・平成１２年１２月２８日廃止）
環計第７８号（昭和５２年8月３日）
環整第１２８号・環産第４２号（昭和５４年１１月２６日・平成１２年１２月２８日廃止）
環産第２１号（昭和５７年6月１４日・平成１２年１２月２８日廃止）
衛産第３７号（平成２年5月３１日・平成１１年3月２３日廃止）
衛環第１５８号・衛浄第２８号（平成２年8月１日）
衛環第２３２号（平成４年8月１３日）

衛環第２４３号（平成６年８月１２日）
衛環第３７号（平成１０年５月７日）
生衛発第７８０号（平成１０年５月７日）
１１畜Ａ第２６０７号（平成１１年１１月１日）
生衛発第１９０４号（平成１２年１２月２８日）
１３生畜第３３９９号（平成１３年１０月１日）
環廃対第３９５号（平成１３年１０月２日）
１３生育第３７９７号（平成１３年１０月９日）
環廃対第４１０号（平成１３年１０月１０日）
環廃産第４４４号（平成１３年１０月１７日）
環廃産第４４５号（平成１３年１０月１７日）
環廃対第５７５号・環廃産第５７９号（平成１３年１２月２８日）
環廃対第５１号（平成１４年１月２５日）
環廃産第２９４号（平成１４年５月２１日）
環廃対発第０４０３３１００７号・環廃産発第０４０３３１００７号（平成１６年３月３１日）
環廃産発第０４０６３０００２号（平成１６年６月３０日）
環廃対発第１００３３０００２号（平成２２年３月３０日）
健衛発０７２９第１号（平成２２年７月２９日）
環廃産第１１０３２９００４号（平成２３年３月３０日）
食安基発０２０１第３号・食安監発０２０１第１号（平成２５年２月１日）
食安基発０６０３第１号・食安監発０６０３第２号（平成２５年６月３日）
環廃対発第１３０６２０２号・環廃産発第１３０６２０１号（平成２５年６月２０日）
食安基発０３２７第４号・食安監発０３２７第１号（平成２７年３月２７日）
環廃対発第１５１２２１１号・環廃産発第１５１２２１２号（平成２７年１２月２１日）
環廃産発第１６０６０２１号（平成２８年６月２日）
生食基発０２１３第１号・生食監発０２１３第２号（平成２９年２月１３日）
環循適発第１７０８０８１号・環循規発第１７０８０８３号（平成２９年８月８日）
環循規発第１８０８２０１号（平成３０年８月２０日）
３０消安第５５６０号（平成３１年２月２０日）
環循規発第１９０３０１７号（平成３１年３月１日）
環循適発第１９０６０４１号・環水大水発第１９０６０４１号（令和１年６月４日）
元水推第１６０号（令和１年６月４日）
環循規発第２００５２６１号（令和２年５月２９日）
２水推第３６１号（令和２年５月２９日）
事務連絡（平成１２年８月２８日）
事務連絡（平成１３年１０月４日）
事務連絡（平成１３年１０月９日）
事務連絡（平成１３年１０月１１日）
事務連絡（平成１４年２月１４日）
事務連絡（平成１５年４月１４日）
事務連絡（平成２７年１２月３日）
事務連絡（平成２９年５月１２日）
事務連絡（平成３０年３月３０日）
事務連絡（平成３１年２月２０日）
事務連絡（令和１年５月３１日）

Q022 製造と卸売・小売の双方を行う事業場から排出された食品廃棄物

★★☆

1 部分肉処理等を行う過程で牛の骨を除去する産地食肉センターやハム製造所等から排出された廃脊柱は、一般廃棄物になりますか？

2 主に他の産地食肉センターやハム製造所等から搬入されてきた食肉又はその加工品の卸売を行う事業場から排出された廃脊柱は、一般廃棄物になりますか？

3 主に食肉又はその加工品（自ら部分肉処理等を行ったものを含みます）の小売を行う事業場から排出された廃脊柱は、一般廃棄物になりますか？

4 自ら部分肉処理等を行った食肉又はその加工品と他の産地食肉センターやハム製造所等から搬入されてきた食肉又はその加工品の両方について卸売を行う事業場から排出された廃脊柱は、一般廃棄物になりますか？

また、そこで小売まで行う場合はどうでしょうか？

A

1 食料品製造業に係るものであることから産業廃棄物の「動植物性残さ」になります。

2 そのとおり一般廃棄物になります。

3 そのとおり一般廃棄物になります。

4 「①自ら部分肉処理等を行った食肉又はその加工品の卸売（食料品製造業を伴う卸売）」と「②他の産地食肉センターやハム製造所等から搬入されてきた食肉又はその加工品の卸売」のどちらが主要な経済活動であるかによって判断します。つまり①が主要な経済活動であれば産業廃棄物の「動植物性残さ」になり、②が主要な経済活動であれば一般廃棄物になります（資料2-5）。

また、そこで小売まで行う場合であっても、①が主要な経済活動であれば産業廃棄物の「動植物性残さ」になり、②又は小売が主要な経済活動であれば一般廃棄物になります。

なお主要な経済活動とは、基本として「過去１年間の販売額又は収入額がより大きな経済活動」をいいます。

以上の考え方は、他の食品廃棄物（製造原料に係る固形状のものに限ります）についても同様と考えられます。

資料2-5　牛の廃脊柱の分類

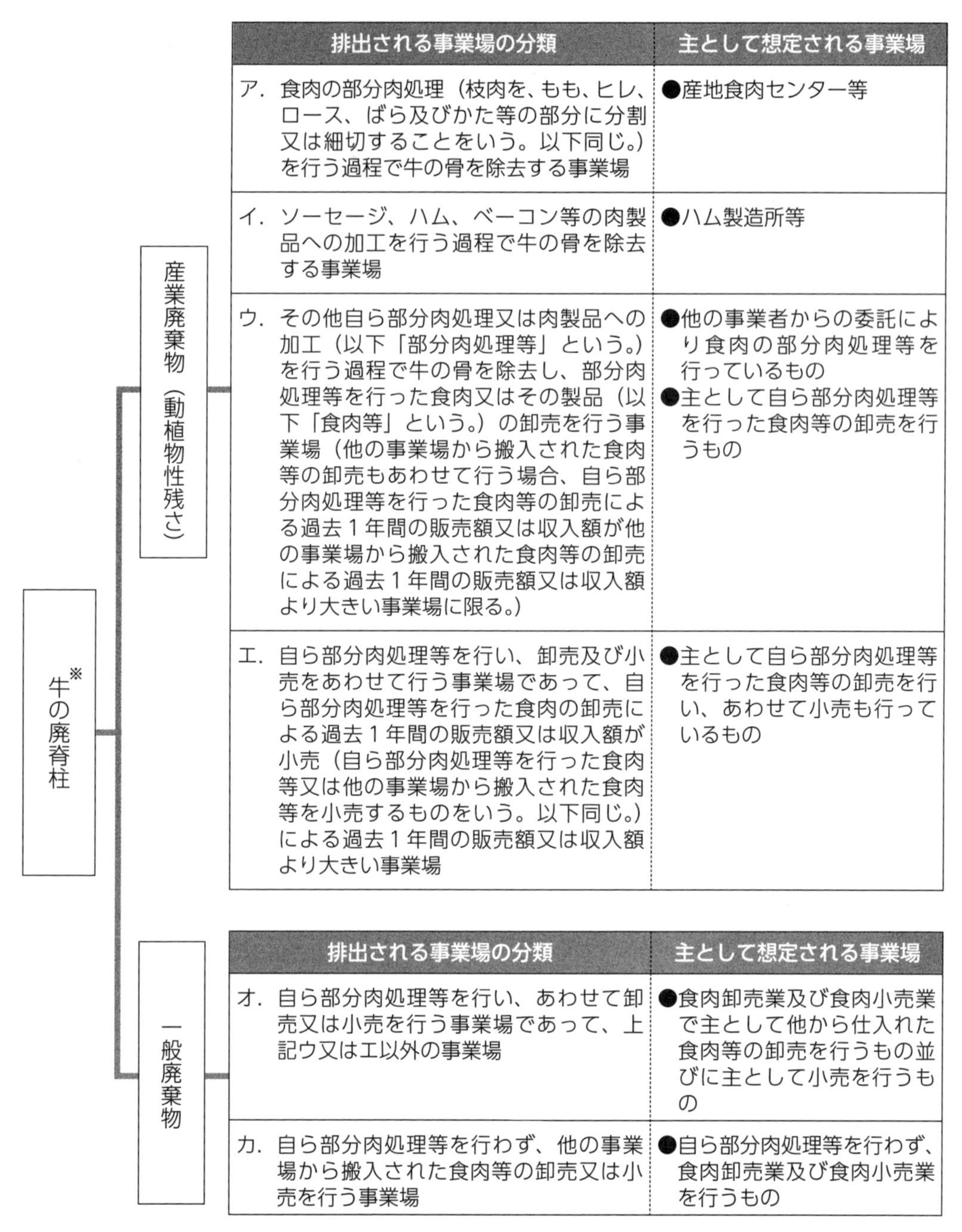

牛の廃脊柱※

産業廃棄物（動植物性残さ）

排出される事業場の分類	主として想定される事業場
ア．食肉の部分肉処理（枝肉を、もも、ヒレ、ロース、ばら及びかた等の部分に分割又は細切することをいう。以下同じ。）を行う過程で牛の骨を除去する事業場	●産地食肉センター等
イ．ソーセージ、ハム、ベーコン等の肉製品への加工を行う過程で牛の骨を除去する事業場	●ハム製造所等
ウ．その他自ら部分肉処理又は肉製品への加工（以下「部分肉処理等」という。）を行う過程で牛の骨を除去し、部分肉処理等を行った食肉又はその製品（以下「食肉等」という。）の卸売を行う事業場（他の事業場から搬入された食肉等の卸売もあわせて行う場合、自ら部分肉処理等を行った食肉等の卸売による過去１年間の販売額又は収入額が他の事業場から搬入された食肉等の卸売による過去１年間の販売額又は収入額より大きい事業場に限る。）	●他の事業者からの委託により食肉の部分肉処理等を行っているもの ●主として自ら部分肉処理等を行った食肉等の卸売を行うもの
エ．自ら部分肉処理等を行い、卸売及び小売をあわせて行う事業場であって、自ら部分肉処理等を行った食肉の卸売による過去１年間の販売額又は収入額が小売（自ら部分肉処理等を行った食肉等又は他の事業場から搬入された食肉等を小売するものをいう。以下同じ。）による過去１年間の販売額又は収入額より大きい事業場	●主として自ら部分肉処理等を行った食肉等の卸売を行い、あわせて小売も行っているもの

一般廃棄物

排出される事業場の分類	主として想定される事業場
オ．自ら部分肉処理等を行い、あわせて卸売又は小売を行う事業場であって、上記ウ又はエ以外の事業場	●食肉卸売業及び食肉小売業で主として他から仕入れた食肉等の卸売を行うもの並びに主として小売を行うもの
カ．自ら部分肉処理等を行わず、他の事業場から搬入された食肉等の卸売又は小売を行う事業場	●自ら部分肉処理等を行わず、食肉卸売業及び食肉小売業を行うもの

※牛の脊柱（胸椎横突起、腰椎横突起、仙骨翼及び尾椎を除く。）で不要となったもの

参考

法第２条第２項
法第２条第４項第１号→令第２条第４号
環整第４５号（昭和４６年１０月２５日）
１３生畜第３３９９号（平成１３年１０月１日）
１３生畜第３７９７号（平成１３年１０月９日）
環廃対第４１０号（平成１３年１０月１０日）
環廃対発第０４０３３１００７号・環廃産発第０４０３３１００７号（平成１６年3月３１日）

食安基発０２０１第３号・食安監発０２０１第１号（平成２５年２月１日）
食安基発０６０３第１号・食安監発０６０３第２号（平成２５年６月３日）
環廃対発第１３０６２０２号・環廃産発第１３０６２０１号（平成２５年６月２０日）
食安基発０３２７第４号・食安監発０３２７第１号（平成２７年３月２７日）
生食基発０２１３第１号・生食監発０２１３第２号（平成２９年２月１３日）
事務連絡（平成１３年１０月４日）
事務連絡（平成１３年１０月９日）
事務連絡（平成１３年１０月１１日）

Q023 一般廃棄物を産業廃棄物として取り扱うこと

★★★

処理が困難であることを理由に、市町村から一般廃棄物の受入れを拒否されました。これは産業廃棄物として処理してよい、又は処理しなければならないのでしょうか？

A

どのような理由や事情があろうと法を逸脱した運用は認められず、家庭系廃棄物であれば発生場所を管轄する市町村（や市町村委託処理業者）等が一般廃棄物処理計画にしたがって処理しなければなりませんし、事業系一般廃棄物であれば事業者が自らの責任で（一般廃棄物処理計画にしたがって）その処理を一般廃棄物処理業者等に委託しなければなりません。

なお一般廃棄物処理計画の策定にあたり、市町村は、家庭系廃棄物の適正処理に支障が生ずるほど多量の事業系一般廃棄物を排出した事業者に対し、減量に関する計画の作成や運搬するべき場所と方法を指示することができるとともに、さらに必要と認める場合は「自ら処理」等を行わせることもできることとされています。

以上を踏まえ、市町村は管轄区域内における全ての一般廃棄物の処理について「統括的な責任」を有し、その役割はきわめて重要であることから、とりわけ処理が困難とされる事業系一般廃棄物の処理について、産業廃棄物として取り扱われることを放置・容認するのではなく、許可制度若しくは再生利用指定制度等を活用し、又は民間に処理委託する等、引き続き、その処理が滞らないように適正処理の継続的かつ安定的な実施を確保していくことが求められます（資料2-6）。「市町村から受入れを拒否された一般廃棄物は、その定義にかかわらず、産業廃棄物になる」といった誤った解釈や運用が散見されることのないよう、さらなる指導・啓発に努めていかなければなりません。これらの点について、法は市町村に対し「一般廃棄物処理計画を定め、又はこれを変更したときは、遅滞なく、これを公表するよう努めなければならない」と規定しているので、管轄の市町村のウェブサイト等でその内容を確認してみることを推奨します。

一方、東京都２３区域内における一般廃棄物の処理にあっては、法に直接規定されていないものの、「地方自治法」に基づく特別区が基礎的な地方公共団体として「統括的な責任」を有することとされています。

資料2-6　一般廃棄物に係る市町村の統括的な処理責任

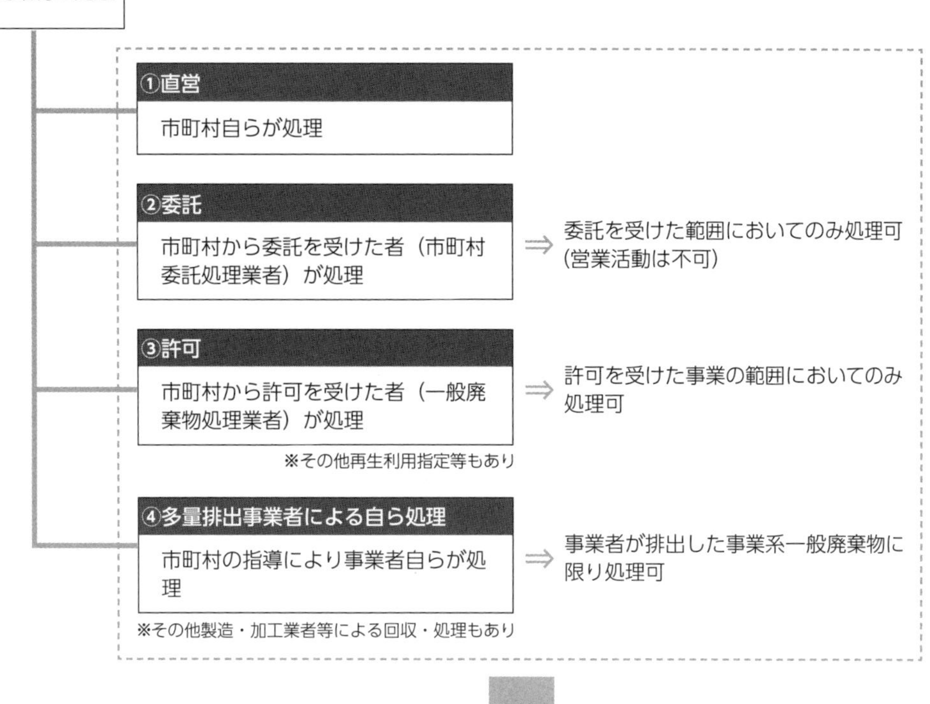

参考

法第３条第１項
法第６条
法第６条の２
法第６条の３
法第６条の３第１項→厚生省告示第５１号（平成６年３月１４日）
法第７条
厚生省環第７８４号（昭和４６年１０月１６日）
環整第４３号（昭和４６年１０月１６日）
環整第９４号（昭和５２年１１月４日）
環整第９５号（昭和５２年１１月４日）
環計第１０３号（昭和５３年１２月１日）
衛環第２００号（平成２年１０月８日）
衛環第２３２号（平成４年８月１３日）
衛環第２３３号（平成４年８月１３日）
厚生省生衛第７３６号（平成４年８月１３日）
衛環第２４５号（平成４年８月３１日・平成１２年１２月２８日廃止）
衛環第７０号（平成５年３月１１日）
衛環第１９７号（平成６年６月２０日）
衛環第１９８号（平成６年６月２０日・平成１３年３月３１日限り廃止）
衛環第７２号（平成１１年８月３０日）
環廃対第１３１号（平成１３年３月３０日）
環廃産発第０４０３１６００１号（平成１６年３月１６日）
環廃対発第０４０８０５００１号（平成１６年８月５日）
環廃企発第０５０１１９００１号・環廃産発第０５０１１９００１号（平成１７年１月１９日）
環廃対発第０７０９０７００１号・環廃産発第０７０９０７００１号（平成１９年９月７日）

環廃対発第０８０６１９００１号（平成２０年6月１９日）
環廃対発第１２０６２１００１号・環廃産発第１２０６２１００１号（平成２４年6月２１日）
環廃対発第１３０６２４１号（平成２５年6月２４日）
環廃産発第１４０２０３１号（平成２６年2月3日）
環廃対発第１４１００８１号（平成２６年１０月8日）
環廃対発第１６０９１５２号（平成２８年9月１５日）
中環審第９４２号（平成２９年2月１４日）
環循適発第１８０６２２４号・環循規発第１８０６２２４号（平成３０年6月２２日）
環循適発第１９０６２８１号（令和1年6月２８日）
環循適発第２００３０４４号・環循規発第２００３０４３号（令和２年3月4日）
環循適発第２００５０１３号・環循規発第２００５０１１号（令和２年5月1日）
環循施発第２００９２５１号（令和２年9月２５日）
事務連絡（令和２年5月１３日）
事務連絡（令和２年5月２７日）
事務連絡（令和２年9月２５日）
札幌地判（昭和５８年１２月２３日）
横浜地判（平成１２年3月２９日）
東京地判（平成１４年9月３０日）
東京地判（平成１９年１１月３０日）
福岡高裁宮崎支判（平成２４年9月２６日）
大阪地判（平成２５年9月２６日）
大阪地判（平成２７年3月３１日）
最高裁三小決（令和２年9月8日）

Q024 発生場所と異なる市町村での一般廃棄物の処理

★★

市町村（甲）に一般廃棄物の引取りをお願いしたところ、市町村委託処理業者が回収しにきました。聞けば、この一般廃棄物は隣の市町村（乙）にある自社の一般廃棄物処理施設に搬入し、処分するといっています。これは一般廃棄物の越境移動になると思うのですが、問題ないのでしょうか？

問題ありません。一般廃棄物の処理に関する事務は市町村による自治事務とされていることから、一般廃棄物処理計画は市町村の自由裁量で策定できます。したがって、甲の管轄区域内において発生する一般廃棄物を乙の管轄区域内に設置されている一般廃棄物処理施設で処分するよう、市町村に係る一般廃棄物処理委託基準（又は市町村に係る特別管理一般廃棄物処理委託基準）にしたがって甲が市町村委託処理業者に委託し、その点について甲乙間で密接に連絡を取り、整合の図れた一般廃棄物処理計画を双方が策定するというのであれば、市町村間を越えた一般廃棄物の処理が妨げられるものではありません。さらに、甲乙各々の管轄区域内において発生する一般廃棄物の共同処理を行うことも可能です。また、確保が困難とされる最終処分場等の共同利用を行うことも可能です（代表的な例としては、「広域臨海環境整備センター法」の規定に基づき設置された大阪湾広域臨海環境整備センター、通称「フェニックス」があります）。

なお、市町村に係る一般廃棄物処理委託基準（又は市町村に係る特別管理一般廃棄物処理委託基準）では、市町村において処分又は再生の場所と方法を指定するとともに、指定された場所（フェニックスを除きます）が当該市町村の管轄区域外にある場合、その場所を管轄する市町村に対し、あらかじめ、法令で規定される事項を通知することとなっていますが、通知にあたっては書面により行う必要があることとされています。また、管轄区域外にある指定された場所で１年以上にわたり継続して処分又は再生を委託するということになれば、その実施の状況を１年に１回以上、実地に確認することともなっています（これらは「事業者に係る一般廃棄物処理委託基準」でないことに注意してください）。

参考

法第６条第３項
法第６条の２第２項→令第４条
法第６条の２第２項→令第４条第９号ロ→則第１条の８
法第６条の２第３項→令第４条の３
生審総第１号（昭和４５年７月１４日）
環整第９５号（昭和５２年１１月４日）
環地計第１９号（昭和５８年１２月２７日）
環地計第１１号（昭和５９年５月７日）

衛地第３号（昭和６１年1月３１日）
衛地第１１号（昭和６１年１0月２9日）
衛地第5号・港環第５５号（昭和６２年4月２８日）
衛環第２３２号（平成４年8月１３日）
衛環第７０号（平成5年３月１１日）
衛環第１７３号（平成９年5月２８日）
衛環第７２号（平成１１年8月３０日）
衛環第７４号（平成１２年9月１９日）
環廃対第３２５号（平成１３年8月２３日）
環廃対発第１２０４１７００１号（平成２４年4月１７日）
中環審第９４２号（平成２９年2月１４日）
環循適発第１９０３２９３号（平成３１年3月２９日）
環循適発第１９０５２０１号・環循規発第１９０５２０１号（令和1年5月２０日）
環循規発第１９０９０３５号（令和1年9月3日）
環循適発第２００３０４４号・環循規発第２００３０４３号（令和２年3月4日）
環循適発第２００３３１１８号・環循規発第２００３３１１７号（令和２年3月３１日）
環循適発第２００３３１１９号・環循規発第２００３３１１８号（令和２年3月３１日）
環循規発第２００４０１６号（令和２年4月1日）
環循規発第２００４１７１号（令和２年4月１７日）
環循適発第２００５０１３号・環循規発第２００５０１１号（令和２年5月1日）
環循規発第２００７２０２号（令和２年7月２０日）
事務連絡（令和1年8月1日）
最高裁一小判（昭和４７年１０月１２日）
東京地判（平成１７年１１月２５日）
東京高判（平成２０年3月3１日）
福岡地裁小倉支判（平成２６年1月３０日）
大阪地判（平成２６年１２月１１日）
大阪地判（平成２８年1月２７日）

★★★

Q025 木くずの判断例

1 日曜大工やＤＩＹ等で家屋をその住人が自ら解体した木材（廃材）は、産業廃棄物の「木くず」になりますか？

2 ダムの管理にあたり不要として排出された流木は、産業廃棄物の「木くず」になりますか？

3 造園業者が剪定のために伐採した不要な根や枝は、産業廃棄物の「木くず」になりますか？

4 建設工事に伴って生じた不要な竹は、産業廃棄物の「木くず」になりますか？

5 輸送のために魚や野菜等を入れていた不要な木箱は、産業廃棄物の「木くず」になりますか？

6 リース業者が排出した木製の家具や器具類等といった不要なリース物品は、産業廃棄物の「木くず」になりますか？

7 船舶から輸入木材の陸揚げを行うにあたり、その側面から海面に直接放出して引き揚げる場合の海面に浮遊した不要な木材は、一般廃棄物になりますか？

A

1 事業活動に伴って生じたわけではないことから一般廃棄物になります。

2 「ダムの管理」という事業活動に伴って生じた廃棄物ではありますが、令第２条第２号で規定される「木くず」にならないことから一般廃棄物になります。

3 2 と同様の理由により、一般廃棄物になります。ただし剪定が建設工事に伴うものであった場合（建築物その他の工作物の全部又は一部の解体にあたり、邪魔になる根や枝を伐採した場合等）は、産業廃棄物の「木くず」になるので注意してください（資料2-7）。

4 竹は草本植物であり、木でないことから一般廃棄物になります。

5 「貨物の流通のために使用したパレット（貨物を荷役、輸送又は保管するために単位数量に取りまとめて載せる面を持つ台で、積載面の上部に木枠等の構造物を有するものを含む)」や「パレットへの貨物の積づけのために使用した梱包用の木材」ではないことから、一般廃棄物になります。またパレットの使用を伴わない木枠が不要になったものも、一般廃棄物になります。

6 そのとおり産業廃棄物の「木くず」になります。ただし木製のリース物品が契約終了後に有価物として売買され、その後、リース業者以外の事業者（購入元）により廃棄物として排出された場合は、物品賃貸業に伴って生じたものでなくなることから一般廃棄物になりうるので注意してください。

7 卸売業に伴って生じたものであれば、船舶から輸入木材の陸揚げを行った時点で産

資料2-7 樹木の剪定・伐採に伴って生じた廃棄物の区分を判断する際の考え方

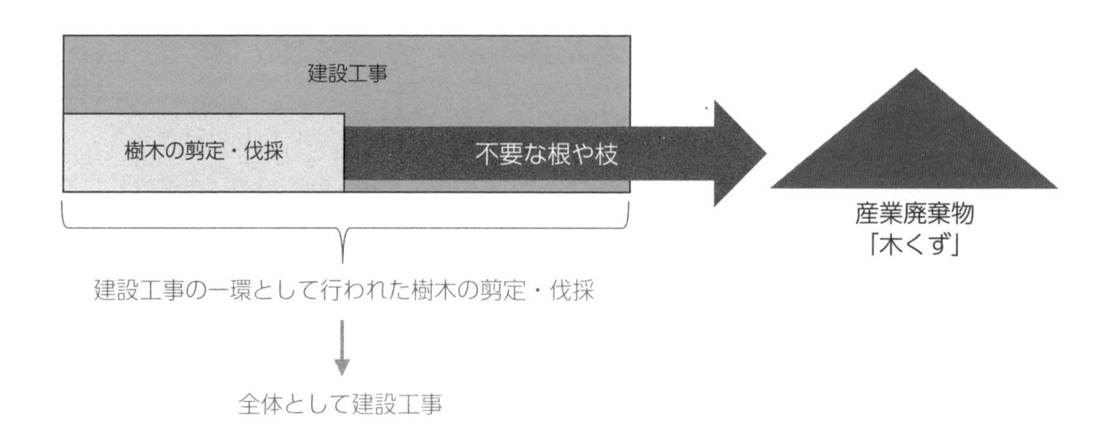

業廃棄物の「木くず」になります。

参考

法第２条第２項
法第２条第４項第１号→令第２条第２号
環整第４５号（昭和４６年１０月２５日）
環整第２号（昭和４７年1月１０日・平成１２年１２月２８日廃止）
環整第１２８号・環産第４２号（昭和５４年１１月２６日・平成１２年１２月２８日廃止）
生衛発第７８０号（平成１０年5月7日）
環産第４５号（平成１０年１０月7日）
環廃対発第０７０９０７００１号・環廃産発第０７０９０７００１号（平成１９年9月7日）
環廃産第１１０３２９００４号（平成２３年3月３０日）
最高裁三小決（昭和６０年2月２２日）

Q026 がれき類の判断例 ★★★

1 鉄道の線路に敷いてある砂利を除去した場合、その不要な砂利は産業廃棄物の「がれき類」になりますか？

2 採石場から排出された不要な（天然の）岩石は、産業廃棄物の「がれき類」になりますか？

3 石材の製造業者が排出した不要な石片は、産業廃棄物の「がれき類」になりますか？

4 地盤改良工事に伴って生じたアルカリ性を呈する地盤改良剤かすは、産業廃棄物の「がれき類」になりますか？

5 地下鉄の工事現場等から排出されたコンクリートの破片その他各種の廃材の混合物を含み、含水率が高く、粒子が微細なことから泥状を呈するものは、産業廃棄物の「がれき類」になりますか？

6 道路の工事現場から排出された不要な防水アスファルトやアスファルト乳剤は、産業廃棄物の「がれき類」になりますか？

7 溶融スラグを路盤材として再生利用し、道路を建設した後、これを工事することにより生じたアスファルトがらは、産業廃棄物の「鉱さい」になりますか？

A

1 鉄道の線路（工作物）から除去されたものになるので産業廃棄物の「がれき類」になります。ここでいう工作物とは、「人為的な労作を加えることにより、通常、土地に固定して設置されているもの」をいいます。

　なお同時に除去されることとなる不要な枕木（木製のもの）については、除去が鉄道業者によるものであれば一般廃棄物になり、請け負った建設業者によるものであれば産業廃棄物の「木くず」になるので注意してください。

2 「がれき類」ではなく、「鉱さい」になります。

3 「がれき類」ではなく、「ガラスくず、コンクリートくず及び陶磁器くず」になります。

4 「がれき類」ではなく、「汚泥」と「廃アルカリ」の混合物になります。

5 「がれき類」ではなく、「汚泥」になります。

6 「がれき類」ではなく、「廃油」になります。なお、その他の不要なタールピッチ類（常温において固形状を呈するものに限ります）についても同様です。

7 元々、路盤材が溶融スラグであったことから産業廃棄物となったアスファルトがらも「鉱さい」になると考えられがちですが、溶融スラグは路盤材（有価物）として再生利用され、一先ず廃棄物を卒業しており、そのように考える必要がないことから「がれき類」になります（資料2-8）。

資料2-8 道路工事に伴って生じた産業廃棄物の種類を判断する際の考え方

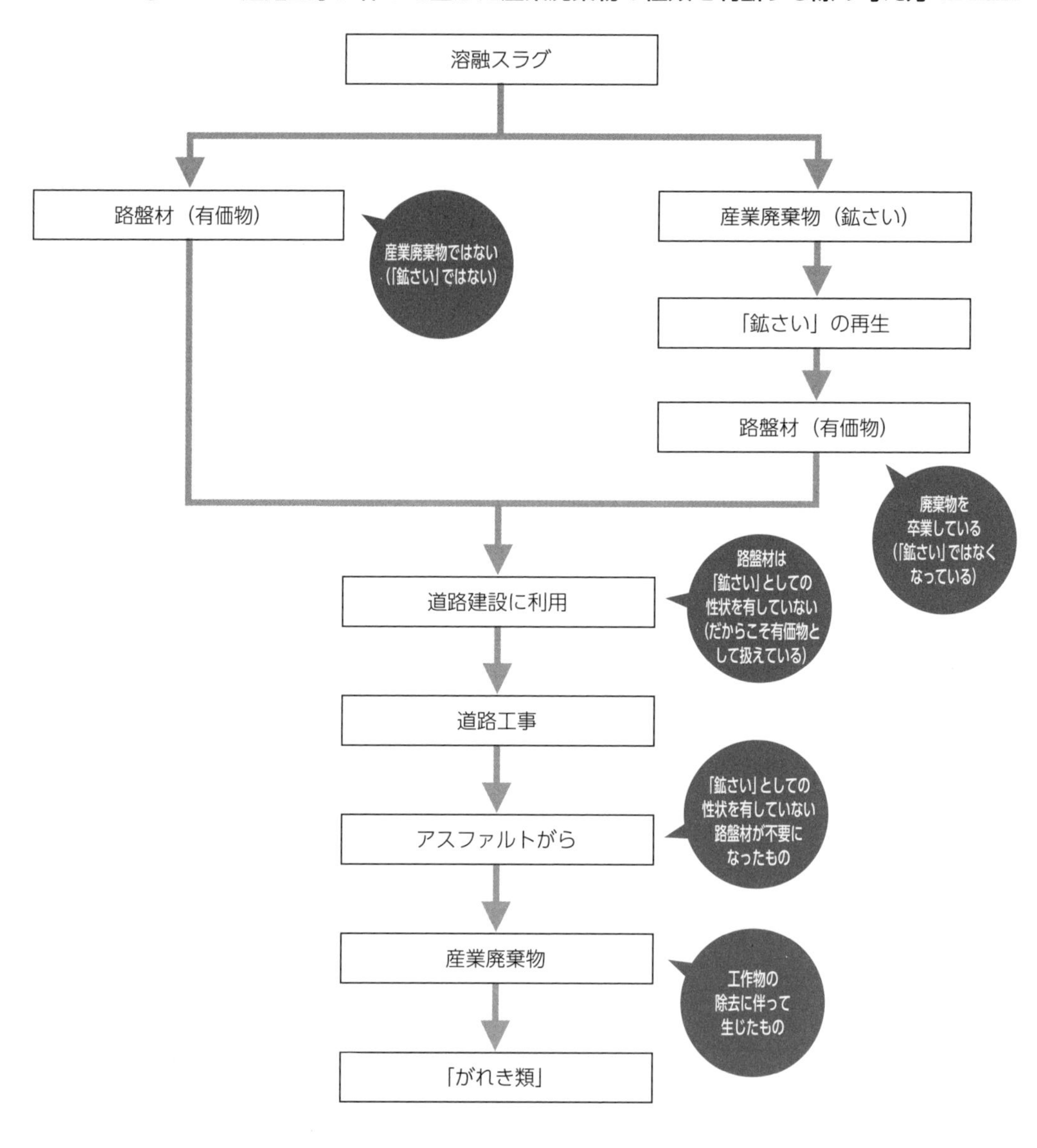

参考

法第２条第２項
法第２条第４項第１号→令第２条第２号
法第２条第４項第１号→令第２条第９号
環整第４５号（昭和４６年１０月２５日）
環産第７号（昭和５４年5月２８日・平成１２年１２月２８日廃止）
環整第１２８号・環産第４２号（昭和５４年１１月２６日・平成１２年１２月２８日廃止）
環産第２１号（昭和５７年6月１４日・平成１２年１２月２８日廃止）
衛産第３７号（平成２年5月３１日・平成１１年３月２３日廃止）
生衛発第１９０４号（平成１２年１２月２８日）
環廃産第１１０３２９００４号（平成２３年3月３０日）
環循規発第１８０３３０２８号（平成３０年3月３０日）

Q027 ガラスくず、コンクリートくず及び陶磁器くずの判断例と取扱い

★★★

1 コンクリート二次製品の製造業者が排出したU字溝やインターロッキングブロック等の不良品は、産業廃棄物の「がれき類」になりますか？

2 石膏ボードの製造工程から発生した石膏ボードくずは、産業廃棄物の「がれき類」になりますか？

3 みがき板ガラスの製造工程から発生した研磨剤（酸化セリウム）とガラス成分の一部や石膏を含むスラリー状のものを、沈殿池に導いて自然乾燥させた再使用不能の研削剤（湿泥状の硅砂）、通称「おかちん」は、産業廃棄物の「ガラスくず、コンクリートくず及び陶磁器くず」になりますか？

4 コンクリートミキサー車のミキサーから生じた生コンの残りかすで、不要とされた時点で泥状を呈するものは、産業廃棄物の「ガラスくず、コンクリートくず及び陶磁器くず」になりますか？

5 漁業者が排出した不要なＦＲＰ（強化プラスチック）の漁船は、産業廃棄物の「ガラスくず、コンクリートくず及び陶磁器くず」になりますか？

6 工業製品の製造業者が排出した強化セラミックの不良品は、産業廃棄物の「ガラスくず、コンクリートくず及び陶磁器くず」になりますか？

7 建材の製造業者が排出した窯業系サイディングの不良品は、安定型産業廃棄物として取り扱ってよいでしょうか？

A

1 産業廃棄物の「がれき類」は法令で「工作物の新築、改築又は除去に伴って生じたコンクリートの破片その他これに類する不要物」と定義されており、したがって製造業者が排出するものは、これに含まれないことから「ガラスくず、コンクリートくず及び陶磁器くず」になります。

以上の考え方は、製造工程から発生したモルタル系やアスファルト・コンクリート系の不良品についても同様です。ただし、次の産業廃棄物は「がれき類」になるので注意してください。

▶工作物の新築又は改築等にあたって、工事に使用するアスファルトやコンクリートの強度試験等を工事現場において実施した際に供試体とされたものが廃棄物となったもの

▶コンクリート製品のうち工事現場において余ったことから不要になったり、搬送途中に破損していたこと等から工事現場において廃棄物となったもの

▶工事に使用するコンクリート製品（テトラポット等の消波ブロック等）を、工事現場において事業者自らが製造した際等に生じたコンクリート系の廃棄物

2　「がれき類」ではなく、「ガラスくず、コンクリートくず及び陶磁器くず」になります（紙を除去する前でも「紙くず」との混合物にはならないことに注意してください）。また、工作物の新築、改築又は除去に伴って生じた石膏ボードくずも「ガラスくず、コンクリートくず及び陶磁器くず」になることとされています。

なお、不要な排煙脱硫石膏は「汚泥」になります。

以上の考え方は、瓦の破損片・はつり片についても同様です。

3　「ガラスくず、コンクリートくず及び陶磁器くず」ではなく、「汚泥」になります。

4　「ガラスくず、コンクリートくず及び陶磁器くず」ではなく、「汚泥」になります。

たとえ保管や収集の状況下において生コンの残りかすが固形状に変化したとしても、発生段階の性状で判断するので「がれき類」や「ガラスくず、コンクリートくず及び陶磁器くず」にはなりません。

5　「ガラスくず、コンクリートくず及び陶磁器くず」ではなく、「廃プラスチック類」になります。

6　そのとおり産業廃棄物の「ガラスくず、コンクリートくず及び陶磁器くず」になります（「金属くず」や「廃プラスチック類」にはならないので注意してください）。

なお、ＲＣＦ（リフラクトリーセラミックファイバー）は吸引により人に対する発癌（はつがん）性が疑われるものとして「労働安全衛生法」（及び「特定化学物質障害予防規則」）の適用を受けますが、その不良品は特別管理産業廃棄物になりません。

7　木質系成分等と混合しているものであれば、安定型産業廃棄物ではなく、管理型産業廃棄物として取り扱わなければなりません。安定型産業廃棄物とは、特別管理産業廃棄物を除く産業廃棄物のうち分解、腐敗、有害物質の溶出のおそれがないことから安定型最終処分場で埋立処分してよいこととされている産業廃棄物をいいます。

参考

法第２条第４項第１号→令第２条第７号
法第２条第４項第１号→令第２条第９号
令第６条第１項第３号イ
令第６条第１項第３号イ（１）→環境庁・厚生省告示第１号（平成７年３月３０日）
令第６条第１項第３号イ（６）→環境省告示第１０５号（平成１８年７月２７日）
環整第４５号（昭和４６年１０月２５日）
環整第３６号（昭和５０年４月９日・平成１２年１２月２８日廃止）
環整第１２８号・環産第４２号（昭和５４年１１月２６日・平成１２年１２月２８日廃止）
環産第１１号（昭和５５年６月５日）
環廃産第２８号（平成１４年１月１７日）
環廃産第２９号（平成１４年１月１７日）
環廃産第２９４号（平成１４年５月２１日）
環廃産第１１０３２９００４号（平成２３年３月３０日）
環循規発第２００５２６１号（令和２年５月２９日）
２水推第３６１号（令和２年５月２９日）
事務連絡（平成１３年１１月１６日）
名古屋高裁金沢支判（平成１３年３月１３日）

Q028 繊維くず・廃プラスチック類の判断例 ★★★

1 建設業者が解体物として排出した不要な畳は、一般廃棄物になりますか？
2 製造業者が排出した油の付着している不要なウエスは、産業廃棄物の「繊維くず」になりますか？
3 卸売・小売業者が在庫処分するとして排出した溶剤の揮発している固形状の廃接着剤は、産業廃棄物の「廃油」になりますか？
4 運送業者が排出した合成ゴムの廃タイヤは、産業廃棄物の「廃プラスチック類」になりますか？
5 縫製業者が排出したレザーの端材（廃材）は、産業廃棄物の「廃プラスチック類」になりますか？

A

1 素材について、い草（天然繊維）であれば産業廃棄物の「繊維くず」になり、合成繊維であれば産業廃棄物の「廃プラスチック類」になります。
2 素材について、天然繊維であれば繊維工業（衣服その他の繊維製品製造業を除きます）に係るものは産業廃棄物の「繊維くず」になり、それ以外に係るものは一般廃棄物になります。また、合成繊維であれば産業廃棄物の「廃プラスチック類」になります。ただし、どちらであっても、油の付着しているものであることから産業廃棄物の「廃油」との混合物になるので注意してください。
3 「廃油」ではなく、「廃プラスチック類」になります。ただし、溶剤が揮発していないことにより液状を呈しているものであれば、「廃油」（特別管理産業廃棄物の「引火性廃油」になる可能性があります）と「廃プラスチック類」の混合物になります。
4 そのとおり産業廃棄物の「廃プラスチック類」になります。素材について、天然ゴムでなく、合成ゴムであることから「ゴムくず」にはなりません。
5 素材について、合成皮革や人工皮革であれば産業廃棄物の「廃プラスチック類」になり、天然皮革であれば一般廃棄物になります。

なお、と畜場で解体された牛や豚の皮に塩蔵（えんぞう）等の保存処理を行い、なめす前の状態にまで加工して、これ（以下、「原皮」といいます）を販売していたところ、皮革産業等による需要の確保が困難となったために廃棄する場合、その不要な原皮は「（その他の）農畜産物・水産物卸売業に伴って生じたもの」と考えられることから、産業廃棄物の「動物系固形不要物」でなく、一般廃棄物になるので注意してください。

参考

法第２条第２項
法第２条第４項第１号→令第２条第３号
法第２条第５項→令第２条の４第１号→則第１条の２第１項
環整第４５号（昭和４６年１０月２５日）
環整第１２８号・環産第４２号（昭和５４年１１月２６日・平成１２年１２月２８日廃止）
環産第２１号（昭和５７年6月１４日・平成１２年１２月２８日廃止）
生衛発第７８０号（平成１０年5月7日）
環循適発第１９０５２０１号・環循規発第１９０５２０１号（令和１年5月２０日）
環循規発第２００５２６１号（令和２年5月２９日）
２水推第３６１号（令和２年5月２９日）
事務連絡（令和２年5月２１日）
事務連絡（令和２年5月２７日）
事務連絡（令和２年１０月１日）

Q029 排出事業種の特定

★★☆

産業廃棄物の種類のうち排出事業種が限定されているものがありますが、事業場で複数の事業活動（甲／乙）が行われており、甲と乙は各々の一環として把握することが困難な異質の事業活動である場合、乙に伴って生じた不要なものは甲に係る廃棄物になりますか？

甲ではなく、乙に係る廃棄物になります。したがって乙に係る廃棄物を甲に係る廃棄物とすることにより、本来は産業廃棄物になるもの（限定されている排出事業種に係る廃棄物）を一般廃棄物（限定されている排出事業種以外のものに係る廃棄物）として処理しようとすることは認められません。また、その逆についても同様です。

なお甲／乙が、それぞれ、どの排出事業種に該当するかについては、「日本標準産業分類」にしたがって判断してください。

参考

環整第４５号（昭和４６年１０月２５日）
環産第２１号（昭和５７年６月１４日・平成１２年１２月２８日廃止）
環廃産発第０６１２２７００６号（平成１８年１２月２７日）

Q030 金属くず・鉱さいの判断例と取扱い

1 金属の研磨工程から発生した研磨かすは、産業廃棄物の「金属くず」になりますか？

2 工場から排出された廃サンドブラストは、産業廃棄物の「鉱さい」になりますか？

3 銑鉄（せんてつ）鋳物製造業者が排出した不要な鋳物又は砂は、産業廃棄物の「金属くず」になりますか？

4 製鉄・製鋼・圧延業の高炉、平炉、転炉、電気炉から排出された産業廃棄物の「鉱さい」であって、相当期間エイジングする等の措置を講ずることにより公共の水域や地下水の汚染を生じさせないようにしたものは、安定型産業廃棄物として取り扱ってよいでしょうか？

5 使用済みの太陽電池モジュールであって産業廃棄物として埋立処分されるものは、それが「金属くず」、「ガラスくず、コンクリートくず及び陶磁器くず」、「廃プラスチック類」の混合物になることから、安定型産業廃棄物として取り扱ってよいでしょうか？

A

1 そのとおり産業廃棄物の「金属くず」になります。ただし、粉末状又は泥状を呈し、金属としてとらえることが困難なものであれば「汚泥」になります。

2 そのとおり産業廃棄物の「鉱さい」になります。ただし、除去した塗料かすを一定量含むものであれば「廃プラスチック類」との混合物になり（泥状を呈しているものであれば「汚泥」になり）、錆（さび）を一定量含むものであれば「金属くず」との混合物になります。

　なお除去した塗料かすは、特別管理産業廃棄物の「ＰＣＢ汚染物」になる可能性があるので注意してください。

3 「金属くず」ではなく、「鉱さい」になります。

4 産業廃棄物の「鉱さい」は管理型産業廃棄物として取り扱うことを基本としますが、この場合は安定型産業廃棄物として取り扱ってよいこととされています。

　なお安定型産業廃棄物とは、特別管理産業廃棄物を除く産業廃棄物のうち分解、腐敗、有害物質の溶出のおそれがないことから安定型最終処分場で埋立処分してよいこととされている、次の産業廃棄物等をいいます。

▶廃プラスチック類（自動車等破砕物、廃プリント配線板、廃容器包装及び水銀使用製品産業廃棄物を除く）

▶ゴムくず

▶金属くず（自動車等破砕物、廃プリント配線板、鉛蓄電池の電極であって不要物であるもの、鉛製の管又は板であって不要物であるもの、廃容器包装及び水銀使

用製品産業廃棄物を除く）

▶ガラスくず、コンクリートくず及び陶磁器くず（自動車等破砕物、廃ブラウン管、廃石膏ボード、廃容器包装及び水銀使用製品産業廃棄物を除く）

▶がれき類

▶環境大臣が指定するもの（石綿含有産業廃棄物や特別管理産業廃棄物の「廃石綿等」を溶融し、又は無害化処理した後の生成物であって「鉱さい」になるものに限り、告示で規定される基準に適合するもの）

一方の管理型産業廃棄物とは、有機性や腐敗性を有し、又は省令で規定される基準（以下、「判定基準」といいます）に適合する有害物質を含むこと等から管理型最終処分場で埋立処分しなければならない産業廃棄物であって、安定型産業廃棄物と遮断型産業廃棄物以外のものをいいます（遮断型産業廃棄物とは、判定基準に適合しない有害物質を含むこと等から遮断型最終処分場で埋立処分しなければならない産業廃棄物をいいます）。

5 太陽電池モジュールは電気機械器具であり、使用後の埋立処分にあたり産業廃棄物処理基準にしたがって破砕等が行われたものは、自動車等破砕物（安定型産業廃棄物から除外される「金属くず」、「ガラスくず、コンクリートくず及び陶磁器くず」、「廃プラスチック類」）になります。したがって、安定型産業廃棄物ではなく、管理型産業廃棄物として取り扱わなければなりません。

参考

法第２条第４項第１号→令第２条第６号
法第２条第４項第１号→令第２条第８号
法第２条第５項→令第２条の４第５号ロ
令第６条第１項第３号→総理府令第５号（昭和４８年2月１７日）／環境庁告示第５号（昭和５２年３月１４日）／環境庁告示第４２号（平成４年7月３日）
令第６条第１項第３号イ
令第６条第１項第３号イ（１）→環境庁・厚生省告示第１号（平成７年３月３０日）
令第６条第１項第３号イ（６）→環境省告示第１０５号（平成１８年7月２７日）
令第６条第１項第３号リ
令第６条の５第１項第３号→総理府令第５号（昭和４８年2月１７日）／環境庁告示第５号（昭和５２年３月１４日）
環整第４５号（昭和４６年１０月２５日）
環整第３６号（昭和５０年4月9日・平成１２年１２月２８日廃止）
環産第２５号（昭和５３年7月１日）
環整第１２８号・環産第４２号（昭和５４年１１月２６日・平成１２年１２月２８日廃止）
環水企第１８１号・厚生省生衛第７８８号（平成4年8月３１日）
環水企第１８２号・衛環第２４４号（平成４年8月３１日）
衛産第４０号（平成7年3月３１日）
衛産第４１号（平成7年3月３１日）
衛産第５５号（平成7年6月２７日）
衛環第３７号（平成１０年5月7日）
生衛発第７８０号（平成１０年5月7日）
環水企第２９９号（平成１０年7月１６日）
環水企第３００号・生衛発第１１４８号（平成１０年7月１６日）
環水企第３０１号・衛環第６３号（平成１０年7月１６日）
環廃産第１８３号（平成１４年3月２９日）
環廃対発第０４０４０１００８号・環廃産発第０４０４０１００５号（平成１６年4月1日）
環廃産発第０６０６０１００１号（平成１８年6月1日）
環廃対発第１１０２０４００４号・環廃産発第１１０２０４００１号（平成２３年2月4日）
環廃対発第１１０２０４００５号・環廃産発第１１０２０４００２号（平成２３年2月4日）

環廃産第１１０３２９００４号（平成２３年3月３０日）
環廃対発第１３０３１８２号・環廃産発第１３０３１８１号（平成２５年3月１８日）
環廃産発第１４０８１２１号（平成２６年8月１２日）
環廃対発第１５１２２５３号・環廃産発第１５１２２５４号（平成２７年１２月２５日）
環廃対発第１６０６２３２号・環廃産発第１６０６２３３号（平成２８年6月２３日）
中環審第９４２号（平成２９年2月１４日）
環循適発第１７０８０８１号・環循規発第１７０８０８３号（平成２９年8月8日）
環循施発第１８０３２０２号（平成３０年3月２０日）
環循施発第１８１１２８２号（平成３０年１１月２８日）
環循規発第１９０３０１７号（平成３１年3月1日）
環循規発第１９１００７１９号（令和1年１０月7日）
環循規発第１９１０１１２号・環循施発第１９１０１１１号（令和1年１０月１１日）
環循規発第１９１０１１４号・環循施発第１９１０１１３号（令和1年１０月１１日）
環循規発第２０１０１２１号・環循施発第２０１０１２１号（令和2年１０月１２日）
事務連絡（平成２９年5月１２日）
事務連絡（平成２９年１０月6日）
事務連絡（平成３０年１２月２７日）
事務連絡（令和1年6月２７日）
事務連絡（令和1年9月9日）
事務連絡（令和1年１０月１１日）
事務連絡（令和1年１０月１５日）
事務連絡（令和2年2月7日）
事務連絡（令和2年4月2日）
事務連絡（令和2年4月１５日）
事務連絡（令和2年7月4日）
熊本地決（平成7年１０月３１日）

Q031 石綿含有産業廃棄物の定義

★★★

石綿(いしわた)含有産業廃棄物とは何ですか？

法令で規定される産業廃棄物の種類（２０種類と輸入された廃棄物）の中には見あたらないのですが、新しく追加された種類なのでしょうか？

「石綿障害予防規則」で規定される、いわゆる「作業レベル３」に該当する工作物の新築、改築又は除去に伴って生じた石綿含有成形板や石綿含有ビニル床タイル（Ｐタイル）等の産業廃棄物（特別管理産業廃棄物の「廃石綿等」を含みません）であって、石綿（アスベスト）をその重量の０．１％を超えて含有するものをいい、環境大臣が定める方法（資料2-9）以外で処分又は再生を行うこと（たとえば、処分を目的とした破砕を行うこと）を禁止する等、他のものよりも厳格な産業廃棄物処理基準が適用されます。ただし定義を踏まえ、（たとえ石綿をその重量の０．１％を超えて含有する産業廃棄物でも）工作物の新築、改築又は除去に伴って生じたものでなければ、石綿含有産業廃棄物にならないので注意してください。

なお、これは法令で規定される産業廃棄物の種類の一つでなく、性状等に応じて「がれき類」、「ガラスくず、コンクリートくず及び陶磁器くず」、「廃プラスチック類」とし

資料2-9　石綿含有産業廃棄物の処分又は再生の方法

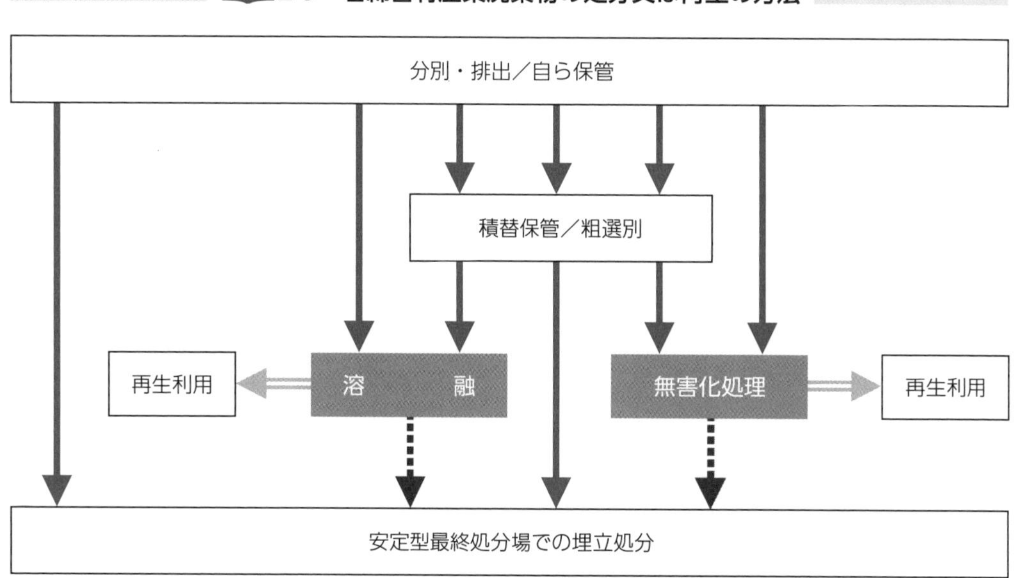

て取り扱わなければなりません（特別管理産業廃棄物にはならないので注意してください）。

また、「労働安全衛生法」により石綿及び石綿をその重量の０．１％を超えて含有する製剤その他のもの（「石綿含有製品等」といいます）の製造、輸入、譲渡、提供又は使用が原則禁止とされていることから、たとえ石綿以外の部位に高い取引価値があるものでも、それを（石綿含有産業廃棄物として処理委託せず）有価物として譲渡し、又は提供することは認められないと思われます。

参考

令第６条第１項第１号ロ→則第７条の２の３
令第６条第１項第２号ニ（２）→環境省告示第１０２号（平成１８年7月２７日）
衛環第２４５号（平成４年8月３１日・平成１２年１２月２８日廃止）
環廃対発第０６０６０９００３号（平成１８年6月１２日）
基発第０８１１００２号（平成１８年8月１１日）
基発第０８２１００２号（平成１８年8月２１日）
基発第０８２１００３号（平成１８年8月２１日）
基安化発第０８２１００１号（平成１８年8月２１日）
基発第０８２３００４号（平成１８年8月２３日）
環廃対発第０６０９２７００１号・環廃産発第０６０９２７００２号（平成１８年9月２７日）
基安発第０３１６００３号（平成１９年3月１６日）
基安化発第０２０６００３号（平成２０年2月6日）
基安化発第０２０６００４号（平成２０年2月6日）
環廃対発第０９１２２５００１号・環廃産発第０９１２２５００１号（平成２１年１２月２５日）
基安発０２１２第１号（平成２２年2月１２日）
基安発０９０９第１号・国総建第１１２号・環廃産発第１００９０９００１号（平成２２年9月9日）
基安発０９０９第２号（平成２２年9月9日）
国総建第１１３号・環廃産発第１００９０９００２号（平成２２年9月9日）
環廃産発第１００９０９００３号（平成２２年9月9日）
環廃産発第１０１２２４００２号（平成２２年１２月２４日）
基安発０１２７第１号（平成２３年1月２７日）
環廃対発第１１０３３１００１号・環廃産発第１１０３３１００４号（平成２３年3月３１日）
基発０５０９第１０号（平成２４年5月9日）
基発０３３１第３０号（平成２６年3月３１日）
基発０３３１第３１号（平成２６年3月３１日）
基発０４２３第6号（平成２６年4月２３日）
基発０４２３第7号（平成２６年4月２３日）
基発０４２３第8号（平成２６年4月２３日）
基発０４２３第9号（平成２６年4月２３日）
環廃産発第１４１２１６１号（平成２６年１２月１６日）
環廃産発第１５１１１８１号・環水大大発第１５１１１７１号（平成２７年１１月１７日）
基安化発１１１７第1号（平成２７年１１月１７日）
基安化発１１１７第2号（平成２７年１１月１７日）
基発０４１３第3号（平成２８年4月１３日）
基安化発０４０３第2号（平成２９年4月3日）
基安化発０６０９第1号（平成２９年6月9日）
基安化発０６０９第2号（平成２９年6月9日）
環水大大発第１７１１２０１号（平成２９年１１月２０日）
基発０５２８第1号（平成３０年5月２８日）
基発１０２３第6号（平成３０年１０月２３日）
環水大大発第１９０６１２３号（令和１年6月１２日）
基発０８０４第2号（令和２年8月4日）
基発０８０４第3号（令和２年8月4日）
基発０９０１第１０号（令和２年9月1日）
基発０９０１第１１号（令和２年9月1日）
環水大大発第２０１１３０１号（令和２年１１月３０日）
基安化発０１２９第1号・環循適発第２１０１２９１号・環循規発第２１０１２９７号（令和３年1月２９日）
事務連絡（平成１９年3月１３日）
事務連絡（平成２２年9月9日）
事務連絡（平成３０年9月6日）
事務連絡（令和２年7月6日）

Q032 熱しゃく減量が５％を超える安定型産業廃棄物の取扱い

★★

建設業者が排出した混合廃棄物を、手、篩、風力、磁力、電気その他を用いる方法により安定型産業廃棄物とそれ以外の産業廃棄物に選別した後、安定型産業廃棄物については安定型最終処分場で埋立処分することとしています。ところが、その組成を分析したところ、いわゆる「プラスチックリッチ」であったこと（相対的に「廃プラスチック類」の占める割合が大きかったこと）から熱しゃく減量（強熱時の重量減少率）が５％を超えていました。このようなケースにおいては、安定型産業廃棄物の熱しゃく減量を５％以下にしてからでなければ安定型最終処分場で埋立処分できないと聞いたことがあります。入念に選別して安定型産業廃棄物だけにしたのですが、このまま安定型最終処分場で埋立処分することは問題でしょうか？

A

問題です。確かに、産業廃棄物処理基準において「①安定型産業廃棄物以外の産業廃棄物の埋立処分は、安定型最終処分場を利用する処分の方法により行ってはならないこと」と規定されていることから、安定型産業廃棄物であれば全て安定型最終処分場で埋立処分できるように考えられがちですが、同時に「②安定型最終処分場で埋立処分を行う場合には、安定型産業廃棄物以外の廃棄物が混入し、又は付着するおそれのないように必要な措置として、工作物の新築、改築又は除去に伴って生じた安定型産業廃棄物の熱しゃく減量を５％以下とする方法等を講ずること」とも規定されています。つまり安定型産業廃棄物の埋立処分において、①及び②の双方を満たさなければ産業廃棄物処理基準を遵守していることにならないというわけです。したがって入念に選別して安定型産業廃棄物だけにしたということであっても、その組成（性状）のまま安定型最終処分場で埋立処分することはできません（そのまま埋立処分するのであれば、管理型最終処分場で埋立処分せざるをえないこととなります）。

なお、このようなケースにおける熱しゃく減量について「安定型産業廃棄物の中に混入する安定型産業廃棄物以外の可燃物及び有機物等の割合を示す指標」と解釈されている例が散見されますが、これは、熱しゃく減量が５％以下となる範囲内で管理型産業廃棄物等が混入する安定型産業廃棄物までを安定型最終処分場で埋立処分してよいこととする趣旨であり、①を踏まえ認められるものでありません。

参考

令第６条第１項第３号イ
令第６条第１項第３号ロ→環境庁告示第３４号（平成１０年６月１６日）
環整第９５号（昭和５２年１１月４日）
環水企第１８２号・衛環第２４４号（平成４年８月３１日）
環水企第２９９号（平成１０年７月１６日）
環廃産第１１０３２９００４号（平成２３年３月３０日）

Q033 公共の水域の範囲

遮断型産業廃棄物は公共の水域や地下水と遮断されている場所で埋立処分しなければならないこととされていますが、ここでいう公共の水域とは、どこまでの範囲が含まれるのですか？

私的な用に供される水域以外の水域をいい、「①河川」、「②運河」、「③湖沼」、「④農業用排水路」、「⑤公共溝渠（こうきょ）」、「⑥地先海面」等を含みます（下水道と地下水脈は含まれません）。

参考

令第６条第１項第３号ニ
令第６条の５第１項第３号ロ
環整第４３号（昭和４６年１０月１６日）
環産第２１号（昭和５７年6月１４日・平成１２年１２月２８日廃止）

Q034 燃え殻・ばいじんの判断例、１３号廃棄物の定義

★★★

1 **事業活動に伴って生じた使用済みの活性炭は、産業廃棄物の「燃え殻」になりますか？**

2 **産業廃棄物の「汚泥」の焼却施設から排出された「ばいじん」が湿式集じん施設において捕集され、水とともに排出され、他の施設から排出された廃水と混合して一括処理されます。この沈殿槽で生じた泥状物は、産業廃棄物の「汚泥」になりますか？**

3 **廃棄物焼却炉の解体工事や補修工事に伴って生じたレンガくずは、産業廃棄物の「がれき類」になりますか？**

4 **動物霊園事業において取り扱われる愛玩動物の死体（公益上若しくは社会の慣習上やむをえないもの）の火葬後に残った焼骨について、墓地埋葬及び供養等が行われる予定はありませんが、引き続き廃棄物に該当しない、又は廃棄物として適当でないものとして取り扱ってよいでしょうか？**

5 **廃棄物・リサイクル関連の書籍や資料等に「１３号廃棄物」と記載されているものを見たことがあるのですが、これは何ですか？**

A

1 固形状のものであれば「燃え殻」になり、不純物が混在すること等により泥状を呈しているものであれば「汚泥」になり、バグフィルター等の集じん施設において捕集されたものであれば「ばいじん」になります。

2 そのとおり産業廃棄物の「汚泥」になります。ただし、他の施設から排出された廃水と混合せずに処理したものであれば「ばいじん」になります。

　なお焼却に伴って生じた「燃え殻」は、中間処理産業廃棄物（発生から最終処分が終了するまでの一連の処理行程の中途において産業廃棄物を処分した後の残さ）になりますが、この場合の「汚泥」や「ばいじん」は、焼却を行った中間処理業者が排出した一次産業廃棄物になるので注意してください。

3 そのとおり産業廃棄物の「がれき類」になります。ただし、炉内のレンガくずに焼却灰が一定量付着しているものであれば、「燃え殻」（特別管理産業廃棄物の「特定有害産業廃棄物・燃え殻」等になる可能性があります）との混合物になるので注意してください。

4 墓地埋葬及び供養等が行われないということであれば、少なくとも焼骨については、必ずしも公益上若しくは社会の慣習上やむをえないものといえないことから、総合判断説にしたがって廃棄物に該当すると判断されるものであれば、産業廃棄物（動物霊園事業に伴って生じた一次産業廃棄物）の「燃え殻」として取り扱わなければ

なりません。

5 法第２条第４項及び令第２条第１号から第１２号までで規定される産業廃棄物（１９種類と輸入された廃棄物）を処分するために処理したもののうち、それらの産業廃棄物のいずれにも該当しない廃棄物をいい、たとえばコンクリートにより固型化された産業廃棄物等が考えられます。産業廃棄物の種類の一つとして令第２条第１３号で規定されていることから、このようにいわれることがあります。

なお定義を踏まえ、たとえ産業廃棄物を処分するために処理したものでも、性状等に応じて法第２条第４項及び令第２条第１号から第１２号までで規定される産業廃棄物のいずれかに該当する廃棄物（「燃え殻」に該当する焼却灰、「鉱さい」に該当する溶融スラグ等）は、「１３号廃棄物」にならないので注意してください（コンクリートにより固型化された産業廃棄物は「ガラスくず、コンクリートくず及び陶磁器くず」にならないこととされています）。

参考

法第２条第４項第１号→令第２条
法第２条第４項第２号→令第２条の２／令第２条の３
法第２条第５項→令第２条の４第５号→則第１条の２第１７項→厚生省告示第１９２号（平成４年７月３日）
法第２条第５項→令第２条の４第５号リ→令第７条／令別表第３／則第１条の２第１１項→総理府令第５号（昭和４８年２月１７日）→環境庁告示第１３号（昭和４８年２月１７日）
法第１２条第５項
環整第４３号（昭和４６年１０月１６日）
環整第４５号（昭和４６年１０月２５日）
環計第７８号（昭和５２年８月３日）
環整第１２８号・環産第４２号（昭和５４年１１月２６日・平成１２年１２月２８日廃止）
環産第２１号（昭和５７年６月１４日・平成１２年１２月２８日廃止）
衛企第１７号（平成１２年３月３１日）
健衛発０７２９第１号（平成２２年７月２９日）
環廃産発第１１０３１７００１号（平成２３年３月１７日）
環廃産発第１６０６０２１号（平成２８年６月２日）
環循規発第１８０３３０２８号（平成３０年３月３０日）
環循規発第１９１００７１９号（令和１年１０月７日）
事務連絡（平成２５年６月１２日）

Q035 不要な飲食料品、泥状・液状物 ★★★

1 卸売・小売業者が排出した消費期限切れ又は賞味期限切れの飲料品は、産業廃棄物になりますか？

2 卸売・小売業者が排出した消費期限切れ又は賞味期限切れの食料品は、産業廃棄物になりますか？

3 飲食店から排出されたグリストラップ汚泥やスカム（浮遊物）は、産業廃棄物になりますか？

4 レストラン、給食センター、旅館に設けられた、し尿以外の汚水を処理する施設に堆積した沈殿物は、産業廃棄物になりますか？

5 発電所の定期検査等により取水水路等の清掃に伴って生じた泥状物で、貝殻や海草、水路に堆積した様々な沈殿物等が混合しており、これらを容易に除去しえないようなものは、総体として産業廃棄物になりますか？

6 家畜の解体に伴って生じた血液等の液状を呈する不要物は、産業廃棄物になりますか？

7 アルコールや食用のアミノ酸の製造に伴って生じた廃発酵液は、産業廃棄物の「廃油」になりますか？

8 学校から排出された不要なローソク・クレヨン（パラフィン）や石けんは、産業廃棄物の「廃油」になりますか？

9 病院から排出された解剖用等の廃ホルマリンは、産業廃棄物の「廃油」になりますか？

10 撮影スタジオから不要として排出された写真の現像液や定着液は、産業廃棄物の「廃油」になりますか？

11 使用済自動車の解体に伴って生じたラジエーター内の不凍液（廃クーラント液）は、産業廃棄物の「廃油」になりますか？

12 いわゆる「ＰＯＰｓ廃農薬」や「ＰＦＯＳ含有廃棄物」は、産業廃棄物の「廃油」になりますか？

13 産業廃棄物の「動物ふん尿」を、畜舎廃水とともに、動物のふん尿処理施設で処理した後に生じる泥状物は、産業廃棄物の「汚泥」になりますか？

14 工場から排出されたカーバイドかすは、産業廃棄物の「汚泥」になりますか？

15 次の不要物は、産業廃棄物の「汚泥」になりますか？

①赤泥
②廃白土
③タンクスラッジ
④ビルピット汚泥

A

1 容器について、ペットボトルは産業廃棄物の「廃プラスチック類」になり、缶は産業廃棄物の「金属くず」になり、瓶は産業廃棄物の「ガラスくず、コンクリートくず及び陶磁器くず」になり、紙パックは産業廃棄物でなく一般廃棄物になります。また内容物について、酸性飲料は「廃酸」になり、アルカリ性飲料は「廃アルカリ」になり、中性飲料は「廃酸」と「廃アルカリ」の混合物になり、アルコール飲料は「廃酸」又は「廃アルカリ」と「廃油」の混合物になります。

2 容器について、発泡スチロールトレイやビニル袋は産業廃棄物の「廃プラスチック類」になり、缶は産業廃棄物の「金属くず」になり、瓶は産業廃棄物の「ガラスくず、コンクリートくず及び陶磁器くず」になり、紙箱は産業廃棄物でなく一般廃棄物になります。また内容物について、固形状のものであれば一般廃棄物になります（産業廃棄物の「動植物性残さ」にはなりません）が、泥状を呈しているものであれば産業廃棄物の「汚泥」になります。

　なお食料品製造業者、医薬品製造業者、香料製造業者が排出した固形状の内容物についても、一般廃棄物になるので注意してください（産業廃棄物の「動植物性残さ」になるのは製造原料に係る不要物のみであり、完成後の製品が不要になったものを含みません）。

3 産業廃棄物の「汚泥」になりますが、油分をおおむね５％以上含んでいるものは「廃油」との混合物になるので注意してください。

4 泥状を呈しているものは産業廃棄物の「汚泥」になります。

5 産業廃棄物の「汚泥」になります。

6 性状等に応じて産業廃棄物の「廃酸」又は「廃アルカリ」になります。人の血液等と比較して人体に感染症を生じさせる危険性が低いことから、人畜共通感染症にり患し、又は感染している場合を除いて感染性廃棄物として取り扱う必要はありません。

7 「廃油」ではなく、「廃酸」になります。

8 固形油としてとらえられるものは、産業廃棄物の「廃油」になります。

9 酸性を呈していることから「廃酸」になります。

10 現像液は「廃アルカリ」になり、定着液は「廃酸」になります。

11 エチレングリコールを３０～５０％程度含有しており、弱アルカリ性を呈していることから「廃アルカリ」になります。ただし、油分が混入しているものは「廃アルカリ」と「廃油」の混合物になります。

12 「ストックホルム条約」で規定される製造・使用・輸出入の原則禁止対象２８物質のうちアルドリンやクロルデン等１３物質のＰＯＰｓ廃農薬の取扱いについて、水溶性の液体は「廃酸」又は「廃アルカリ」になり、油性の液体は「廃油」になり、泥状を呈しているものは「汚泥」になり、それら以外のものは産業廃棄物でなく一般廃棄物になります。

一方「化学物質審査規制法」の適用を受ける「①半導体用のレジスト」、「②エッチング剤（圧電フィルター又は無線機器が３ＭＨｚ以上の周波数の電波を送受信することを可能とする化合物半導体の製造用）」、「③業務用写真フィルム」、「④消火器・消火器用消火薬剤・泡消火薬剤」といったＰＦＯＳ含有廃棄物の取扱いについては、性状等に応じて「廃プラスチック類」、「廃酸」、「廃アルカリ」、「汚泥」になります。

平成２９年２月に中央環境審議会が環境大臣に意見具申した「廃棄物処理制度の見直しの方向性」では、ＰＯＰｓを高濃度に含有する汚染物等について、新たに特別管理廃棄物に指定するべき旨の考えが示されました。また、その他のＰＯＰｓを含有する農薬や消火薬剤等その対象が明確であるものについても、「ＰＯＰｓ含有産業廃棄物」（仮称）として上乗せの産業廃棄物処理基準を規定するべき旨の考えが示されました。以降の改正動向に注意してください。

13 そのとおり産業廃棄物の「汚泥」になり（「動物ふん尿」にはならないので注意してください）、さらに処理後の放流水は産業廃棄物処理基準が適用されないこととされています。

14 そのとおり産業廃棄物の「汚泥」になります（「廃アルカリ」にはならないので注意してください）。

15 ①は「汚泥」と「廃アルカリ」の混合物になり、②及び③はどちらも「汚泥」と「廃油」の混合物になり、④はし尿を含むものを除き「汚泥」になります。

参考

法第２条第２項
法第２条第４項第１号→令第２条第４号
法第２条第４項第１号→令第２条第４号の２
環整第４５号（昭和４６年１０月２５日）
環整第２号（昭和４７年１月１０日・平成１２年１２月２８日廃止）
環水企第１８１号・環産第１７号（昭和５１年１１月１８日）
環産第２５号（昭和５６年７月１４日）
環産第２１号（昭和５７年６月１４日・平成１２年１２月２８日廃止）
環廃産第４４５号（平成１３年１０月１７日）
環廃産第２９４号（平成１４年５月２１日）
環廃産第３５３号（平成１４年６月１７日）
環廃対発第０３１２２６００５号・環廃産発第０３１２２６００４号（平成１５年１２月２６日）
環廃産発第０４０３０１００９号（平成１６年３月１日）
環産廃発第０４１０１２００２号（平成１６年１０月１２日）
環廃産発第１００３３１００１号（平成２３年３月３１日）
中環審第９４２号（平成２９年２月１４日）
事務連絡（平成２３年４月１５日）
事務連絡（平成３０年３月３０日）

Q036 不要な施設関連複合物等

★★★

1 **事業活動に伴って生じた廃バッテリー又は廃鉛蓄電池は、産業廃棄物の種類の中のどれになりますか？**

2 **事業活動に伴って生じた廃乾電池は、産業廃棄物の種類の中のどれになりますか？**

3 **事業活動に伴って生じた廃蛍光管は、産業廃棄物の種類の中のどれになりますか？**

4 **事業活動に伴って生じた廃合成塗料は、産業廃棄物の種類の中のどれになりますか？**

5 **事業活動に伴って生じた廃発炎筒（事業用自動車に備えつけられている緊急保安炎筒が有効期限切れになったもの）は、産業廃棄物の種類の中のどれになりますか？**

6 **事業活動に伴って生じた廃消火器は、産業廃棄物の種類の中のどれになりますか？**

7 **事業活動に伴って生じた廃トランス（ＰＣＢを使用していない絶縁油が封入されているもの）は、産業廃棄物の種類の中のどれになりますか？**

A

1 外装は「廃プラスチック類」に、端子や極板等は「金属くず」に、内容物（希硫酸である電解液）は特別管理産業廃棄物の「腐食性廃酸」に、それぞれなります（廃ニッケルカドミウム蓄電池に係る内容物は「廃アルカリ」になります）。

なお、硫酸濃度が１０％を超える電解液は「毒物劇物取締法」の適用を受けるので注意してください。

2 外装は「金属くず」に、内容物（二酸化マンガンや亜鉛等）は「汚泥」に、炭素棒は「燃え殻」に、それぞれなります。

なお水銀が含まれているものもあるため、その処理委託にあたっては、水銀使用製品産業廃棄物として以上の種類の許可を受けた産業廃棄物処理業者等であって、水銀又はその化合物が大気中に飛散しないように必要な措置を講ずることができる者や水銀を回収できる者へ引き渡さなければならないことに注意してください（回収された後の不要な水銀は、特別管理産業廃棄物の「廃水銀等」になります）。

3 ガラス管は「ガラスくず、コンクリートくず及び陶磁器くず」に、両端の電極は「金属くず」に、その他合成樹脂製の部品は「廃プラスチック類」に、それぞれなります。さらにいえば、ガラス管内に塗布された蛍光体は、除去後、「汚泥」になります。

なお水銀が含まれているものもあるため、**2** と同様、その処理委託にあたっては、水銀使用製品産業廃棄物として以上の種類の許可を受けた産業廃棄物処理業者等であって、水銀又はその化合物が大気中に飛散しないように必要な措置を講ずることができる者や水銀を回収できる者へ引き渡さなければならないことに注意してください（回収された後の不要な水銀は、特別管理産業廃棄物の「廃水銀等」になります）。

4 液状を呈しているものは「廃プラスチック類」と「廃油」（特別管理産業廃棄物の「引火性廃油」になる可能性があります）の混合物になり（水溶性のものは「廃プラスチック類」と「廃酸」又は「廃アルカリ」の混合物になり）、塗料以外の不純物が混合したことにより泥状を呈しているものは「汚泥」になり（油分をおおむね５％以上含んでいるものは「汚泥」と「廃油」の混合物になり）、溶剤が揮発したことにより固形状又は粉状を呈しているものは「廃プラスチック類」になります。

なお、低濃度のＰＣＢを含有するものであってＰＣＢ濃度が特別管理産業廃棄物の「ＰＣＢ処理物」に係る判定基準（以下、「卒業基準」といいます）に適合しない場合等は、特別管理産業廃棄物の「ＰＣＢ汚染物」になるので注意してください。

5 外装は「廃プラスチック類」に、内容物（火薬類）は「汚泥」に、それぞれなります。特別管理産業廃棄物になるものはありませんが、「火薬類取締法」で規定されるがん具煙火（はなび）に該当するので注意してください。

6 外装は「金属くず」に、ノズルやホース等は「廃プラスチック類」に、内容物（粉末消火剤）は産業廃棄物でなく一般廃棄物に、それぞれなります。ただし内容物について、泡沫（ほうまつ）消火剤である場合は産業廃棄物の「廃酸」又は「廃アルカリ」になります。

7 外装・鉄心・コイル・電線等は「金属くず」に、碍子（がいし）・ブッシング等は「ガラスくず、コンクリートくず及び陶磁器くず」に、電線の被覆材・その他合成樹脂製の部品は「廃プラスチック類」に、絶縁油は「廃油」に、それぞれなります。

なお、（非意図的に）微量のＰＣＢにより汚染された絶縁油が混入したものであってＰＣＢ濃度が０．５ｐｐｍ（ｍｇ／ｋｇ）を超える場合は、特別管理産業廃棄物の「ＰＣＢ汚染物」になるので注意してください。

参考

法第２条第５項→令第２条の４第１号→則第１条の２第１項
法第２条第５項→令第２条の４第５号ロ
法第２条第５項→令第２条の４第５号ハ→則第１条の２第４項→則第１条の２第１７項→厚生省告示第１９２号（平成４年７月３日）
法第２条第５項→令第２条の４第５号ニ→則第１条の２第５項第２号
法第１４条第１２項→令第６条第１項第２号ホ
令第６条第１項第１号ロ→則第７条の２の４第１号→則別表第４
環整第４５号（昭和４６年１０月２５日）
環整第１０８号（昭和５１年２月１７日）
環水企第１８１号・環産第１７号（昭和５１年１１月１８日）
環整第１２８号・環産第４２号（昭和５４年１１月２６日・平成１２年１２月２８日廃止）
環産第２１号（昭和５７年６月１４日・平成１２年１２月２８日廃止）
衛環第２４５号（平成４年８月３１日・平成１２年１２月２８日廃止）
衛産第１７号（平成７年２月９日）
衛環第３７号（平成１０年５月７日）
生衛発第７８０号（平成１０年５月７日）
衛環第９６号（平成１２年１２月２８日）
環廃産発第０４０２１７００５号（平成１６年２月１７日）
環廃対発第０４０４０１００８号・環廃産発第０４０４０１００５号（平成１６年４月１日）
環廃産発第０５０３３０００９号（平成１７年３月３０日）
環廃対発第１５１２２１１号・環廃産発第１５１２２１２号（平成２７年１２月２１日）

環循適発第１７０８０８１号・環循規発第１７０８０８３号（平成２９年8月8日）
環循施発第１８０３２０２号（平成３０年3月２０日）
環循施発第１８１１２８２号（平成３０年１１月２８日）
環循規発第１９０３０17号（平成３１年3月1日）
環循規発第１９１０１１２号・環循施発第１９１０１１１号（令和１年１０月１１日）
環循規発第１９１０１１４号・環循施発第１９１０１１３号（令和１年１０月１１日）
環循規発第２０１０１２１号・環循施発第２０１０１２１号（令和２年１０月１２日）
事務連絡（平成１８年１２月5日）
事務連絡（平成２７年１２月3日）
事務連絡（平成２９年5月１２日）
事務連絡（令和１年6月２７日）
事務連絡（令和１年１０月１５日）
事務連絡（令和２年２月7日）
事務連絡（令和２年４月２日）
事務連絡（令和２年４月１５日）

Q037 水銀使用製品産業廃棄物の定義 ★★★

水銀使用製品産業廃棄物とは何ですか？
特別管理産業廃棄物の「廃水銀等」とは違うのでしょうか？

A

「水銀汚染防止法」（及び「新用途水銀使用製品命令」）で規定される、既存の用途に利用する水銀又はその化合物が使用されている製品（以下、「水銀使用製品」といいます）と新用途水銀使用製品のうち、「①水銀電池」、「②空気亜鉛電池」、「③スイッチ及びリレー（水銀が目視で確認できるものに限る）」、「④蛍光ランプ（冷陰極蛍光ランプ及び外部電極蛍光ランプを含む）」、「⑤ＨＩＤランプ（高輝度放電ランプ）」、「⑥放電ランプ（④及び⑤を除く）」、「⑦農薬」、「⑧気圧計」、「⑨湿度計」、「⑩液柱形圧力計」、「⑪弾性圧力計（ダイアフラム式のものに限る）」、「⑫圧力伝送器（ダイアフラム式のものに限る）」、「⑬真空計」、「⑭ガラス製温度計」、「⑮水銀充満圧力式温度計」、「⑯水銀体温計」、「⑰水銀式血圧計」、「⑱温度定点セル」、「⑲顔料」、「⑳ボイラ（二流体サイクルに用いられるものに限る）」、「㉑灯台の回転装置」、「㉒水銀トリム・ヒール調整装置」、「㉓放電管（水銀が目視で確認できるものに限り、④～⑥を除く）」、「㉔水銀抵抗原器」、「㉕差圧式流量計」、「㉖傾斜計」、「㉗水銀圧入法測定装置」、「㉘周波数標準機」、「㉙ガス分析計（水銀等を標準物質とするものを除く）」、「㉚容積形力計」、「㉛滴下水銀電極」、「㉜参照電極」、「㉝水銀等ガス発生器（内蔵した水銀等を加熱又は還元して気化するものに限る）」、「㉞握力計」、「㉟医薬品」、「㊱水銀の製剤」、「㊲塩化第一水銀の製剤」、「㊳塩化第二水銀の製剤」、「㊴よう化第二水銀の製剤」、「㊵硝酸第一水銀の製剤」、「㊶硝酸第二水銀の製剤」、「㊷チオシアン酸第二水銀の製剤」、「㊸酢酸フェニル水銀の製剤」、「㊹以上の製品を材料又は部品として用いて製造される水銀使用製品（③～⑥、⑪～⑬、⑮、㉓、㉘を材料又は部品として用いて製造される水銀使用製品及び⑲が塗布される水銀使用製品を除く）」、「㊺水銀又はその化合物の使用に関する表示がされている水銀使用製品（①～㊹を除く）」が産業廃棄物となったものをいい、特別管理産業廃棄物の「廃水銀等」にはならず、特別管理産業廃棄物を除く産業廃棄物になります。ただし、石綿含有産業廃棄物と同様、これは法令で規定される産業廃棄物の種類の一つでなく、性状等に応じて「廃プラスチック類」、「金属くず」、「ガラスくず、コンクリートくず及び陶磁器くず」等として取り扱わなければなりません。

なお㊹から除外される水銀使用製品について、これに部品として用いられている水銀使用製品が取り出された場合、取り出された水銀使用製品が産業廃棄物となったものは水銀使用製品産業廃棄物になるので注意してください（たとえば、④が部品として用いられている水銀使用製品をそのまま産業廃棄物として排出したものは水銀使用製品産業廃棄物になりませんが、当該水銀使用製品又はこれが産業廃棄物となったものから④が取り出された後、④を産業廃棄物として排出したものは水銀使用製品産業廃棄物になります)。ただし、その取出しにあたっては、部品として用いられている水銀使用製品が容易に取り外せる形式で組み込まれたものについては、当該水銀使用製品を取り出してから、これを水銀使用製品産業廃棄物として取り扱うこととされていますが、部品として用いられている水銀使用製品が容易に取り外せない形式で組み込まれたものについては、無理に取り外そうとすると破損により水銀が飛散してしまうおそれがあるため取り外さずに排出することとし、中間処理施設等で当該水銀使用製品が取り出された場合、その時点から、これを水銀使用製品産業廃棄物として取り扱うこととされています。また㊺について、水銀又はその化合物の使用を、製品本体への表示以外の方法(購入時の口頭での説明や取引契約書、製品のパッケージ、製品の取扱説明書、製品が掲載されているパンフレットやカタログ、製品製造業者のウェブページ、店頭での告知、産業廃棄物処理業者からの情報提供、法令で規定される含有マークによる「Ｈｇ」を伴わないＪ－Ｍｏｓｓ表示等)で確認できるものが産業廃棄物となったものは、水銀使用製品産業廃棄物と同等に取り扱うこととされています。さらに①～㊺について、これと同一カテゴリー又は同一性状の製品が産業廃棄物となったものを、混在する状態で排出した場合(たとえば②と水銀使用製品でないアルカリボタン電池が産業廃棄物となったものを、混在する状態で排出した場合)、それら総体を水銀使用製品産業廃棄物として取り扱ってよいこととされています。

一方、既述の水銀使用製品産業廃棄物が破損したものやその(水銀を回収した後の)破砕後物等も水銀使用製品産業廃棄物になります。

これらの中で、水銀又はその化合物が相当の割合以上で使用されているものとして、③、⑧～⑰、㉑～㉓、㉕、浮ひょう形密度計、㉖、積算時間計、㉚、ひずみゲージ式センサ、㉛、電量計、ジャイロコンパス、㉞(③と㉓については、水銀が目視で確認できるものに限りません)が産業廃棄物となったものは、その処分又は再生において、あらかじめ、次のいずれかの方法(以下、「水銀使用製品産業廃棄物に係る水銀回収方法」といいます)により水銀を回収しなければなりません(回収された後の不要な水銀は、特別管理産業廃棄物の「廃水銀等」になります)。

▶ばい焼設備を用いてばい焼するとともに、ばい焼により発生する水銀ガスを回収する設備を用いて当該水銀ガスを回収する方法

▶水銀使用製品産業廃棄物から水銀を分離する方法であって、水銀が大気中に飛散しないように必要な措置が講じられている方法

参考

法第２条第５項→令第２条の４第５号ニ→則第１条の２第５項第２号
令第６条第１項第１号ロ→則第７条の２の４第１号→則別表第４
令第６条第１項第１号ロ→則第７条の２の４第２号→則別表第４
令第６条第１項第１号ロ→則第７条の２の４第３号
令第６条第１項第２号ホ(２)→則第７条の８の３第１号／環境省告示第５７号(平成２９年6月9日)→則

　別表第５
則第８条の４の２第６号ニ
環廃対発第１５１２２１１号・環廃産発第１５１２２１２号（平成２７年１２月２１日）
環廃産発第１６０３３１８号（平成２８年3月３１日）
環廃産発第１６０３３１９号（平成２８年3月３１日）
環水大大発第１６０９２６４号（平成２８年9月２６日）
環循適発第１７０８０８１号・環循規発第１７０８０８３号（平成２９年8月8日）
環循規発第１９０３０１7号（平成３１年3月1日）
事務連絡（平成２７年１２月3日）
事務連絡（平成２９年5月１２日）

Q038 水銀含有ばいじん等の定義

★★★

水銀含有ばいじん等とは何ですか？
水銀又はその化合物を含有する特別管理産業廃棄物の「特定有害産業廃棄物」とは違うのでしょうか？

水銀又はその化合物を含有する「ばいじん」、「燃え殻」、「汚泥」、「廃酸」、「廃アルカリ」、「鉱さい」のうち、水銀又はその化合物中の水銀を１５ｐｐｍ（「廃酸」、「廃アルカリ」にあっては、１Ｌにつき１５ｍｇ）を超えて含有する産業廃棄物（特別管理産業廃棄物の「廃水銀等」と特別管理産業廃棄物の「特定有害産業廃棄物」を含みません）をいいます。石綿含有産業廃棄物や水銀使用製品産業廃棄物と同様、特別管理産業廃棄物を除く産業廃棄物になり、法令で規定される産業廃棄物の種類の一つではないことに注意してください。

これらの中で、水銀又はその化合物が相当の割合以上で含まれているものとして水銀又はその化合物中の水銀を１０００ｐｐｍ（「廃酸」、「廃アルカリ」にあっては、１Ｌにつき１０００ｍｇ）以上含有するものは、その処分又は再生において、あらかじめ、ばい焼設備を用いてばい焼する方法その他の水銀の回収の用に供する設備を用いて加熱する方法であって、ばい焼その他の加熱工程により発生する水銀ガスを回収する設備を用いて当該水銀ガスを回収する方法（以下、「水銀含有ばいじん等に係る水銀回収方法」といいます）により水銀を回収しなければなりません（水銀使用製品産業廃棄物に係る場合等と同様、回収された後の不要な水銀は、特別管理産業廃棄物の「廃水銀等」になります）。

なお水銀含有ばいじん等になるか否かの判断にあたっては、水銀含有量の測定について特段の規定がないことから、毎回これを行う必要はありません。発生工程を踏まえ水銀が含まれないことが明らかであれば、その測定は不要です。

参考

法第２条第５項→令第２条の４第５号ニ→則第１条の２第５項第２号
令第６条第１項第２号ホ→則第７条の８の２
令第６条第１項第２号ホ（２）→則第７条の８の３第２号／環境省告示第５７号（平成２９年６月９日）
環廃対発第１５１２２１１号・環廃産発第１５１２２１２号（平成２７年１２月２１日）
環水大大発第１６０９２６４号（平成２８年９月２６日）
環循適発第１７０８０８１号・環循規発第１７０８０８３号（平成２９年８月８日）
事務連絡（平成２７年１２月３日）
事務連絡（平成２９年５月１２日）

Q039　引火性廃油

★★

特別管理産業廃棄物の「引火性廃油」には揮発油類、灯油類、軽油類が該当しますが、では同じ程度の引火性を有する、その他の廃油は、特別管理産業廃棄物の「引火性廃油」にならないのですか？

そのとおり特別管理産業廃棄物の「引火性廃油」にはなりません。確かに多くの都道府県等では、引火点７０℃未満の「揮発油類、灯油類、軽油類以外のもの（アセトン、メタノール、キシレン等）」までを特別管理産業廃棄物の「引火性廃油」として取り扱うよう指導されており、その根拠については「消防法」で規定される危険物第四類（引火性液体）の特殊引火物・第一石油類・アルコール類・第二石油類を踏まえているように思われますが、そもそも特別管理産業廃棄物の「引火性廃油」は焼却の技術的観点から創設された種類であり、「消防法」が目的とする火災予防の観点からによるものではありません。

参考

法第２条第５項→令第２条の４第１号→則第１条の２第１項
衛環第２３３号（平成４年８月１３日）
衛環第２４５号（平成４年８月３１日・平成１２年１２月２８日廃止）

Q040 腐食性廃酸・腐食性廃アルカリの判断例

★★☆

1 **特別管理産業廃棄物の「腐食性廃酸」や「腐食性廃アルカリ」について、それぞれ、中和によりｐＨ（水素イオン濃度指数）を調整した後に生じた沈殿物も、そのｐＨに応じ「腐食性廃酸」や「腐食性廃アルカリ」又は特別管理産業廃棄物を除く産業廃棄物の「廃酸」や「廃アルカリ」になりますか？**

2 **軽油引取税の脱税を目的としてＡ重油に濃硫酸を混和して識別剤（クマリン）を除去することにより不正軽油を密造する際の副産物、いわゆる硫酸ピッチは、特別管理産業廃棄物の「腐食性廃酸」になりますか？**

A

1 特別管理産業廃棄物の「腐食性廃酸」や「腐食性廃アルカリ」又は特別管理産業廃棄物を除く産業廃棄物の「廃酸」や「廃アルカリ」が液状を呈する産業廃棄物である点を踏まえ、「汚泥」と同様に取り扱ってよいこととされています（ｐＨの如何にかかわらず、特別管理産業廃棄物になることはありません）。

2 廃硫酸と廃炭化水素油（一般にいう石油が廃棄物となったもの）の混合物であってｐＨが２．０以下の著しい腐食性を有するものは、特別管理産業廃棄物の「腐食性廃酸」と産業廃棄物の「廃油」の混合物になります。とりわけ、廃炭化水素油が揮発油類、灯油類、軽油類のいずれかである場合は、特別管理産業廃棄物の「腐食性廃酸」と特別管理産業廃棄物の「引火性廃油」の混合物になります。ただし、どちらでも、指定有害廃棄物として取り扱わなければなりません。原則禁止とされている指定有害廃棄物の処理にあたっては、特別管理産業廃棄物処理基準等でなく、法令により別途定められている基準・方法を基本として行うこととなります。

参考

法第２条第５項→令第２条の４第２号→則第１条の２第２項→則第１条の２第１７項→厚生省告示第１９２号（平成４年７月３日）
法第２条第５項→令第２条の４第３号→則第１条の２第３項→則第１条の２第１７項→厚生省告示第１９２号（平成４年７月３日）
法第１６条の３→令第１５条→則第１２条の４１第１項
法第１６条の３→令第１５条→則第１２条の４１第２項→環境省告示第６４号（平成１６年１０月２７日）
法第１６条の３第１号→令第１６条
法第１６条の３第２号
環整第４５号（昭和４６年１０月２５日）
環廃産発第０３１００１００３号（平成１５年１０月１日）
環廃対発第０４１０２７００４号・環廃産発第０４１０２７００３号（平成１６年１０月２７日）
環廃産発第０４１０２７００４号（平成１６年１０月２７日）
環循規発第１８０３３０２８号（平成３０年３月３０日）

Q041 感染性廃棄物の定義

★★★

感染性を有する廃棄物に該当するか否かについて、法令では「感染性病原体が含まれ、若しくは付着している･･･又はこれらのおそれのある･･･」と定義されていますが、具体的にどのように考えて判断すればよいでしょうか？

また、そのようにして「感染性を有するもの」と判断された廃棄物は、事業場の種類を問わず感染性廃棄物になりますか？

「①形状」、「②排出場所」、「③感染症の種類」の観点から客観的に判断すること（資料3-1）を原則としますが、そのように判断できないケースでも、血液等（血液、血清、血漿、体液・精液）その他の付着の程度やこれらが付着した廃棄物の形状・性状の違いにより、医師・歯科医師・獣医師といった専門知識のある者が認めた場合は、「感染性を有するもの」と判断することとされています。ここでいう「病原微生物に関連した試験、検査等に用いられたもの」として、「①培地」、「②実験動物の死体」、「③試験管」、「④シャーレ」等が該当します。また「感染症法の四類及び五類感染症の治療、検査等に使用された後、排出された医療器材等」として、「①医療器材（注射針、メス、試験管・シャーレ・アンプル・バイアル等といったガラス製の器材）」、「②ディスポーザブル製品（ピンセット、ハサミ、トロッカー、注射器、カテーテル類、手袋、血液バッグ、リネン類等）」、「③衛生材料（ガーゼ、脱脂綿、マスク等）」、「④紙おむつ（鳥インフルエンザや新型インフルエンザ等感染症以外のインフルエンザ、伝染性紅斑、レジオネラ症等の患者の紙おむつで血液等が付着していないものを除く）」、「⑤標本（検体標本）」等が該当します。

なお非感染性でも、鋭利な廃棄物（未使用又は消毒済みの注射針やメス等）は、メカニカルハザードの観点から感染性を有するものと同等に取り扱わなければならないので注意してください。

感染性を有するものと判断された廃棄物のうち国内で発生したものについては、次の事業場（以下、「医療機関等」といいます）から排出された場合に限り感染性廃棄物になります。したがって、鍼灸院、学校の保健室、企業の医務室等から排出されたものは、（たとえ感染性を有するものと判断された廃棄物でも）感染性廃棄物になりません。在宅医療廃棄物についても同様です。

▶病院
▶診療所（保健所や血液センター等を含む）
▶衛生検査所
▶介護老人保健施設

資料3-1　感染性廃棄物の判断フロー

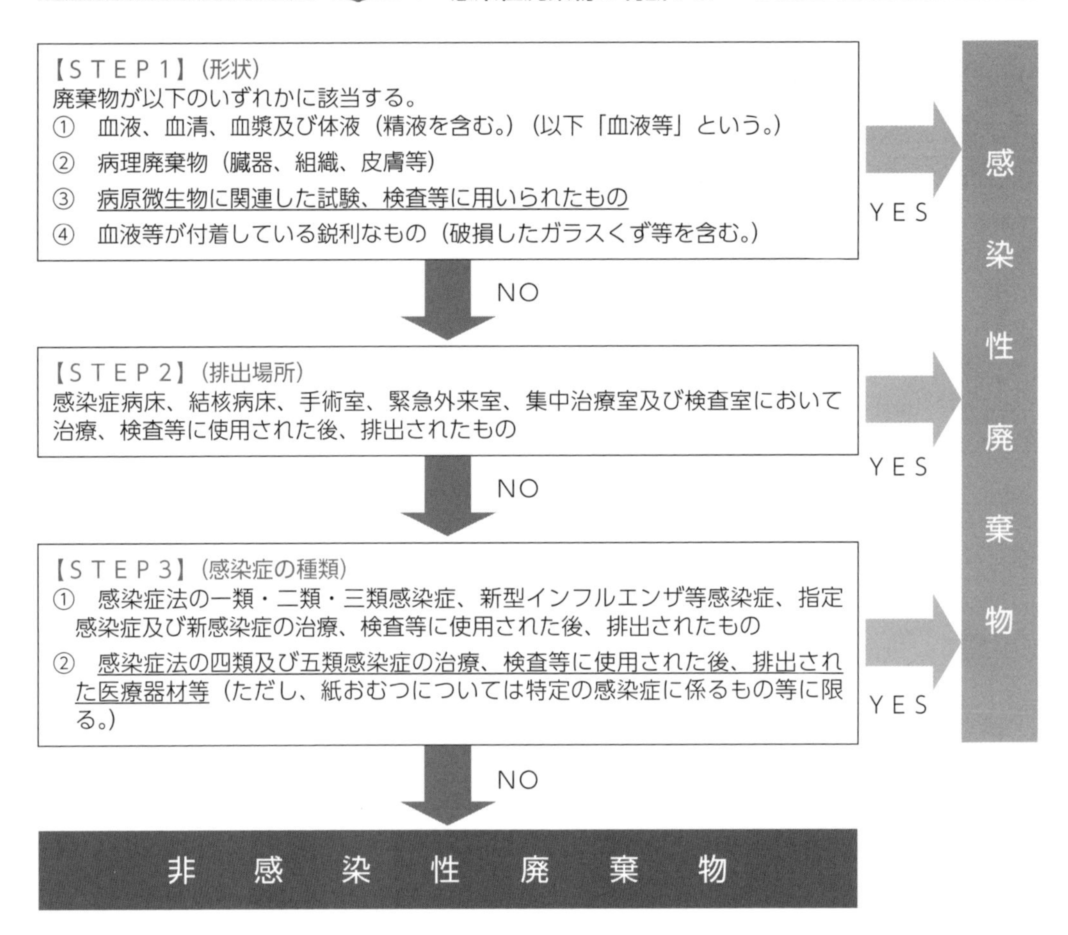

「廃棄物処理法に基づく感染性廃棄物処理マニュアル」（平成３０年３月）

▶介護医療院

▶助産所

▶飼育動物診療施設

▶試験研究機関（医学、歯学、薬学、獣医学に係るものに限る）

感染性廃棄物によっては、「医療法」、「感染症法」、「薬機法」、「家畜伝染病予防法」、「臓器移植法」等の適用を受けることがあるので注意してください。

参考

法第２条第３項→令第１条第８号→令別表第１の４の項→則第１条第７項
法第２条第５項→令第２条の４第４号→令別表第１の４の項／令別表第２
衛環第２９２号（平成４年１１月２１日）
衛産第４７号（平成７年４月１４日）
衛環第７１号（平成１０年７月３０日）
衛環第９７号（平成１０年１２月９日）
環廃産発第０４０３１６００１号（平成１６年３月１６日）
環廃対発第０５０９０８００３号・環廃産発第０５０９０８００１号（平成１７年９月８日）
環廃対発第０８０４３０００１号・環廃産発第０８０４３０００１号（平成２０年４月３０日）
環廃産発第０９０３３１００８号（平成２１年３月３１日）

環廃産発第０９０４３０００１号（平成２１年4月３０日）
環廃産発第０９０５１６００１号（平成２１年5月１６日）
環廃対発第１４１０２９７号・環廃産発第１４１０２９２号（平成２６年１０月２９日）
環廃対発第１６０２０５１号・環廃産発第１６０２０５２号（平成２８年2月5日）
環循適発第１９０８０６１号・環循規発第１９０８０６３号（令和1年8月6日）
環循適発第２００１２２５号・環循規発第２００１２２３号（令和２年1月２２日）
環循適発第２００１３０１０号・環循規発第２００１３０２７号（令和２年1月３０日）
環循適発第２００３０４４号・環循規発第２００３０４３号（令和２年3月4日）
環循適発第２００４０７７号・環循規発第２００４０７５号（令和２年4月7日）
環循規発第２００４１７１号（令和２年4月１７日）
環循適発第２００５０１３号・環循規発第２００５０１１号（令和２年5月1日）
環循適発第２００５１５２号・環循規発第２００５１５１号（令和２年5月１５日）
環循適発第２００９０７４号・環循規発第２００９０７２号（令和２年9月7日）
事務連絡（平成３０年3月３０日）
事務連絡（令和１年9月9日）
事務連絡（令和１年１０月１１日）
事務連絡（令和２年3月２７日）
事務連絡（令和２年4月１０日）
事務連絡（令和２年4月１６日）
事務連絡（令和２年4月２３日）
事務連絡（令和２年5月1日）
事務連絡（令和２年5月１１日）
事務連絡（令和２年5月１４日）
事務連絡（令和２年5月２９日）
事務連絡（令和２年7月4日）
事務連絡（令和２年7月6日）
事務連絡（令和２年7月３１日）
事務連絡（令和２年8月6日）
事務連絡（令和２年１１月２７日）
事務連絡（令和3年1月7日）

★★★

Q042 感染性廃棄物の判断例

1 **医療機関等から排出された不要な輸血用血液製剤は、感染性廃棄物になりますか？**

2 **医療機関等から排出された不要なホルマリン漬けの臓器は、感染性廃棄物になりますか？**

3 **「感染症法」により入院措置が講じられる一類・二類感染症、新型インフルエンザ等感染症、指定感染症及び新感染症の病床から排出された不要なシーツ（血液等は付着していません）は、感染性廃棄物になりますか？**

4 **医療機関等から排出された不要な検尿コップは、感染性廃棄物になりますか？**

5 **医療機関等から排出された不要な透析等回路（ダイアライザー、チューブ等）や輸液点滴セットは、感染性廃棄物になりますか？**

A

1 血液製剤そのものは感染性を有さないことから感染性廃棄物になりませんが、全血製剤や血液成分製剤といった輸血用血液製剤等は、外形上、血液と見わけがつかないことから血液等に該当することとされており、したがって感染性廃棄物になります。

2 病理廃棄物に該当することから感染性廃棄物になります。

3 「感染症病床から排出されたシーツ」になるため、血液等が付着しているか否かにかかわらず、感染性廃棄物になります。

4 排出場所となる尿検査室又は一般検査室等は「採血を行う室、透析室、微生物や病理学等に関する臨床検査室（検体検査を行う室）等」に含まれないことから、通常、感染性廃棄物でなく、非感染性廃棄物になります。

5 血液等又はそれらが付着している針が分離されず、一体的に使用されていることから感染性廃棄物になります。ただし輸液点滴セットのバッグについては、血液等が逆流するおそれのないことから、感染性廃棄物でなく、非感染性廃棄物になります。

参考

法第２条第３項→令第１条第８号→令別表第１の４の項→則第１条第７項
法第２条第５項→令第２条の４第４号→令別表第１の４の項／令別表第２
事務連絡（平成３０年3月３０日）

Q043 感染性一般廃棄物と感染性産業廃棄物の混合物

★★★

性状等の理由により特別管理一般廃棄物の「感染性一般廃棄物」と特別管理産業廃棄物の「感染性産業廃棄物」（資料3-2）を分別することができず、同じ密閉式の容器に入れて一緒に保管しています。これは、どちらの特別管理廃棄物として取り扱えばよいでしょうか？

特別管理一般廃棄物の「感染性一般廃棄物」と特別管理産業廃棄物の「感染性産業廃棄物」の混合物として取り扱わなければなりませんが、実際の処理にあたり、そのように取り扱うことによる支障はないと考えられます。特別管理一般廃棄物も特別管理産業廃棄物も、それぞれの処理基準により、その他のものと混合するおそれのないように他のものと区分して収集運搬し、また積替えや処分のための保管の場所に仕切りを設けること等が義務づけられていますが、その例外（特別管理廃棄物処理基準違反にならない場合）の一つとして「感染性一般廃棄物と感染性産業廃棄物が混合している場合（それら以外のものが混入するおそれのないケースに限る）」が認められているからです。

また処理委託にあたっても、受託者は「感染性産業廃棄物」に係る特別管理産業廃棄物収集運搬業の許可を受けていれば（一般廃棄物収集運搬業の許可を受けることなく）「感染性一般廃棄物」の収集運搬も業として行うことができ、同様に「感染性産業廃棄物」に係る特別管理産業廃棄物処分業の許可を受けていれば（一般廃棄物処分業の許可を受

資料3-2　感染性一般廃棄物と感染性産業廃棄物の種類と具体例

廃棄物の種類	感染性一般廃棄物	感染性産業廃棄物
1　血液等	−	血液、血清、血漿、体液（精液を含む。）、血液製剤
2　手術等に伴って発生する病理廃棄物	臓器、組織	−
3　血液等が付着した鋭利なもの	−	注射針、メス、試験管、シャーレ、ガラスくず等
4　病原微生物に関連した試験、検査等に用いられたもの	実験、検査等に使用した培地、実験動物の死体等	実験、検査等に使用した試験管、シャーレ等
5　その他血液等が付着したもの	血液等が付着した紙くず、繊維くず（脱脂綿、ガーゼ、包帯等）等	血液等が付着した実験・手術用の手袋等
6　汚染物若しくはこれらが付着した又はそれらのおそれのあるもので1～5に該当しないもの	汚染物が付着した紙くず、繊維くず	汚染物が付着した廃プラスチック類等

けることなく）「感染性一般廃棄物」の処分も業として行うことができるため、委託者（事業者）としては、「感染性産業廃棄物」に係る特別管理産業廃棄物収集運搬業者や特別管理産業廃棄物処分業者へ、「感染性一般廃棄物」との混合物をそのまま引き渡しても問題ありません。ただし、これらの場合、「感染性一般廃棄物」については、特別管理産業廃棄物処理委託基準及び特別管理産業廃棄物処理基準でなく、一般廃棄物処理委託基準（「特別管理一般廃棄物処理委託基準」ではありません）及び特別管理一般廃棄物処理基準が適用されるので注意してください。

以上の考え方は、特別管理一般廃棄物の「廃水銀」と特別管理産業廃棄物の「廃水銀等」の混合物についても同様です。

参考

法第６条の２第６項→則第１条の１７第３号／則第１条の１８第３号
法第６条の２第７項→令第４条の４
法第１２条の２第２項→則第８条の１３第４号
法第１４条の４第１７項→則第１０条の２０第２項
令第４条の２第１号イ（２）→則第１条の９第２号
令第４条の２第１号イ（２）→則第１条の９第３号
令第４条の２第１号ト（２）→則第１条の１３
令第４条の２第１号リ
令第４条の２第２号イ
令第６条の５第１項第１号→則第８条の６第１号
令第６条の５第１項第１号→則第８条の６第２号
令第６条の５第１項第１号ロ→則第８条の９
令第６条の５第１項第１号ニ→則第８条の９
令第６条の５第１項第２号リ（１）→則第８条の１１
衛環第２３３号（平成４年８月１３日）
環水企第１８２号・衛環第２４４号（平成４年８月３１日）
環循適発第１７０８０８１号・環循規発第１７０８０８３号（平成２９年８月８日）
環循適発第２００３０４４号・環循規発第２００３０４３号（令和２年３月４日）
事務連絡（平成２９年５月１２日）
事務連絡（平成３０年３月３０日）

Q044 微量ＰＣＢ廃棄物と低濃度ＰＣＢ廃棄物

★★★

微量ＰＣＢ廃棄物とは何ですか？

わざわざ「微量」というぐらいだから、ＰＣＢ廃棄物（特別管理産業廃棄物の「廃ＰＣＢ等」、「ＰＣＢ汚染物」、「ＰＣＢ処理物」）として取り扱わなくてよいでしょうか？

また最近、「低濃度ＰＣＢ廃棄物」という言葉もよく聞くのですが、これは微量ＰＣＢ廃棄物と違うのでしょうか？

A

絶縁油にＰＣＢを使用していないはずの電気機器やＯＦケーブルのうち、（非意図的に）微量のＰＣＢにより汚染された絶縁油が混入し、又はその可能性を完全に否定できないものが廃棄物となった電気機器等をいい、「①微量ＰＣＢ汚染絶縁油」、「②微量ＰＣＢ汚染物」、「③微量ＰＣＢ処理物」に分類されます。これらは、ＰＣＢが微量であるとはいえ、原則としてＰＣＢ廃棄物になります。ただし、（非意図的に）微量のＰＣＢにより汚染された絶縁油のＰＣＢ濃度が０．５ｐｐｍ以下のものは、微量ＰＣＢ廃棄物にならないこと（特別管理産業廃棄物を除く産業廃棄物として取り扱うこと）とされています。

一方の低濃度ＰＣＢ廃棄物とは、微量ＰＣＢ廃棄物と「低濃度ＰＣＢ含有廃棄物」をまとめたものをいいます。低濃度ＰＣＢ含有廃棄物とは、原則としてＰＣＢ濃度が５０００ｐｐｍ（汚泥、紙くず、木くず、繊維くず、廃プラスチック類がＰＣＢにより汚染されている場合は、１０万ｐｐｍ）以下のもの等であって、微量ＰＣＢ廃棄物を除くＰＣＢ廃棄物をいい、「①低濃度ＰＣＢ含有廃油」、「②低濃度ＰＣＢ含有汚染物」、「③低濃度ＰＣＢ含有処理物」に分類されます（資料3-3）。ただし、ＰＣＢ濃度が卒業基準に適合するものは、低濃度ＰＣＢ含有廃棄物にならないこと（特別管理産業廃棄物を除く産業廃棄物として取り扱うこと）とされています。さらに例外として、塗膜くずや少量の低濃度ＰＣＢ汚染油が染み込んだ紙くず・木くず・繊維くず等のように、ＰＣＢを含む油が自由液として明らかに存在していない場合は、ＰＣＢ濃度が０．５ｐｐｍ以下のものを、低濃度ＰＣＢ含有廃棄物にならないもの（特別管理産業廃棄物を除く産業廃棄物）として取り扱うこととされています。ここでいう自由液とは、「ＰＣＢを含む油が染み込み、又は付着した廃棄物からＰＣＢを含む油が染み出し、又は脱離して液体状態として確認できるもの」をいいます。

なお低濃度ＰＣＢ廃棄物の処理委託にあたっては、ＪＥＳＣＯでなく、「産業廃棄物の無害化処理に係る特例」にしたがって環境大臣から認定を受けた業者又は都道府県知事等から許可を受けた特別管理産業廃棄物収集運搬業者や特別管理産業廃棄物処分業者へ、これを引き渡さなければならないことに注意してください。

資料3-3 低濃度ＰＣＢ廃棄物の位置づけ

		ＰＣＢ廃棄物（特別管理産業廃棄物）		
		廃ＰＣＢ等 （令第２条の４第５号イ） 熱媒体、電気絶縁油、トランス抜油、ＰＣＢ混入廃油等が廃棄物となったもの	ＰＣＢ汚染物 （令第２条の４第５号ロ） 高・低圧トランス、柱上トランス、高・低圧コンデンサ、安定器、整流器、感圧複写紙、ウエス、泥土等が廃棄物となったもの	ＰＣＢ処理物 （令第２条の４第５号ハ） 「廃ＰＣＢ等」又は「ＰＣＢ汚染物」を処分するために処理したもので、ＰＣＢ濃度が卒業基準（下表）に適合しないもの
低濃度ＰＣＢ廃棄物	低濃度ＰＣＢ含有廃棄物	低濃度ＰＣＢ含有廃油 「廃ＰＣＢ等」のうち、ＰＣＢ濃度が５０００ｐｐｍ以下で、微量ＰＣＢ汚染絶縁油を除いたもの	低濃度ＰＣＢ含有汚染物 「ＰＣＢ汚染物」のうち、ＰＣＢ濃度が５０００ｐｐｍ（汚泥、紙くず、木くず、繊維くず、廃プラスチック類がＰＣＢにより汚染されている場合は、１０万ｐｐｍ）以下で、微量ＰＣＢ汚染物を除いたもの	低濃度ＰＣＢ含有処理物 「ＰＣＢ処理物」のうち、ＰＣＢ濃度が５０００ｐｐｍ以下で、微量ＰＣＢ処理物を除いたもの
	微量ＰＣＢ廃棄物	微量ＰＣＢ汚染絶縁油 「廃ＰＣＢ等」のうち、電気機器又はＯＦケーブル（ＰＣＢを絶縁材料として使用したものを除く）に使用された絶縁油であって、微量のＰＣＢによって汚染されたものが廃棄物となったもの	微量ＰＣＢ汚染物 「ＰＣＢ汚染物」のうち、微量ＰＣＢ汚染絶縁油が塗布され、染み込み、付着し、又は封入されたものが廃棄物となったもの	微量ＰＣＢ処理物 「ＰＣＢ処理物」のうち、微量ＰＣＢ汚染絶縁油又は微量ＰＣＢ汚染物を処分するために処理したもの

ＰＣＢ処理物	溶出試験	含有試験
廃油の場合	－	０．５ｐｐｍ以下
廃酸又は廃アルカリの場合	－	０．０３ｍｇ／Ｌ以下
廃プラスチック類又は金属くずの場合	０．５ｐｐｍを超えるＰＣＢが付着していない、又は封入されていない	
陶磁器くずの場合	０．５ｐｐｍを超えるＰＣＢが付着していない	
上記以外の場合	０．００３ｍｇ／Ｌ以下	－

また、ＰＣＢをその重量の１％を超えて含有するものは「労働安全衛生法」で規定される特定化学物質第一類物質に該当し、その取扱い（作業方法、作業環境、健康管理等）について「特定化学物質障害予防規則」の適用を受けることにも注意してください。

参考

法第２条第５項→令第２条の４第５号イ
法第２条第５項→令第２条の４第５号ロ
法第２条第５項→令第２条の４第５号ハ→則第１条の２第４項→則第１条の２第１７項→厚生省告示第１９２号（平成４年７月３日）
法第１２条の２第５項→則第８条の１４第４号／則第８条の１５第４号
法第１５条の４の４第１項→則第１２条の１２の１４→環境省告示第９８号（平成１８年７月２６日）
環整第６０号・４８機局第１９号（昭和４８年８月４日）
環整第６１号（昭和４８年８月４日）
環整第１９号（昭和５１年３月１７日）
衛環第２４５号（平成４年８月３１日・平成１２年１２月２８日廃止）
衛環第３７号（平成１０年５月７日）
生衛発第７８０号（平成１０年５月７日）
生衛発第１７９８号（平成１２年１２月１３日）
衛環第９６号（平成１２年１２月２８日）
環廃産第１１号（平成１４年１月１０日）
環廃産第１２号（平成１４年１月１０日）
環廃産発第３９３号（平成１４年７月１２日）
環廃産発第０３１１２６００９号（平成１５年１１月２６日）
環廃産発第０４０２１７００３号（平成１６年２月１７日）
環廃産発第０４０２１７００５号（平成１６年２月１７日）
環廃対発第０４０４０１００８号・環廃産発第０４０４０１００５号（平成１６年４月１日）
環廃産発第０５１２１９００１号（平成１７年１２月１９日）
環廃対発第０６０８０９００２号・環廃産発第０６０８０９００４号（平成１８年８月９日）
環廃対発第０６０８０９００３号・環廃産発第０６０８０９００５号（平成１８年８月９日）
環廃産発第１００６３０００２号（平成２２年６月３０日）
環廃産発第１１０８３１００２号（平成２３年８月３１日）
環廃産発第１４１０１６２号（平成２６年１０月１６日）
環廃産発第１５１００１１０号（平成２７年１０月１日）
環廃産発第１６０８０１２号（平成２８年８月１日）
環廃産発第１６０８０１３号（平成２８年８月１日）
環廃産発第１６１１１１３号（平成２８年１１月１１日）
環循施発第１８０３２０２号（平成３０年３月２０日）
環循規発第１８０７３１３号・環循施発第１８０７３１３号（平成３０年７月３１日）
環循施発第１８０８２９１号（平成３０年８月２９日）
環循施発第１８１１２８２号（平成３０年１１月２８日）
環循規発第１９１０１１２号・環循施発第１９１０１１１号（令和１年１０月１１日）
環循規発第１９１０１１４号・環循施発第１９１０１１３号（令和１年１０月１１日）
環循規発第１９１２２０１号・環循施発第１９１２２０１号（令和１年１２月２０日）
環循施発第２００９２５１号（令和２年９月２５日）
環循規発第２０１０１２１号・環循施発第２０１０１２１号（令和２年１０月１２日）
事務連絡（平成２５年１１月６日）
事務連絡（平成２８年１２月２２日）
事務連絡（令和１年６月２７日）
事務連絡（令和１年９月９日）
事務連絡（令和１年１０月１１日）
事務連絡（令和１年１０月１５日）
事務連絡（令和１年１２月２０日）
事務連絡（令和２年１月２１日）
事務連絡（令和２年２月７日）
事務連絡（令和２年４月２日）
事務連絡（令和２年４月６日）
事務連絡（令和２年４月１５日）
事務連絡（令和２年７月４日）
事務連絡（令和２年９月２５日）

Q045 コンクリートで固めたＰＣＢ廃棄物

★★★

ＰＣＢ廃棄物の保管にあたり、ＰＣＢが飛散し、又は流出しないよう、万全を期すために、コンクリートで固めた上で保管しようと考えているのですが、それ以降もＰＣＢ廃棄物として保管しなければなりませんか？

A

ＰＣＢ廃棄物として保管することの是非について検討するまでもなく、そもそもＰＣＢ廃棄物をコンクリートで固める行為（以下、「コンクリート固型化」といいます）そのものに問題があります。ＰＣＢ廃棄物のコンクリート固型化は「廃棄物の処分」になると考えられ、したがって特別管理産業廃棄物処理基準が適用されることとなるのですが、当該特別管理産業廃棄物処理基準により、ＰＣＢ廃棄物の処分については焼却のほか環境大臣が定める次の方法に限られており、これにコンクリート固型化が含まれていないことから特別管理産業廃棄物処理基準違反になります。

▶廃ＰＣＢ等

①脱塩素化分解方式の反応設備を用いて薬剤等と十分に混合し、脱塩素化反応によりＰＣＢを分解する方法
②水熱酸化分解方式の反応設備を用いて水熱酸化反応によりＰＣＢを分解する方法
③還元熱化学分解方式の反応設備を用いて熱化学反応によりＰＣＢを分解する方法
④光分解方式の反応設備を用いて光化学反応によりＰＣＢを分解する方法
⑤プラズマ分解方式の反応設備を用いてプラズマ反応によりＰＣＢを分解する方法
⑥「産業廃棄物の無害化処理に係る特例」にしたがって環境大臣から認定を受けた無害化処理の方法

▶ＰＣＢ汚染物（産業廃棄物の種類により範囲が異なるので注意してください）

①水熱酸化分解方式の反応設備を用いて水熱酸化反応によりＰＣＢを分解する方法
②還元熱化学分解方式の反応設備を用いて熱化学反応によりＰＣＢを分解する方法
③機械化学分解方式の反応設備を用いて機械化学反応によりＰＣＢを分解する方法
④溶解分解方式の反応設備を用いて溶融反応によりＰＣＢを分解する方法
⑤洗浄設備を用いて（溶剤により）ＰＣＢ汚染物を洗浄し、ＰＣＢを除去する方法
⑥分離設備を用いてＰＣＢを除去する方法
⑦「産業廃棄物の無害化処理に係る特例」にしたがって環境大臣から認定を受けた無害化処理の方法

▶ＰＣＢ処理物（産業廃棄物の種類により範囲が異なるので注意してください）

①脱塩素化分解方式の反応設備を用いて薬剤等と十分に混合し、脱塩素化反応によりＰＣＢを分解する方法

②水熱酸化分解方式の反応設備を用いて水熱酸化反応によりＰＣＢを分解する方法
③還元熱化学分解方式の反応設備を用いて熱化学反応によりＰＣＢを分解する方法
④光分解方式の反応設備を用いて光化学反応によりＰＣＢを分解する方法
⑤プラズマ分解方式の反応設備を用いてプラズマ反応によりＰＣＢを分解する方法
⑥機械化学分解方式の反応設備を用いて機械化学反応によりＰＣＢを分解する方法
⑦溶解分解方式の反応設備を用いて溶融反応によりＰＣＢを分解する方法
⑧洗浄設備を用いて（溶剤により）ＰＣＢ汚染物を洗浄し、ＰＣＢを除去する方法
⑨分離設備を用いてＰＣＢを除去する方法
⑩「産業廃棄物の無害化処理に係る特例」にしたがって環境大臣から認定を受けた無害化処理の方法

なお、特別管理一般廃棄物、ＰＣＢ廃棄物以外の特別管理産業廃棄物についても、ＰＣＢ廃棄物と同様、特別管理廃棄物処理基準により、各々の処分又は再生の方法が環境大臣によって定められたものに限られていることに注意してください（これら以外の方法で処分又は再生を行うと、特別管理廃棄物処理基準違反になります）。

参考

法第１５条の４の４
令第６条の５第１項第２号ニ→厚生省告示第１９４号（平成４年7月３日）
令第６条の５第１項第２号ホ→厚生省告示第１９４号（平成４年7月３日）
令第６条の５第１項第２号ヘ→厚生省告示第１９４号（平成４年7月３日）
環整第２０号・１５機局第７０号（昭和５１年3月１７日）
環水企第１８１号・厚生省生衛第７８８号（平成４年8月３１日）
環水企第１８２号・衛環第２４４号（平成４年8月３１日）
衛環第３７号（平成１０年5月7日）
生衛発第７８０号（平成１０年5月7日）
環廃対発第０４０４０１００８号・環廃産発第０４０４０１００５号（平成１６年4月1日）
環廃産発第１５１１２４２号（平成２７年１１月２４日）
環廃産発第１７０４１８９号（平成２９年4月１８日）
環循規発第１９１２２０１号・環循施発第１９１２２０１号（令和１年１２月２０日）
事務連絡（平成２５年１２月２６日）
事務連絡（令和１年１２月２０日）
事務連絡（令和２年1月２１日）
事務連絡（令和２年2月7日）
事務連絡（令和２年１０月２８日）

Q046 ＰＣＢ汚染物を分解・解体した後のＰＣＢが封入されていない部分

★★☆

ＰＣＢが使用されている廃安定器を保管しているのですが、処理費用削減の一環として、可能な限り特別管理産業廃棄物の「ＰＣＢ汚染物」に該当する部位を小さくするよう、ＰＣＢが封入されているコンデンサとそれ以外の部位に分解・解体した後、コンデンサは「ＰＣＢ汚染物」として処理し、それ以外の部位はＰＣＢに汚染されていない産業廃棄物として処理しようと思っています。何か気をつけておくことはありますか？

A

注意事項等を示す必要はなく、そもそも特別管理産業廃棄物保管基準及び特別管理産業廃棄物処理基準において「①廃蛍光ランプ用安定器」、「②廃水銀ランプ用安定器」、「③廃ナトリウムランプ用安定器」であって、かつＰＣＢが付着し、又は封入されたものは、その保管場所から処分するための施設に持ち込むまでの間において分解・解体等により形状を変更することが原則禁止とされています（目視により、膨張、腐食、油にじみ等コンデンサの形状及び性状に変化が生じていないことが確認できた場合において、安定器から外づけのコンデンサを取り外すことができる場合であって、かつ高濃度のＰＣＢを封入したコンデンサと、そのＰＣＢに汚染された可能性があるもののＰＣＢ濃度は低濃度であるコンデンサ以外の部位に分解・解体できるものについては、例外的に当該コンデンサをそれ以外の部位から取り出すことができます）。

以上を踏まえると、コンデンサ以外の部位をＰＣＢに汚染されていない産業廃棄物として処理することは認められず、廃安定器全体を特別管理産業廃棄物の「ＰＣＢ汚染物」として処理することを基本としなければなりません。

また、例外的にコンデンサをそれ以外の部位から取り出すことができる場合であっても、次の点を遵守しなければならないので注意してください。

▶分解・解体作業の内容について

①コンデンサに漏洩（ろうえい）や油にじみがなく、その形状及び性状に変化が生じていないことを事前に確認すること

②コンデンサに封入された高濃度のＰＣＢやそれが付着・含浸したコンデンサ以外の部位が飛散・流出・揮散しないよう、安全に安定器の金属バンド又はケースを取り外し、リード線を切断することによりコンデンサを取り出すこと

③取り出したコンデンサは高濃度ＰＣＢ廃棄物として適正に処理すること

④コンデンサ以外の部位は、ＰＣＢ含有量を測定し、ＰＣＢ濃度に応じて適正に処理すること（分析試料の代表性の確保に際し、日本産業規格Ｋ００６０－１９９２に準じること）

▶生活環境保全上の支障を防止するための措置について

①分解・解体作業によりコンデンサに封入された高濃度のＰＣＢやそれが付着・含浸したコンデンサ以外の部位が飛散・流出・地下浸透しないよう、床面を不浸透性の材料で覆ったり、オイルパンや局所排気装置（活性炭吸着装置つき等）を設置したりする等の必要な措置を講ずること（万一、高濃度のＰＣＢが漏洩した場合は、速やかにウエスで拭き取り、専用の保管容器に収納すること）

②ＰＣＢ等が人体に触れないよう、耐油性ゴム手袋、保護マスク、保護メガネ等の適当な保護具を着用すること

参考

法第１２条の２第１項→令第６条の５第１項第１号ロ→則第８条の１０第２号→環境省告示第１３５号（平成２７年１１月２４日）
法第１２条の２第１項→令第６条の５第１項第１号ニ→則第８条の１０第２号→環境省告示第１３５号（平成２７年１１月２４日）
法第１２条の２第１項→令第６条の５第１項第２号リ（１）→則第８条の１２
法第１２条の２第２項→則第８条の１３第５号ハ→環境省告示第１３５号（平成２７年１１月２４日）
環廃産発第１４０９１６１８号（平成２６年9月１６日）
環廃産発第１５０１０５１号（平成２７年1月5日）
環廃産発第１５１１２４２号（平成２７年１１月２４日）
環循規発第１９１００７１９号（令和1年１０月7日）

Q047 ＰＣＢ汚染物を洗浄処理した後の使用済みの洗浄溶剤

★★★

「産業廃棄物の無害化処理に係る特例」にしたがって環境大臣から認定を受け、事業者の廃安定器（特別管理産業廃棄物の「ＰＣＢ汚染物」）を洗浄処理します。洗浄処理後、無害化された廃安定器が「金属くず」等（特別管理産業廃棄物を除く産業廃棄物）になることは承知しているのですが、一方の洗浄溶剤の取扱いがよく分かりません。

仮に、洗浄溶剤として有用でなくなったことを理由に、これを廃棄しようとする場合、使用済みの洗浄溶剤（廃油）を「ＰＣＢ汚染物を処分するために処理したもの」と考えると、そのＰＣＢ濃度が０．５ｐｐｍ以下であれば卒業基準に適合することから、使用済みの洗浄溶剤は特別管理産業廃棄物の「ＰＣＢ処理物」にならない、つまりＰＣＢ廃棄物でないことになってしまいます。どのように考えればよいでしょうか？

A

この場合の使用済みの洗浄溶剤は、「ＰＣＢ汚染物を処分するために処理したもの」でなく、「ＰＣＢにより汚染されたもの」になります。したがって特別管理産業廃棄物の「ＰＣＢ処理物」になるか否かでなく、「ＰＣＢ汚染物」になるか否かについて検討しなければなりません。

しかしながら、その判断にあたっては、特別管理産業廃棄物の「ＰＣＢ処理物」になるか否かについて検討する場合と同様、原則として卒業基準が適用されること（いわゆる入口基準として代用されること）とされています。したがってＰＣＢ濃度が０．５ｐｐｍ以下というのであれば、当該使用済みの洗浄溶剤は、特別管理産業廃棄物の「ＰＣＢ汚染物」にならないこと（低濃度ＰＣＢ含有廃棄物でなく、特別管理産業廃棄物を除く産業廃棄物として取り扱うこと）となります。ただし、以上のような「･･･（卒業基準が）･･･入口基準として代用されること」に法令上の根拠はありません（特別管理産業廃棄物の「ＰＣＢ処理物」に係る判断にあたり卒業基準が適用されることには、法令上の根拠があります）。

なお、「（非意図的に）微量のＰＣＢにより汚染された絶縁油のＰＣＢ濃度が０．５ｐｐｍ以下のものは、微量ＰＣＢ廃棄物にならないこと（特別管理産業廃棄物を除く産業廃棄物として取り扱うこと）」として運用されることにも、法令上の根拠はありません。

参考

法第２条第５項→令第２条の４第５号ロ
法第２条第５項→令第２条の４第５号ハ→則第１条の２第４項→則第１条の２第１７項→厚生省告示第１９２号（平成４年７月３日）
衛環第３７号（平成１０年５月７日）
生衛発第７８０号（平成１０年５月７日）
衛環第９６号（平成１２年１２月２８日）
環廃産発第０４０２１７００５号（平成１６年２月１７日）

環廃対発第０４０４０１００８号・環廃産発第０４０４０１００５号（平成１６年4月1日）
環廃産発第１７０４１８９号（平成２９年4月１８日）
環循規発第１９１０１１２号・環循施発第１９１０１１１号（令和1年１０月１１日）
環循規発第１９１０１１４号・環循施発第１９１０１１３号（令和1年１０月１１日）
環循規発第２０１０１２１号・環循施発第２０１０１２１号（令和2年１０月１２日）
事務連絡（平成２５年１２月２６日）
事務連絡（令和１年6月２７日）
事務連絡（令和１年１０月１５日）
事務連絡（令和２年２月7日）
事務連絡（令和２年４月２日）
事務連絡（令和２年4月１５日）

Q048 廃石綿等の判断例

★★★

遊園地から排出された不要な機械部品（石綿が飛散するおそれのあるもの）は、特別管理産業廃棄物の「廃石綿等」になりますか？

A

次のいずれにも該当しないことから、特別管理産業廃棄物の「廃石綿等」にはなりません。

- 建築物その他の工作物に用いられる材料であって石綿を吹きつけられ、又は含むもの（3-4）の除去を行う事業（「大気汚染防止法」で規定される特定粉じん排出等作業に該当し、以下、「石綿建材除去事業」といいます）により除去された吹きつけ石綿
- 石綿建材除去事業により除去された「①石綿保温材」、「②けいそう土保温材（石綿を含むもの）」、「③パーライト保温材（石綿を含むもの）」、「④それらと同等以上に石綿が飛散するおそれのある保温・断熱・耐火被覆材」
- 石綿建材除去事業において用いられ、廃棄されたプラスチックシート、防じんマスク、作業衣その他の用具又は器具（石綿が付着しているおそれのあるもの、ただし石綿含有成形板や石綿含有ビニル床タイル等の除去においてのみ用いられたものを除く）
- 「大気汚染防止法」で規定される特定粉じん発生施設において生じ、集じん施設により集められた石綿（輸入されたものを除く）
- 「大気汚染防止法」で規定される特定粉じん発生施設又は集じん施設を設置する工場や事業場において用いられ、廃棄された防じんマスク、集じんフィルターその他の用具又は器具（石綿が付着しているおそれのあるもの、ただし輸入されたものを除く）
- 集じん施設により集められた石綿（事業活動に伴って生じたものであって輸入されたものに限る）
- 廃棄された防じんマスク、集じんフィルターその他の用具又は器具（石綿が付着しているおそれのあるもの、ただし事業活動に伴って生じたものであって輸入されたものに限る）

なお特定粉じん発生施設とは、工場や事業場に設置され、大気汚染の原因になる「特定粉じん」を発生・排出し、又は飛散させる「①解綿用機械（原動機の定格出力３．７ｋＷ以上）」、「②混合機（原動機の定格出力３．７ｋＷ以上）」、「③紡織用機械（原動機の定格出力３．７ｋＷ以上）」、「④切断機（原動機の定格出力２．２ｋＷ以上）」、「⑤研磨機（原動機の定格出力２．２ｋＷ以上）」、「⑥切削用機械（原動機の定格出力２．２

資料3-4　石綿含有建材又はこれが産業廃棄物となったものに係る各種法令の適用関係と名称

法令	石綿含有建材の種類		
	石綿含有吹きつけ材	石綿含有耐火被覆材 石綿含有保温材 石綿含有断熱材	その他の石綿含有建材
	作業レベル１の対象	作業レベル２の対象	作業レベル３の対象
建築基準法	●吹きつけ石綿 ●石綿含有吹きつけロックウール	−	−
大気汚染防止法	●特定建築材料 ・吹きつけ石綿	●特定建築資材 ・石綿含有耐火被覆材 ・石綿含有保温材 ・石綿含有断熱材	−
労働安全衛生法 石綿障害予防規則	●建築物等に吹きつけられた石綿等	●石綿等が使用されている保温材、耐火被覆材等	●石綿等
廃棄物処理法	●廃石綿等 （特別管理産業廃棄物）	●廃石綿等 （特別管理産業廃棄物）	●石綿含有産業廃棄物

ｋＷ以上)」、「⑦破砕機及び摩砕機（原動機の定格出力２．２ｋＷ以上)」、「⑧剪定加工用のプレス（原動機の定格出力２．２ｋＷ以上)」、「⑨穿孔（せんこう）機（原動機の定格出力２．２ｋＷ以上)」（石綿含有製品の製造の用に供する施設に限り、湿式のものと密閉式のものを除きます）をいいますが、現在、稼働しているものはありません。

参考

法第２条第５項→令第２条の４第５号ト→令別表第３の１の項／則第１条の２第９項
環水企第３１７号・衛産第３４号（昭和６２年１０月２６日）
衛産第３５号（昭和６２年１０月２６日）
環水企第１８１号・厚生省生衛第７８８号（平成４年８月３１日）
環水企第１８２号・衛環第２４４号（平成４年８月３１日）
環廃産発第０５０７１２００１号（平成１７年７月１２日）
環廃産発第０５０７２８００１号（平成１７年７月２８日）
環廃対発第０６０８０９００２号・環廃産発第０６０８０９００４号（平成１８年８月９日）
基発第０８２１００２号（平成１８年８月２１日）
基発第０８２１００３号（平成１８年８月２１日）
基安化発第０８２１００１号（平成１８年８月２１日）
環廃対発第０６０９２７００１号・環廃産発第０６０９２７００２号（平成１８年９月２７日）
基安化発第０２０６００３号（平成２０年２月６日）
基安化発第０２０６００４号（平成２０年２月６日）
環廃対発第１１０２０４００４号・環廃産発第１１０２０４００１号（平成２３年２月４日）
環廃対発第１１０２０４００５号・環廃産発第１１０２０４００２号（平成２３年２月４日）
環廃対発第１１０３３１００１号・環廃産発第１１０３３１００４号（平成２３年３月３１日）
基安化発０６３０第１号・環水大大発第１１０６３０００２号（平成２３年６月３０日）
基発０５０９第１０号（平成２４年５月９日）
基発０３３１第３０号（平成２６年３月３１日）
基発０３３１第３１号（平成２６年３月３１日）
基発０４２３第６号（平成２６年４月２３日）
基発０４２３第７号（平成２６年４月２３日）
基発０４２３第８号（平成２６年４月２３日）

基発０４２３第9号（平成２６年4月２３日）
環廃産発第１４１２１６１号（平成２６年１２月１６日）
基発０４１３第3号（平成２８年4月１３日）
基安化発０４０３第2号（平成２９年4月3日）
環水大大発第１７０５３０１号（平成２９年5月３０日・令和３年４月１日廃止）
基安化発０５３１第１号（平成２９年5月３１日）
環水大大発１７１１２０１号（平成２９年１１月２０日）
基安化発０１２９第１号（平成３０年1月２９日）
基発０５２８第1号（平成３０年5月２８日）
基発１０２３第6号（平成３０年１０月２３日）
環水大大発第１９０６１２３号（令和1年6月１２日）
基発０８０４第2号（令和2年8月4日）
基発０８０４第3号（令和2年8月4日）
基発０９０１第１０号（令和2年9月1日）
基発０９０１第１１号（令和2年9月1日）
環水大大発第２０１１３０１号（令和2年１１月３０日）
事務連絡（平成３０年9月6日）
事務連絡（令和1年9月9日）
事務連絡（令和1年１０月１１日）
事務連絡（令和2年7月4日）
事務連絡（令和2年7月6日）

Q049 石綿含有建築用仕上塗材の除去・補修に伴って生じた産業廃棄物

★★★

建築物その他の工作物の解体・改造・補修工事に伴い産業廃棄物として生ずる石綿含有建築用仕上塗材について、その処理にあたっては、外形を踏まえ、石綿含有産業廃棄物（特別管理産業廃棄物を除く産業廃棄物）になると思っていたのですが、顧問契約しているコンサルは特別管理産業廃棄物の「廃石綿等」になるといっています。これは、どちらの産業廃棄物になるのでしょうか？

令和３年４月以降は石綿含有産業廃棄物になりますが、それまでの間は施工方法によります。つまり、吹きつけ工法により施工されたことが明らかな石綿含有建築用仕上塗材は、使用目的その他の条件の如何にかかわらず、「大気汚染防止法」で規定される吹きつけ石綿に該当し、したがって、その解体・改造・補修工事に伴い産業廃棄物として生ずるものは特別管理産業廃棄物の「廃石綿等」になります。

一方、コテ塗りやローラー塗り等吹きつけ以外の工法により施工されたことが明らかな石綿含有建築用仕上塗材は「大気汚染防止法」で規定される吹きつけ石綿に該当せず、したがって、その解体・改造・補修工事に伴い産業廃棄物として生ずるものは、特別管理産業廃棄物の「廃石綿等」でなく、石綿含有産業廃棄物になります。

また、あわせて施工される石綿含有下地調整塗材についても、別途、以上と同様に検討して判断することとされていますが、基本的には吹きつけ工法により施工されていないものとして取り扱うこととされていることから、その解体・改造・補修工事に伴い産業廃棄物として生ずるものは、原則として特別管理産業廃棄物の「廃石綿等」でなく、石綿含有産業廃棄物になります。ただし、建築用仕上塗材と下地調整塗材のどちらかが吹きつけ工法による施工の材料であり、どちらかが吹きつけ以外の工法による施工の材料である場合であって、石綿が使用されている部位がどちらの材料か判別できないケースにおいては、これらを吹きつけ工法により施工された石綿含有建築用仕上塗材及び石綿含有下地調整塗材として取り扱うこととされていることから、それらの解体・改造・補修工事に伴い産業廃棄物として生ずるものは特別管理産業廃棄物の「廃石綿等」になります。

なお、吹きつけ工法により施工されたことが明らかな石綿含有建築用仕上塗材の解体・改造・補修工事は石綿建材除去事業になるため、これを行うにあたり「大気汚染防止法」で規定される特定粉じん排出等作業の実施に係る届出や作業計画の作成と作業基準の遵守等が必要となることに注意してください（令和３年４月以降は当該届出が不要となりますが、吹きつけ以外の工法により施工されたことが明らかな石綿含有建築用仕上塗材の解体・改造・補修工事を含め、これらを行うにあたり、そのための作業計画の作成と作業基準の遵守等は必要となることにも注意してください)。

令和２年７月には、労働安全の観点から「石綿障害予防規則」等の改正による規制強化が別途図られています。

参考

法第２条第５項→令第２条の４第５号ト→令別表第３の１の項／則第１条の２第９項
令第６条第１項第１号ロ→則第７条の２の３
環廃対発第１１０３３１００１号・環廃産発第１１０３３１００４号（平成２３年3月３１日）
基安化発０４０３第2号（平成２９年4月3日）
環水大大発第１７０５３０１号（平成２９年5月３０日・令和３年４月１日廃止）
基安化発０５３１第1号（平成２９年5月３１日）
基安化発０１２９第1号（平成３０年1月２９日）
基発０８０４第2号（令和２年8月4日）
基発０８０４第3号（令和２年8月4日）
基発０９０１第１０号（令和２年9月1日）
基発０９０１第１１号（令和２年9月1日）
環水大大発第２０１１３０１号（令和2年１１月３０日）

Q050 特別管理産業廃棄物管理責任者の設置が困難な場所から発生した廃石綿等

★★★

石綿建材除去事業（建設工事）に伴って生じた特別管理産業廃棄物の「廃石綿等」は、その他多くの特別管理産業廃棄物と異なり、基本的に発注者側の敷地を発生場所とするため、事業場としての設置が短期間であり、又は所在地が一定しないことが往々にしてあります。こうした事情を踏まえると、その発生場所ごとに特別管理産業廃棄物管理責任者を選任し、設置することは困難と考えます（特別管理産業廃棄物管理責任者を選任できたころには、既に事業場を撤収しています）。

以上の事情を有する「廃石綿等」であっても、例外なく特別管理産業廃棄物として取り扱わなければなりませんか？

特別管理産業廃棄物として取り扱わなければなりません。したがって、石綿建材除去事業に係る作業期間の如何にかかわらず、その発生場所ごとに特別管理産業廃棄物管理責任者を選任し、設置することを通じて管理体制の整備を図る必要があります。

この場合、特別管理産業廃棄物管理責任者は、特別管理産業廃棄物の「廃石綿等」について排出から最終処分に至るまで全般にわたり、その適正な管理に責任を持ってあたることとなります。具体的な業務の内容は事業場ごとに様々ですが、一般的に想定されるものとして次の業務があります。

- ▶特別管理産業廃棄物処理計画の立案・策定と事業場内への周知（元請業者が多量排出事業者に指定されたケースに限ります）
- ▶特別管理産業廃棄物処理計画の実行のための元請業者への助言・意見具申（元請業者が多量排出事業者に指定されたケースに限ります）
- ▶特別管理産業廃棄物の「廃石綿等」の処理の監督・管理（処理委託する産業廃棄物処理業者等についての情報収集と選択及び契約の補助）
- ▶マニフェストの交付管理
- ▶元請業者に対する助言・意見具申
- ▶日誌や帳簿の記載と保存
- ▶都道府県等への報告
- ▶その他元請業者が行う業務の一部

参考

法第１２条の２第５項
法第１２条の２第６項

法第１２条の2第7項
法第１２条の2第８項
法第１２条の2第９項→則第８条の１７
法第１２条の2第１０項→令第６条の7／則第８条の１７の２
法第１２条の2第１４項→則第８条の１８
法第１２条の３
法第２１条の３第１項
令第２条の４第５号ト
衛環第２３２号（平成４年8月１３日）
衛環第２３３号（平成４年8月１３日）
衛環第２４５号（平成４年8月３１日・平成１２年１２月２８日廃止）
厚生省生衛第１１１２号（平成９年１２月１７日）
衛環第３１８号（平成９年１２月２６日）
衛環第７８号（平成１２年9月２８日）
生衛発第１４６９号（平成１２年9月２８日）
環廃産発第０８０５１６００１号（平成２０年5月１６日）
環廃対発第１１０２０４００４号・環廃産発第１１０２０４００１号（平成２３年2月4日）
環廃対発第１１０２０４００５号・環廃産発第１１０２０４００２号（平成２３年2月4日）
環廃対発第１１０３３１００１号・環廃産発第１１０３３１００４号（平成２３年3月３１日）
環廃産発第１７０６２０１号（平成２９年6月２０日）
環循適発第１８０３３０１０号・環循規発第１８０３３０１０号（平成３０年3月３０日）
環循規発第１９０２１８１号（平成３１年2月１８日）
環循規発第１９０３２９３号（平成３１年3月２９日）

Q051 廃水銀等・廃水銀等を処分するために処理したものの判断例

★★★

1 事業活動に伴って生じた廃乾電池や廃蛍光管から（有価物として）水銀を回収していたところ、需要の低下等により廃棄物として取り扱わなければならなくなりました。このようにして排出された不要な水銀は、特別管理産業廃棄物の「廃水銀等」になりますか？

2 工場（1の施設を除きます）で使用していた乾電池や蛍光管の破損により漏洩した不要な水銀は、特別管理産業廃棄物の「廃水銀等」になりますか？

3 ばい焼施設等により特別管理産業廃棄物の「廃水銀等」になる廃水銀化合物を精製して生じた残さは、特別管理産業廃棄物の「廃水銀等を処分するために処理したもの」になりますか？

A

1 次の施設から排出されたものに限り、特別管理産業廃棄物の「廃水銀等」になります。ただし、これらの施設から排出されたものであっても、廃乾電池や廃蛍光管から回収されることなく封入されたままの状態で産業廃棄物として排出されたものは、特別管理産業廃棄物の「廃水銀等」にならず、水銀使用製品産業廃棄物（特別管理産業廃棄物を除く産業廃棄物）になります。

▶水銀若しくはその化合物が含まれているもの又は水銀使用製品廃棄物から水銀を回収する施設

▶水銀使用製品の製造の用に供する施設

▶灯台の回転装置が備えつけられた施設

▶水銀を媒体とする測定機器（水銀が使用されている備えつけのポロシメータ等であって水銀圧入法測定装置を含み、その他水銀温度計等の水銀使用製品を除く）を有する施設

▶国又は地方公共団体の試験研究機関

▶大学及びその付属試験研究機関

▶学術研究又は製品の製造若しくは技術の改良、考案若しくは発明に係る試験研究を行う研究所

▶農業、水産又は工業に関する学科を含む専門教育を行う高等学校、高等専門学校、専修学校、各種学校、職員訓練施設又は職業訓練施設

▶保健所

▶検疫所

▶動物検疫所

▶植物防疫所

▶家畜保健衛生所

▶検査業に属する施設

▶商品検査業に属する施設

▶臨床検査業に属する施設

▶犯罪鑑識施設

2 乾電池や蛍光管の破損により漏洩したものであって、これらの水銀使用製品又はそれらが産業廃棄物となったものから回収された不要な水銀でないことから特別管理産業廃棄物の「廃水銀等」にはなりません（**1** の施設で使用していた乾電池や蛍光管の破損により漏洩した不要な水銀は、特別管理産業廃棄物の「廃水銀等」になるので注意してください）。

　なお、水銀又はその化合物を含有する「鉱さい」、「ばいじん」、「汚泥」、「廃酸」、「廃アルカリ」及びこれらを処分するために処理したもの（「燃え殻」等）も特別管理産業廃棄物の「廃水銀等」になりません（水銀含有ばいじん等や特別管理産業廃棄物の「特定有害産業廃棄物（水銀又はその化合物を含有するもの）」になる可能性はあります）が、それらの産業廃棄物から回収された不要な水銀は特別管理産業廃棄物の「廃水銀等」になるので注意してください（資料3-5）。

3 水銀の精製設備を用いて行われる精製に伴って生じたものであることから、特別管理産業廃棄物の「廃水銀等を処分するために処理したもの」にはなりません。

資料3-5　水銀に係る産業廃棄物の分類

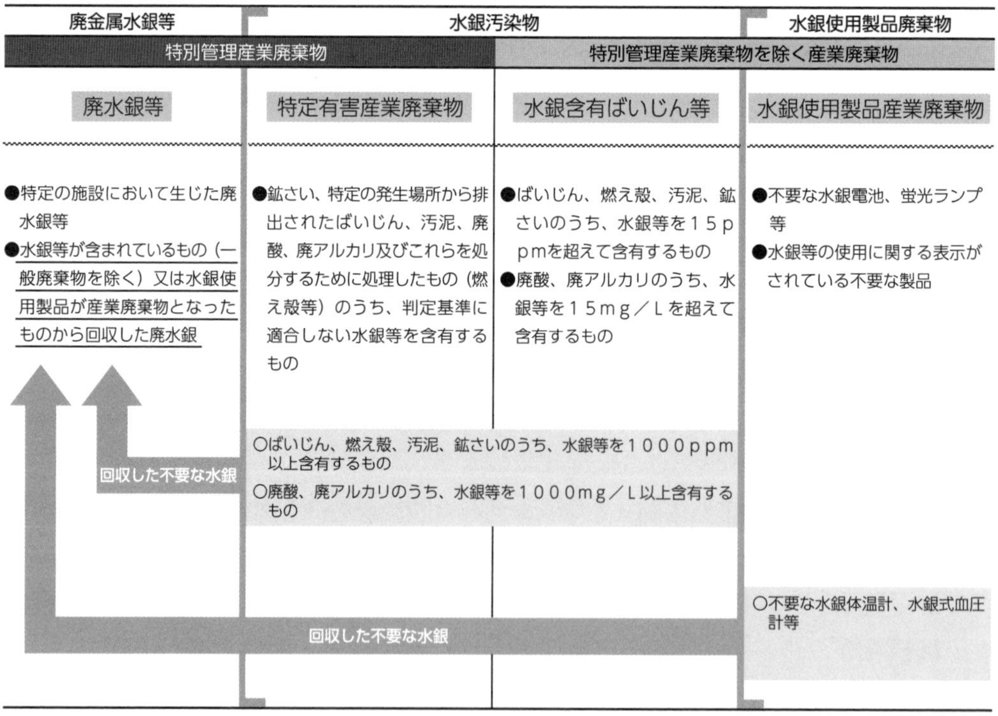

廃金属水銀等	水銀汚染物		水銀使用製品廃棄物
特別管理産業廃棄物		特別管理産業廃棄物を除く産業廃棄物	
廃水銀等	特定有害産業廃棄物	水銀含有ばいじん等	水銀使用製品産業廃棄物
●特定の施設において生じた廃水銀等 ●水銀等が含まれているもの（一般廃棄物を除く）又は水銀使用製品が産業廃棄物となったものから回収した廃水銀	●鉱さい、特定の発生場所から排出されたばいじん、汚泥、廃酸、廃アルカリ及びこれらを処分するために処理したもの（燃え殻等）のうち、判定基準に適合しない水銀等を含有するもの	●ばいじん、燃え殻、汚泥、鉱さいのうち、水銀等を１５ｐｐｍを超えて含有するもの ●廃酸、廃アルカリのうち、水銀等を１５ｍｇ／Ｌを超えて含有するもの	●不要な水銀電池、蛍光ランプ等 ●水銀等の使用に関する表示がされている不要な製品
回収した不要な水銀	○ばいじん、燃え殻、汚泥、鉱さいのうち、水銀等を１０００ｐｐｍ以上含有するもの ○廃酸、廃アルカリのうち、水銀等を１０００ｍｇ／Ｌ以上含有するもの		
回収した不要な水銀			○不要な水銀体温計、水銀式血圧計等

：産業廃棄物処理基準又は特別管理産業廃棄物処理基準（及び告示）により水銀の回収が義務づけられている産業廃棄物

一方、特別管理産業廃棄物処理基準にしたがって埋立処分前に「廃水銀等」を硫化及び固型化したものは、特別管理産業廃棄物の「廃水銀等を処分するために処理したもの」になるので注意してください。

参考

法第２条第５項→令第２条の４第５号ニ→則第１条の２第５項第１号→則別表第１
法第２条第５項→令第２条の４第５号ニ→則第１条の２第５項第２号
法第２条第５項→令第２条の４第５号ニ→則第１条の２第６項
法第２条第５項→令第２条の４第５号ヘ→則第１条の２第８項→則第１条の２第１７項／則別表第２の１の項／総理府令第５号（昭和４８年2月１７日）→環境庁告示第１３号（昭和４８年2月１７日）／厚生省告示第１９２号（平成４年7月3日）
法第２条第５項→令第２条の４第５号チ（１）→令別表第３の２の項／則第１条の２第１０項→則第１条の２第１７項／則別表第２の１の項／総理府令第５号（昭和４８年2月１７日）→環境庁告示第１３号（昭和４８年2月１７日）／厚生省告示第１９２号（平成４年7月3日）
法第２条第５項→令第２条の４第５号ル（１）→令別表第３の２３の項／則第１条の２第１３項→則第１条の２第１７項／則別表第２の１の項／総理府令第５号（昭和４８年2月１７日）→環境庁告示第１３号（昭和４８年2月１７日）／厚生省告示第１９２号（平成４年7月3日）
令第６条第１項第１号ロ→則第７条の２の４
令第６条第１項第２号ホ→則第７条の８の２
令第６条の５第１項第３号イ（６）→総理府令第５号（昭和４８年2月１７日）→環境庁告示第１３号（昭和４８年2月１７日）
令第６条の５第１項第３号ル→環境庁告示第５号（昭和５２年3月１４日）
令第６条の５第１項第３号ヲ（１）
令第６条の５第１項第３号ヲ（２）→則第８条の１２の３
環廃対発第１５１２２１１号・環廃産発第１５１２２１２号（平成２７年１２月２１日）
環水大大発第１６０９２６４号（平成２８年9月２６日）
環循適発第１７０８０８１号・環循規発第１７０８０８３号（平成２９年8月8日）
環循規発第１９０３０１７号（平成３１年3月1日）
事務連絡（平成２７年１２月3日）
事務連絡（平成２９年5月１２日）

Q052 金属等を含む特定有害産業廃棄物の判断例

★★

1 **航空旅客機整備工場から排出された、人体に有害とされる重金属（鉛、六価クロム等）を含む合成塗膜かすは、特別管理産業廃棄物になりますか？**

2 **病院、診療所、介護老人保健施設、介護医療院等から排出された不要な水銀血圧計は、特別管理産業廃棄物になりますか？**

3 **コインランドリーから排出されたトリクロロエチレンやテトラクロロエチレンといったクリーニング液（使用済みの溶剤）は、特別管理産業廃棄物になりますか？**

4 **塗装施設から排出された廃塗料の固化物で１・４－ジオキサンが検出されているものは、特別管理産業廃棄物になりますか？**

A

1 産業廃棄物の「廃プラスチック類」になり、特別管理産業廃棄物にはなりません。判定基準に適合しない有害物質を含有する産業廃棄物のうち特別管理産業廃棄物の「特定有害産業廃棄物」になるものは、先ず、その種類が「鉱さい」、「ばいじん」、「燃え殻」、「廃油」、「汚泥」、「廃酸」、「廃アルカリ」等に限られます。

なお、低濃度のＰＣＢを含有するものであってＰＣＢ濃度が卒業基準に適合しない場合等は、特別管理産業廃棄物の「ＰＣＢ汚染物」になるので注意してください。

2 産業廃棄物の「ガラスくず、コンクリートくず及び陶磁器くず」、「金属くず」、「廃プラスチック類」の混合物になり、特別管理産業廃棄物にはなりません。判定基準（検液１Ｌにつき０．００５ｍｇ以下又は試料１Ｌにつき０．０５ｍｇ以下）に適合しない水銀又はその化合物を含有する産業廃棄物のうち特別管理産業廃棄物の「特定有害産業廃棄物」になるものは、その種類が「鉱さい」、「ばいじん」、「汚泥」、「廃酸」、「廃アルカリ」及びこれらを処分するために処理したもの（「燃え殻」等）に限られ、さらに発生場所も限られるもの（資料3-6）まであります。ただし、その処理委託にあたっては、水銀使用製品産業廃棄物として以上の種類の許可を受けた産業廃棄物処理業者等であって、あらかじめ、「水銀使用製品産業廃棄物に係る水銀回収方法」により水銀を回収できる者へ引き渡さなければならないことに注意してください（回収された後の不要な水銀は、特別管理産業廃棄物の「廃水銀等」になります）。

なお、判定基準に適合しない水銀又はその化合物を含有する産業廃棄物のうち水銀含有ばいじん等になるものや特別管理産業廃棄物の「特定有害産業廃棄物」になるものであって水銀又はその化合物中の水銀を１０００ｐｐｍ（「廃酸」、「廃アルカリ」にあっては、１Ｌにつき１０００ｍｇ）以上含有するものの処理委託にあたっても、水銀含有ばいじん等や特別管理産業廃棄物の「特定有害産業廃棄物（水銀又

資料3-6 水銀又はその化合物を含有する特定有害産業廃棄物（発生場所が限られるもの）

<table>
<tr><th>種類</th><th>判定基準</th><th>発生場所</th></tr>
<tr><td>ばいじん
(国内において生じたもので輸入された廃棄物の焼却に伴って生じたものを除く)</td><td rowspan="2">検液１Ｌにつき０．００５ｍｇ以下</td><td>●大気汚染防止法施行令別表第１
３の項(水銀の精錬の用に供するものに限る)、
５の項(水銀の精製の用に供するものに限る)、
１０の項(水銀化合物の製造の用に供するものに限る)、
１１の項(水銀化合物の製造の用に供するものに限る)
に掲げる施設</td></tr>
<tr><td>汚泥
(国内において生じたもの)</td><td rowspan="2">●水質汚濁防止法施行令別表第１
第２６号イ・ロ・ホ、
第２７号イ・ロ・ヌ・ル、
第４６号イ・ロ・ニ、
第４７号ロ・ハ・ニ・ホ、
第５０号、
第６２号ニ・ホ・ヘ、
第６３号ニ・ホ、
第７１号の２イ
に掲げる施設を有する工場又は事業場
●カーバイド法アセチレン誘導品製造業の用に供するアセチレン精製施設(水銀を含有する触媒を使用するものに限る)を有する工場又は事業場
●以上の施設を有する工場や事業場から排出された水の処理施設(下水道終末処理施設を除く)を有する工場又は事業場</td></tr>
<tr><td>廃酸又は廃アルカリ
(国内において生じたもの)</td><td>試料１Ｌにつき０．０５ｍｇ以下</td></tr>
</table>

はその化合物を含有するもの)」として以上の種類の許可を受けた産業廃棄物処理業者等であって、あらかじめ、「水銀含有ばいじん等に係る水銀回収方法」により水銀を回収できる者へ引き渡さなければならないことに注意してください（回収された後の不要な水銀は、特別管理産業廃棄物の「廃水銀等」になります）。

3 コインランドリーは「水質汚濁防止法」に基づく「トリクロロエチレン又はテトラクロロエチレンによる洗浄施設（表面処理施設）」に該当することから、パークレンと繊毛かすが混合したものであれば、その性状により特別管理産業廃棄物の「特定有害産業廃棄物・廃油」又は特別管理産業廃棄物の「特定有害産業廃棄物・汚泥」になります。ただし汚泥について、判定基準に適合するトリクロロエチレン（検液１Ｌにつき０．１ｍｇ以下のもの）又はテトラクロロエチレン（検液１Ｌにつき０．１ｍｇ以下のもの）を含有するものは特別管理産業廃棄物になりません。

以上の考え方は、通常のクリーニング店（「水質汚濁防止法」に基づく「洗濯業の用に供する洗浄施設」に該当します）から排出されたものについても同様です。

4 「水質汚濁防止法」に基づく「１・４－ジオキサンを含有する塗料を使用する塗装

施設」から排出されたものであれば、少なくとも、使用済みの溶剤である特別管理産業廃棄物の「特定有害産業廃棄物・廃油」を含む混合物になります。

参考

法第２条第５項→令第２条の４第５号ロ
法第２条第５項→令第２条の４第５号ハ→則第１条の２第４項→則第１条の２第１７項→厚生省告示第１９２号（平成４年7月3日）
法第２条第５項→令第２条の４第５号ニ→則第１条の２第５項第２号
法第２条第５項→令第２条の４第５号ヘ→則第１条の２第８項→則第１条の２第１７項／則別表第２の１の項／総理府令第５号（昭和４８年2月１７日）→環境庁告示第１３号（昭和４８年2月１７日）／厚生省告示第１９２号（平成４年7月3日）
法第２条第５項→令第２条の４第５号ヘ→則第１条の２第８項→則第１条の２第１７項／則別表第２の３の項／総理府令第５号（昭和４８年2月１７日）→環境庁告示第１３号（昭和４８年2月１７日）／厚生省告示第１９２号（平成４年7月3日）
法第２条第５項→令第２条の４第５号ヘ→則第１条の２第８項→則第１条の２第１７項／則別表第２の５の項／総理府令第５号（昭和４８年2月１７日）→環境庁告示第１３号（昭和４８年2月１７日）／厚生省告示第１９２号（平成４年7月3日）
法第２条第５項→令第２条の４第５号チ（１）→令別表第３の２の項／則第１条の２第１０項→則第１条の２第１７項／則別表第２の１の項／総理府令第５号（昭和４８年2月１７日）→環境庁告示第１３号（昭和４８年2月１７日）／厚生省告示第１９２号（平成４年7月3日）
法第２条第５項→令第２条の４第５号リ（２）→令第７条第８号／令別表第３の５の項／則第１条の２第１１項→則第１条の２第１７項／則別表第２の３の項／総理府令第５号（昭和４８年2月１７日）→環境庁告示第１３号（昭和４８年2月１７日）／厚生省告示第１９２号（平成４年7月3日）
法第２条第５項→令第２条の４第５号リ（３）→令第７条第８号／令第７条第１３号の２／令別表第３の6の項／則第１条の２第１１項→則第１条の２第１７項／則別表第２の５の項／総理府令第５号（昭和４８年2月１７日）→環境庁告示第１３号（昭和４８年2月１７日）／厚生省告示第１９２号（平成４年7月3日）
法第２条第５項→令第２条の４第５号ヌ（１）→令別表第３の１１の項
法第２条第５項→令第２条の４第５号ヌ（２）→令別表第３の１２の項
法第２条第５項→令第２条の４第５号ヌ（１２）→令別表第３の２２の項
法第２条第５項→令第２条の４第５号ル（１）→令別表第３の２３の項／則第１条の２第１３項→則第１条の２第１７項／則別表第２の１の項／総理府令第５号（昭和４８年2月１７日）→環境庁告示第１３号（昭和４８年2月１７日）／厚生省告示第１９２号（平成４年7月3日）
法第２条第５項→令第２条の４第５号ル（３）→令別表第３の２５の項／則第１条の２第１３項→則第１条の２第１７項／則別表第２の３の項／総理府令第５号（昭和４８年2月１７日）→環境庁告示第１３号（昭和４８年2月１７日）／厚生省告示第１９２号（平成４年7月3日）
法第２条第５項→令第２条の４第５号ル（５）→令別表第３の２７の項／則第１条の２第１３項→則第１条の２第１７項／則別表第２の５の項／総理府令第５号（昭和４８年2月１７日）→環境庁告示第１３号（昭和４８年2月１７日）／厚生省告示第１９２号（平成４年7月3日）
法第２条第５項→令第２条の４第５号ル（９）→令別表第３の３１の項／則第１条の２第１３項→総理府令第５号（昭和４８年2月１７日）→環境庁告示第１３号（昭和４８年2月１７日）
法第２条第５項→令第２条の４第５号ル（１０）→令別表第３の３２の項／則第１条の２第１３項→総理府令第５号（昭和４８年2月１７日）→環境庁告示第１３号（昭和４８年2月１７日）
法第１４条第１２項→令第６条第１項第２号ホ（２）→則第７条の８の３第１号／環境省告示第５７号（平成２９年6月9日）→則別表第５
法第１４条第１２項→令第６条第１項第２号ホ（２）→則第７条の８の３第２号／環境省告示第５７号（平成２９年6月9日）
法第１４条の４第１２項→令第６条の５第１項第２号チ→則第８条の１０の3の2
環産第２１号（昭和５７年6月１４日・平成１２年１２月２８日廃止）
衛産第１５号（昭和６２年6月１６日・平成7年3月３１日廃止）
衛産第３５号（平成１年9月１８日）
環水企第２２４号（平成１年9月１８日）
衛産第４１号（平成２年7月5日）
環水企第１８３号・衛環第２４６号（平成４年8月３１日・平成１２年１２月２８日廃止）
衛産第１１９号（平成7年１２月２７日）
衛産第１２０号（平成7年１２月２７日）
衛環第３７号（平成１０年5月7日）
生衛発第７８０号（平成１０年5月7日）
環廃対発第１３０３１８２号・環廃産発第１３０３１８１号（平成２５年3月１８日）
環廃対発第１５１２２１１号・環廃産発第１５１２２１２号（平成２７年１２月２１日）
環廃産発第１６０３３１８号（平成２８年3月３１日）
環廃対発第１６０６２３２号・環廃産発第１６０６２３３号（平成２８年6月２３日）
環水大大発第１６０９２６４号（平成２８年9月２６日）
環循適発第１７０８０８１号・環循規発第１７０８０８３号（平成２９年8月8日）
環循施発第１８０３２０２号（平成３０年3月２０日）

環循施発第１８１１２８２号（平成３０年１１月２８日）
環循規発第１９１００７１９号（令和１年１０月７日）
環循規発第１９１０１１２号・環循施発第１９１０１１１号（令和１年１０月１１日）
環循規発第１９１０１１４号・環循施発第１９１０１１３号（令和１年１０月１１日）
環循規発第２０１０１２１号・環循施発第２０１０１２１号（令和２年１０月１２日）
事務連絡（平成２５年６月１２日）
事務連絡（平成２９年５月１２日）
事務連絡（令和１年６月２７日）
事務連絡（令和１年１０月１５日）
事務連絡（令和２年２月７日）
事務連絡（令和２年４月２日）
事務連絡（令和２年４月１５日）

事業者の特定 編

Q053 建設廃棄物の事業者と発注者の責務

★★★

建設廃棄物（建設工事に伴い生ずる廃棄物）の処理責任は元請業者にあること（資料4-1）とされていますが、発注者から「自社が事業者になれないのか」とよく聞かれます。これは可能でしょうか？

A

不可能です。確かに、建設工事前の建築物その他の工作物を支配・管理していた者、すなわち発注者を特定してしまうような建設廃棄物は少なからずあり、仮にこれが不法投棄された場合、建設工事に伴って生じたものであるからといってその責任が元請業者に対する追及までで終わることは、法的にはあっても社会的・道義的にはありえず、以上の点を相応のリスクとして評価している発注者が多いことは事実です（とりわけ、製造・医療・電力に関連する大手の企業に顕著です）。

これらの発注者は、往々にして組織的にも、人材的にも、また資本的にも廃棄物管理の能力が元請業者より高いと考えられるため、廃棄物の適正処理を確保するという法の精神を踏まえれば、発注者の主張は妥当な一面もあるように思われますが、それを可能とする根拠や解釈はないようです。ただしＰＣＢ廃棄物については、法より優先適用される「ＰＣＢ廃棄物処理特別措置法」の規定に基づき譲渡し及び譲受けが原則禁止とされており、建築物その他の工作物の所有者を保管事業者（ＰＣＢ廃棄物を自らの責任において確実かつ適正に処理しなければならない者）としていることから、元請業者が事業者となってその保管又は処理を行うことはできません。

以上の例外的な考え方は、その対象が建設廃棄物に限られており、したがって想定する事業活動が「建設工事」であるか否かにより特定するべき事業者が変わってくることに注意してください。

なお、ここでいう建設工事とは、土木建築に関する工事であって、広く建築物その他の工作物の全部又は一部の新築、改築又は除去を含むものであること（解体工事について含まれることを入念的に明らかにしています）とされていることから、「建設業法」で規定される「①土木一式工事」、「②建築一式工事」、「③大工工事」、「④左官工事」、「⑤とび・土工・コンクリート工事」、「⑥石工事」、「⑦屋根工事」、「⑧電気工事」、「⑨管工事」、「⑩タイル・レンガ・ブロック工事」、「⑪鋼構造物工事」、「⑫鉄筋工事」、「⑬舗装工事」、「⑭浚渫工事」、「⑮板金工事」、「⑯ガラス工事」、「⑰塗装工事」、「⑱防水工事」、「⑲内装仕上工事」、「⑳機械器具設置工事」、「㉑熱絶縁工事」、「㉒電気通信工事」、「㉓造園工事」、「㉔さく井(せい)工事」、「㉕建具工事」、「㉖水道施設工事」、「㉗消防施設工事」、「㉘

資料4-1 建設工事の発注形態と事業者

通常の場合

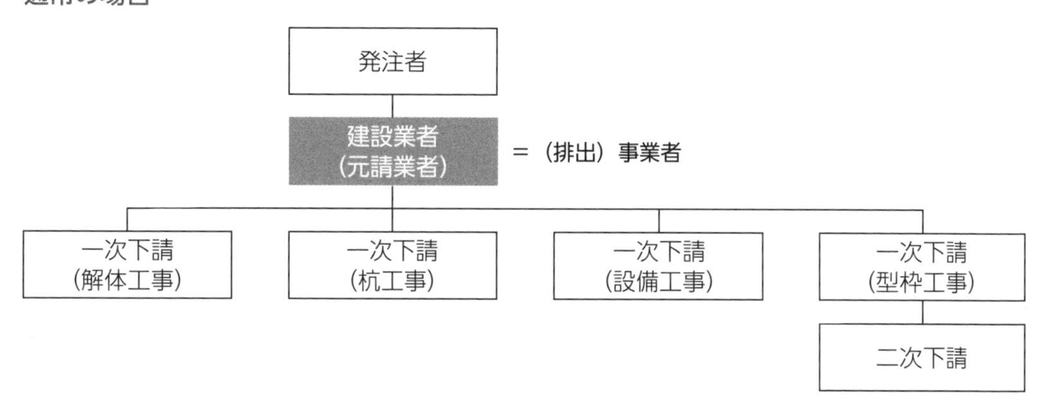

分離発注の場合

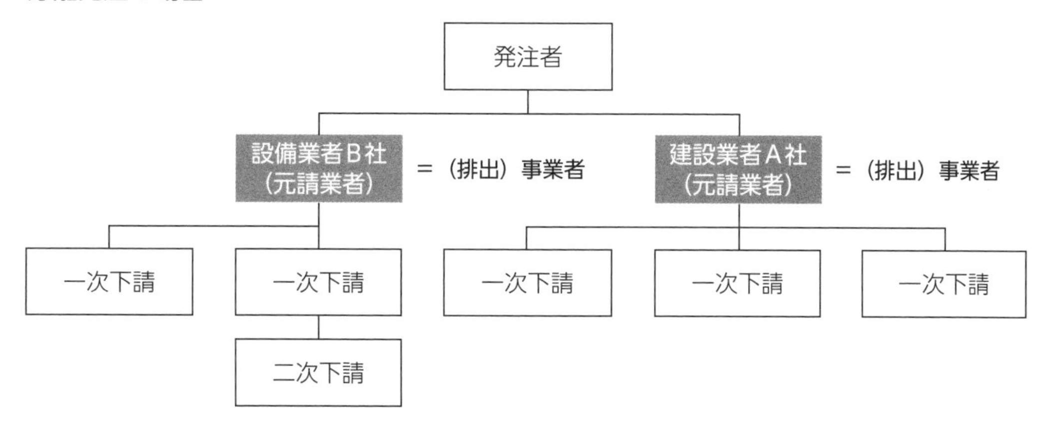

「建設廃棄物処理指針（平成２２年度版）」（平成２３年３月）

清掃施設工事」、「㉙解体工事」の範囲を越えるものをいうと考えられます。

法は、それ以上、建設工事の定義を明確に規定していませんが、少なくとも工作物の新築、改築又は除去や既述の建設工事の範囲に含まれる事業活動は、法で規定される建設工事に該当すると思われます。したがって、小規模機械設備のメンテナンス業務等といった建設工事に該当しないと判断できる事業活動に伴って生じた廃棄物の事業者には発注者が該当し、それゆえ元請業者がその収集運搬又は処分を行う場合は廃棄物処理業の許可等を受けている必要がある（発注者に対しては、廃棄物処理委託基準等が適用される）ので注意してください。

一方、建設工事の発注者には次の責務があります。

▶解体予定の建築物に残されている不要な什器類等といった残置物を、事業者として、あらかじめ適正に処理しておくこと（建設工事前から発生していた廃棄物は建設廃棄物に含まれず、それぞれで事業者が異なります）

▶設計図書に「①建設廃棄物の処理方法」、「②建設廃棄物の処分を行う場所等、処

理に関する条件」、「③建設廃棄物を再生施設に搬入する条件等」を明示すること
▶企画・設計段階において、「①建設廃棄物の発生抑制」、「②建設廃棄物の再生利用」、「③再生資材の活用」を積極的に推進すること
▶積算上の取扱いにおいて、建設廃棄物の適正な処理費用を計上すること
▶建設廃棄物の処理方法を記載した廃棄物処理計画書を元請業者から提出させること
▶建設工事中、建設廃棄物の適正処理が行われているか注意すること
▶建設工事が終了した場合は元請業者に報告させ、建設廃棄物の適正処理が行われたことを確認し、また放置されたものがないか注意すること
▶コンクリートや木材等の特定建設資材を用いた解体工事等を発注する場合は、分別解体の計画等を都道府県知事又は特定行政庁の長に届け出る等、「建設リサイクル法」にしたがうこと
▶業務用冷凍空調機器（以下、「第一種特定製品」といいます）を管理等している場合は、その廃棄時に適正な引渡しが行われるよう、「フロン排出抑制法」にしたがうこと
▶地方公共団体にあっては、元請業者に対し以下の例のような方策等を積極的に実施することにより、いわゆる公共工事に伴い生ずる建設廃棄物の処理が「優良産廃処理業者認定制度」に基づく優良認定等を受けている産業廃棄物処理業者に委託されやすくすること
①工事発注仕様書において、建設廃棄物の処理にあたり当該産業廃棄物処理業者への委託を積極的に検討するよう記載すること
②工事成績評定において、当該産業廃棄物処理業者に建設廃棄物の処理を委託した場合の点数を優遇すること

参考

法第３条第１項
法第２１条の3第１項
環整第４５号（昭和４６年１０月２５日）
環産第２１号（昭和５７年6月１４日・平成１２年１２月２８日廃止）
衛環第２３２号（平成4年8月１３日）
衛産第８２号（平成6年8月３１日・平成２３年3月３０日廃止）
衛環第３７号（平成１０年5月7日）
環廃対発第０４０４０１００８号・環廃産発第０４０４０１００５号（平成１６年4月1日）
環廃産発第０４０４０１００６号（平成１６年4月1日）
国官技第４６号・国官総第１２８号・国営計第３６号・国総事第１９号（平成１８年6月１２日）
環廃対発第１１０２０４００４号・環廃産発第１１０２０４００１号（平成２３年2月4日）
環廃対発第１１０２０４００５号・環廃産発第１１０２０４００２号（平成２３年2月4日）
環廃産第１１０３２９００４号（平成２３年3月３０日）
環廃産発第１４０２０３１号（平成２６年2月3日）
環廃企発第１５０４０９１号（平成２７年4月9日）
環廃産発第１６０８０１２号（平成２８年8月1日）
環廃産発第１６０８０１３号（平成２８年8月1日）
中環審第９４２号（平成２９年2月１４日）
環廃対発第１７０３２１２号・環廃産発第１７０３２１１号（平成２９年3月２１日）
環廃産発第１７０６２０１号（平成２９年6月２０日）
環循規発第１８０３３０２８号（平成３０年3月３０日）
環循適発第１８０６２２４号・環循規発第１８０６２２４号（平成３０年6月２２日）

環循規発第１８１１２９２号・環循施発第１８１１２９１号（平成３０年11月２９日）
環循規発第１９０２２６３号・環循施発第１９０２２６１号（平成３１年2月２６日）
２０２０製化管第1号・環地温発第２００１１６３号（令和2年1月１６日）
環循規発第２００３３０１号（令和2年3月３０日）
環循規発第２００４０１６号（令和2年4月1日）
事務連絡（平成２２年5月２０日）
事務連絡（平成２６年１０月２３日）
事務連絡（平成３０年3月２６日）
事務連絡（平成３０年6月２２日）
事務連絡（平成３０年9月6日）
事務連絡（令和１年１０月１５日）
事務連絡（令和２年7月9日）
東京地判（平成3年１０月３０日）
東京高判（平成5年１０月２８日）

Q054 分譲・建売用住宅の建築に伴って生じた建設廃棄物の事業者

★☆☆

ハウスメーカー（建設業者）ですが、特定の施主となる顧客から注文を請けて住宅を建築し納めるのではなく、自社の企画で住宅を建築し不特定多数の顧客に向けて販売すること（いわゆる分譲・建売）を行っています。また、その分譲・建売にあたり、実際の建築については別の施工会社（建設業者）に外注しています。この場合、分譲・建売用住宅の建築に伴って生じた建設廃棄物の事業者にはハウスメーカーである自社が該当しますか？

A

ハウスメーカーではなく、施工会社が該当します。ハウスメーカーは、特定の施主となる顧客から注文を請けて住宅を建築しているわけでないため元請業者とならず、自社の企画で分譲・建売用住宅の建築を施工会社に外注している立場にあることから発注者となることに注意してください（資料4-2）。

いいかえれば、発注者であるハウスメーカーから分譲・建売用住宅の建築を外注された施工会社が元請業者となります。建築しようとするものが注文住宅であるのか、分譲・建売用住宅であるのかにより、それぞれの建築に伴って生じた建設廃棄物の事業者は異なります。

資料4-2　注文住宅の建築に伴って生じた建設廃棄物と分譲・建売用住宅の建築に伴って生じた建設廃棄物の事業者比較

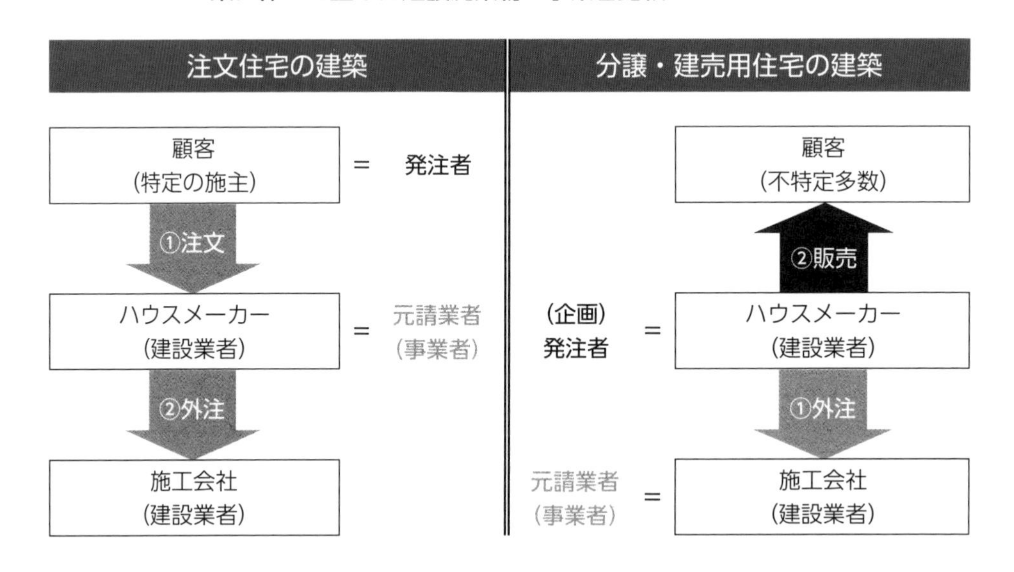

参考

法第２１条の３第１項
環廃対発第１１０２０４００４号・環廃産発第１１０２０４００１号（平成２３年２月４日）
環廃産第１１０３２９００４号（平成２３年３月３０日）
環廃産発第１７０６２０１号（平成２９年６月２０日）
環循規発第２００３３０１号（令和２年３月３０日）
事務連絡（平成２２年５月２０日）
事務連絡（平成２６年１０月２３日）

Q055 下請業者による自ら保管と処理委託、自ら運搬

★★☆

1 **下請業者（下請負人）を事業者と見なし、工事現場内で建設廃棄物の保管を行わせてよいでしょうか？**

同様に、建設廃棄物の処理を委託させてよいでしょうか？

2 **下請業者が建設廃棄物を運搬する場合、廃棄物収集運搬業の許可等を受けていなければなりませんか？**

A

1 建設廃棄物の保管と処理委託について、確かに、それぞれ法で下請業者を事業者と見なす旨が規定されていますが、これらは元請業者を事業者としないことを推奨し、又は容認するものでありません。元請業者に対しては産業廃棄物保管基準違反（又は特別管理産業廃棄物保管基準違反）や廃棄物処理委託基準違反等が適用されえますし、下請業者によって不適正処理が行われれば措置命令の対象ともなりえます。

では、なぜ、そのように規定されているのかといいますと、下請業者による建設廃棄物の保管や処理委託が不適正に行われた場合、本来、保管の当事者（事業者）に該当することもなければ、処理の委託者（事業者）にも受託者（廃棄物処理業者等）にも該当しない下請業者に対しては罰則や行政処分を適用できないので、事業者と同様、産業廃棄物保管基準違反（又は特別管理産業廃棄物保管基準違反）や廃棄物処理委託基準違反等の適用を可能とし、その適正処理が確保されるよう措置するためです。

2 「生活環境の保全に支障が生じない範囲内であり、かつ法の遵守について担保可能な範囲内である少量の一定の廃棄物」として、建設廃棄物が次のいずれにも該当する場合は、下請業者を事業者と見なし、したがって下請業者による「自ら運搬」になることから廃棄物収集運搬業の許可等を要しないこととされています（資料 4-3）。

▶「①請負代金が５００万円以下の維持修繕工事」又は「②請負代金相当額が５００万円以下の建築物その他の工作物の瑕疵(かし)の修補工事」に伴って生じたもの

▶特別管理廃棄物を除くもの

▶１回あたりの運搬量が簡易な方法により１m^3以下であることが測定できるもの又は１m^3以下であることが明らかとなる運搬容器を用いて運搬されるもの

▶発生場所の所在地が属する都道府県等又は隣接する都道府県等の管轄区域内にあり、元請業者に所有権又は使用権原がある施設・場所（元請業者が貸借しているものや元請業者から受託した廃棄物処理業者のものを含みます）に運搬されるもの

資料4-3　建設工事に伴い生ずる廃棄物の処理に関する例外（整理）

建設工事	⇒	土木建築に関する工事であって、広く建築物その他の工作物の全部又は一部の新築、改築、又は除去を含む概念であり、解体工事も含まれることを入念的に明らかにしている。
建設廃棄物の事業者	⇒	建設工事の元請業者とする。
下請業者	⇒	廃棄物処理業の許可等及び元請業者による処理委託がなければ、建設廃棄物の運搬又は処分を行うことはできない。
産業廃棄物保管基準（又は特別管理産業廃棄物保管基準）	⇒	建設工事現場内で運搬されるまでの間行われる産業廃棄物の保管について、元請業者と下請業者の双方に適用される。したがって当該基準に適合しない保管が行われた場合の改善命令についても、双方が対象となる。
自ら運搬	⇒	生活環境の保全に支障が生じない範囲内であり、かつ法の遵守について担保可能な範囲内である少量の一定の廃棄物の運搬については、下請業者が事業者と見なされ、これを証する書面と建設請負契約書の写しや注文請書等の運搬車への備えつけをはじめとする産業廃棄物処理基準を遵守した上で、自ら運搬すること（運搬にあたって行う保管を除く）を例外的に許容する。
運搬又は処分の委託	⇒	元請業者が建設廃棄物を放置したまま破産等により消失した場合等、やむなく下請業者が自ら当該建設廃棄物の運搬又は処分を他人に委託するというような例外的な場合、下請業者は事業者と見なされ、廃棄物処理委託基準等が適用される。
措置命令	⇒	元請業者が自ら処理も処理委託もしない不作為の場合であって下請業者によって不適正処理が行われた場合、その責任は、いわゆる「事業者の処理責任」を果たすことを怠り、過失があると考えられる元請業者も連帯して負う。これは、下請業者が、元請業者の不作為により処理されない産業廃棄物の処理を、請け負った建設工事の施工のために自ら又は他人に委託して行った結果、生活環境保全上の支障等が生じた場合についても同様であり、元請業者は、当該支障等を除去する責任を、下請業者に連帯して負う。

※ＰＣＢ廃棄物を除く

▶運搬の途中で保管が行われないもの

しかしながら、この運用の対象となる建設廃棄物に該当する場合というものはきわめて稀であり、また都道府県等によっては、それに消極的なところもあるようです。仮に下請業者が、この運用の対象となる建設廃棄物の自ら運搬を行うのであれば、「①そのような廃棄物であることを証する書面」と「②建設請負契約に基づかれた下請業者による自ら運搬であることを証する書面（①の根拠も示した建設請負契約書の写しや注文請書等）」を運搬車に備えつけなければならないので注意してください。

以上の考え方は、下請業者による行為が建設廃棄物の運搬である場合に限られており、この運用により建設廃棄物の処分までを下請業者による「自ら処分」とすることは認められていません。

参考

法第１２条第１項→令第６条第１項第１号イ→則第７条の２の２第４項→則第７条の２第３項第９号
法第１９条の５第１項第４号
法第２１条の３第２項
法第２１条の３第３項→則第１８条の２
法第２１条の３第４項

環廃対発第１１０２０４００４号・環廃産発第１１０２０４００１号（平成２３年2月４日）
環廃対発第１１０２０４００５号・環廃産発第１１０２０４００２号（平成２３年2月４日）
環廃産第１１０３２９００４号（平成２３年3月３０日）
環循規発第１９０２２６３号・環循施発第１９０２２６１号（平成３１年2月２６日）
環循規発第２００３３０１号（令和２年3月３０日）
事務連絡（平成２２年5月２０日）

Q056 浄化槽汚泥の事業者

★★★

都道府県等の公共施設を農業集落排水施設へ接続するため、現在使用している浄化槽が廃止されることになりました。都道府県等は、そのための工事一式を管工事業者に発注します。

一方、これらの工事の実施に伴い必要となる浄化槽汚泥（一般廃棄物）の処理について、それを一般廃棄物処理業者に委託する場合、処理の委託者（事業者）には管工事業者が該当しますか？

A

管工事業者ではなく、都道府県等が該当し、したがって浄化槽汚泥の処理は、都道府県等が一般廃棄物処理業者に直接委託し、契約を締結しなければなりません（資料4-4）。浄化槽汚泥は、管工事業者による農業集落排水施設への接続工事及び浄化槽の廃止工事に伴って生じた建設廃棄物に含まれず、公共施設の運営を通じ浄化槽を使用していた都道府県等によって、これらの工事前から発生していた残置物であることに注意してください。

なお、浄化槽汚泥は一般廃棄物になりますが、「下水道法」で規定される下水道から

資料4-4 浄化槽の廃止工事等に係る契約と浄化槽汚泥の処理委託に係る契約の関係

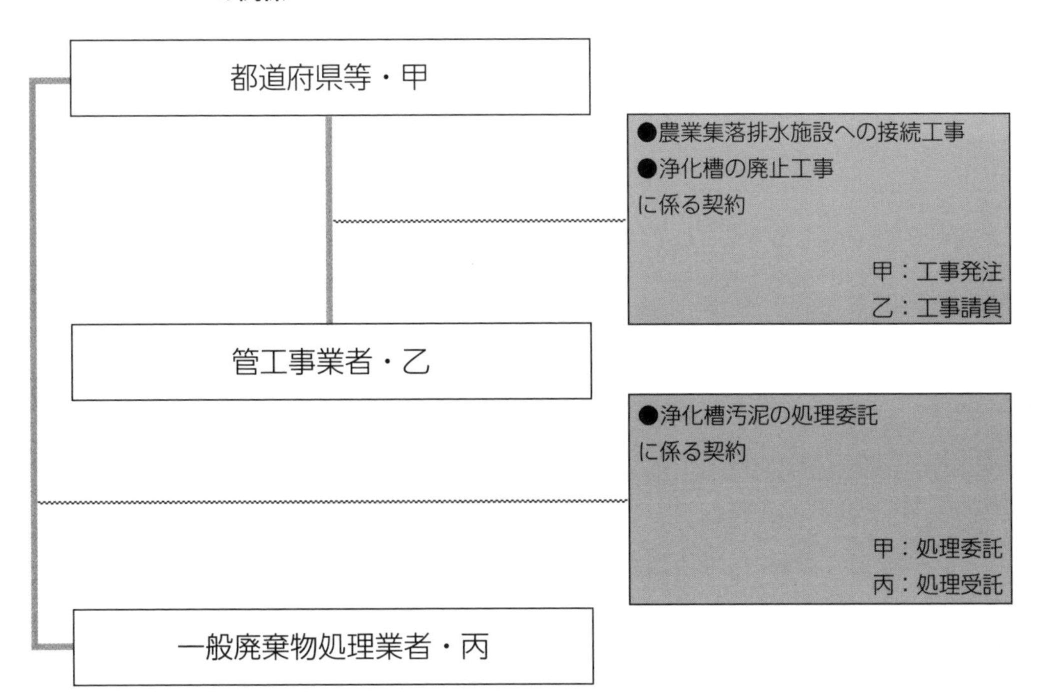

除去した汚泥（下水汚泥）は産業廃棄物の「汚泥」になります。ただし、同法の規定に基づき下水道管理者が自ら処理を行うものは廃棄物に該当しない、又は廃棄物として適当でないこととされています。

参考

環整第４５号（昭和４６年１０月２５日）
衛環第２３３号（平成４年８月１３日）
環廃産第１１０３２９００４号（平成２３年３月３０日）
環廃産発第１４０２０３１号（平成２６年２月３日）
中環審第９４２号（平成２９年２月１４日）
環循規発第１８０３３０２８号（平成３０年３月３０日）
環循適発第１８０６２２４号・環循規発第１８０６２２４号（平成３０年６月２２日）
事務連絡（平成１５年１月２９日）
事務連絡（平成３０年６月２２日）

★★☆

Q057 他人が所有する付帯設備の管理に伴って生じた産業廃棄物の事業者

電力業者に売電しているのですが、そのために必要な変圧器と引込線を自社の敷地内に設置しています。変圧器は電力業者の費用負担により設置してもらっているので電力業者の所有物となっているのですが、変圧器を設置するために必要な付帯設備（変圧器を設置する建物とそれに付属している蛍光灯器具）は自社が所有しています。蛍光灯器具の安定器には、表示に「高電圧式」と記載されていることからＰＣＢが含有されていると思われます。

電力業者とは特段の契約を締結していませんが、一般的慣行として、暗黙の了解により、電力業者が変圧器の維持管理を行う一環として付帯設備の管理も行っており、必要に応じて蛍光灯器具を交換してもらっています。このことについて自社から電力業者に対して何ら指示は出しておらず、電力業者の判断（意思）で蛍光灯器具が交換され、また交換後のものを廃棄することが決定されています。

以上の場合、交換後に不要になったＰＣＢを含有する蛍光灯器具の事業者には電力業者が該当しますか？

電力業者が該当することとされています。

参考

環整第４５号（昭和４６年１０月２５日）
環廃産第１１号（平成１４年1月１０日）
環廃産第１２号（平成１４年1月１０日）
環廃産第４６号（平成１４年1月２３日）
環廃対発第０４０４０１００８号・環廃産発第０４０４０１００５号（平成１６年4月１日）
環廃産発第０４０４０１００６号（平成１６年4月１日）
環循規発第１８０３３０２８号（平成３０年3月３０日）
環循規発第１８１１２９２号・環循施発第１８１１２９１号（平成３０年１１月２９日）

Q058 清掃廃棄物の事業者

★★★

清掃業者に建築物・事業場を清掃してもらっています。この場合、清掃廃棄物（清掃した後に残る廃棄物）の事業者には清掃業者が該当しますか？

清掃業者ではなく、建築物・事業場の設置者又は管理者が該当します。清掃業者は、清掃前から既に建築物・事業場で発生していた廃棄物を一定の場所に集積させるだけに過ぎません。

したがって清掃業者が清掃廃棄物の収集運搬又は処分を行うのであれば、廃棄物処理業の許可等を受けている必要があります（建築物・事業場の設置者又は管理者に対しては、廃棄物処理委託基準等が適用されます）。

参考

法第６条の２第６項
法第６条の２第７項
法第７条第１項
法第７条第６項
法第１２条第５項
法第１２条第６項
法第１２条の２第５項
法第１２条の２第６項
法第１４条第１項
法第１４条第６項
法第１４条の４第１項
法第１４条の４第６項
環整第１２８号・環産第４２号（昭和５４年１１月２６日・平成１２年１２月２８日廃止）
環産第２１号（昭和５７年６月１４日・平成１２年１２月２８日廃止）
衛産第３６号（平成５年３月３１日・平成１２年１２月２８日廃止）
環循規発第１８０３３０２８号（平成３０年３月３０日）

Q059 下取り行為等

★★★

1　廃棄物の下取り行為とは何ですか？

2　化学薬品の販売にあたり、ユーザーが使用した後の廃液（自社販売品の使用後物に限ります）を回収することとした上で、化学薬品の代金にその廃液の処理費用相当額を加えたものを販売価格とする売買契約を締結しているのですが、この場合、廃液の事業者にはユーザーが該当しますか？

A

1　「①新しい製品を販売する際」に「②商慣習」として「③同種の製品で使用済みのもの」を「④無償」で引き取り、収集運搬することをいいます。したがって、次の場合は下取り行為になりません。

▶新しい製品が販売されることなく、使用済みの製品が回収される場合（使用済みの製品が回収されるのと同時でないケースであっても、新しい製品が販売されるのであれば、この場合に含みません）

▶商慣習の実態を認められるほど使用済みの製品に歴史がない、又は双方の合意がないまま新しい製品の購入者が販売者に使用済みの製品を強制回収させている場合

▶数量・性状・機能等において、新しい製品と使用済みの製品が明らかに異なる場合（使用済みの製品の購入先でない販売者から新しい製品を購入するケースであっても、他社の製品どうしを対象とするケースであっても、数量・性状・機能等において、新しい製品と使用済みの製品がおおむね同じであれば、この場合に含みません）

▶新しい製品の販売者が使用済みの製品を回収するための金銭を受領する場合（反対に金銭を支払って回収する場合が考えられますが、この場合、使用済みの製品は有価物に該当することから、そもそも法の適用を受けません）

下取り行為において、新しい製品を販売して使用済みの製品を回収する者（以下、「下取り行為者」といいます）は産業廃棄物収集運搬業（又は特別管理産業廃棄物収集運搬業）の許可を要しないこととされていることから、使用済みの製品の事業者には下取り行為者が該当します（下取り行為者が使用済みの製品を回収することは「自ら運搬」になります）。

一方、下取り行為者が使用済みの製品を運送業者等といった第三者に回収させる場合、第三者は産業廃棄物収集運搬業（又は特別管理産業廃棄物収集運搬業）の許可を受けている必要があります（下取り行為者に対しては、産業廃棄物処理委託基準又は特別管理産業廃棄物処理委託基準等が適用されます）（資料4-5）。

資料4-5　下取り行為について

新しい製品を販売する際に販売者が商慣習として同種の製品で使用済みのものを無償で引き取り、収集運搬する行為については、従来より下取り行為として産業廃棄物収集運搬業の許可は不要としているところである。なおこの下取り行為については、同種の製品であれば他社製品の下取りも可能であること、また必ずしも購入と同時に引き取った場合に限らないことに留意されたい。

一方、販売者が製品を販売する際に販売促進のため下取りされた廃棄物について、廃棄物ではないとして、運送業者等の第三者が産業廃棄物収集運搬業の許可を受けずに当該廃棄物を収集運搬している事例が散見される。

当該廃棄物については、販売者が販売という事業活動に伴って排出した廃棄物であることから、下取りの際に、これを当該販売者が自ら収集運搬する場合には排出事業者の自ら処理であり産業廃棄物収集運搬業の許可は不要であるが、第三者が収集運搬する場合には、当該第三者は産業廃棄物収集運搬業の許可を有している必要があることについて、再度、指導を徹底されたい。また、下取りされたものであっても廃棄物である以上、収集運搬に当たっては処理基準を遵守すべきであることも併せて指導を徹底されたい。

なお、在宅医療廃棄物のうち、注射針等の鋭利な物については、平成１７年９月８日付け通知（環廃対発第０５０９０８００３号・環廃産発第０５０８０９００１号⇒環廃対発第０５０９０８００３号・環廃産発第０５０９０８００１号、筆者原文修正）別添「在宅医療廃棄物の処理の在り方検討会の報告書」において、現段階で最も望ましい方法として、医療関係者あるいは患者・家族が医療機関へ持ち込み、感染性廃棄物として処理するという方法が考えられるとしている。一方、各地において、薬局にて医薬品とともに販売した注射針を、当該薬局にて引き取り、薬局が排出した廃棄物として処理するという事例が散見される。

このような回収行為については、薬局が医薬品を販売する行為の一環であると認められれば、下取り行為と解され、薬局が排出する廃棄物となる。各都道府県等におかれては、個別の取引形態を精査し、排出事業者が薬局であること等、法制度上の整理を明確にした上で、適宜指導監督されたい。

平成２１年１月１９日
全国都道府県及び政令指定都市等環境担当部局長会議資料抜粋

以上の考え方は、タイヤ交換に伴って生じた廃タイヤを自動車整備工場側の者が引き取る場合やオイル交換に伴って生じた廃油をガソリンスタンド側の者が引き取る場合等についても同様です。

なお、下取り行為者が製造業者等に使用済みの製品を再び下取ってもらうことは認められていません。

2　ユーザーではなく、化学薬品の販売業者が該当することとされています。

参考

法第１２条第５項
法第１２条第６項
法第１２条の２第５項
法第１２条の２第６項
法第１４条第１項
法第１４条の４第１項
環整第４５号（昭和４６年１０月２５日）
環産第１２号（昭和５６年３月２５日）
環循規発第２００３３０１号（令和２年３月３０日）

Q060 不要な寄託品・余剰品の事業者

★★☆

1 **倉庫で預かっていた荷物を廃棄しておくよう、荷主から指示されました。この場合、不要な荷物の事業者には荷主が該当しますか？**

2 **新築工事現場で余った生コンを廃棄する場合、その事業者には元請業者が該当しますか？**

A

1 そのとおり荷主が該当します。倉庫業者は、荷主が支配・管理する荷物を倉庫で預かっていただけに過ぎません。したがって荷物は、荷主が不要と判断した時点から廃棄物に該当し、それゆえ以降の不要な荷物の保管は「廃棄物の保管」になるとも考えられますが、倉庫内にある段階においては廃棄物が発生していない、又は発生する中途にあり、「廃棄物の保管」にまで至っていないとも考えられます。いずれにしても明確な解釈はないようです。

2 元請業者が購入した生コンが余ったものであれば、元請業者が該当します。ただし、元請業者と生コン製造・販売業者の取決めにより、新築工事現場で実際に使用した分だけの生コンを元請業者が購入することにしていたのであれば、余ったものの事業者には生コン製造・販売業者が該当します。

以上の考え方は、売れ残ったために廃棄する商品の事業者として小売業者、卸売業者、製造業者のいずれが該当するか判断する場合についても同様です。

参考

環整第４５号（昭和４６年１０月２５日）
環循規発第１８０３３０２８号（平成３０年3月３０日）

Q061 不要なリース物品の事業者

★★☆

リースアップした物品について、再リースする予定もないので廃棄されることになると思うのですが、この場合、不要なリース物品の事業者にはリース業者が該当しますか？

そのとおりリース業者が該当します。契約終了後、通常、リース物品はリース業者に返されるわけですから、それを支配・管理しているのはリース業者であることに注意してください。ただし、リース業者の合意をえた上で、契約終了後もリース物品を返さずにユーザーが使用し（リース業者から事実上の譲渡しを受け）、その後にこれを廃棄する場合は、ユーザーが事業者に該当します。

参考

環整第４５号（昭和４６年１０月２５日）
環廃対発第０７０９０７００１号・環廃産発第０７０９０７００１号（平成１９年９月７日）
環循規発第１８０３３０２８号（平成３０年３月３０日）

Q 062 不要な梱包材・容器の事業者 ★★★

1 新しい製品・商品を販売し、納品先で開梱した、又は容器から取り出した後、梱包材・容器が不要になることはよくあると思うのですが、この場合、それらの事業者には販売者が該当しますか？

また納品のための運送を第三者に行わせるケースについては、どうでしょうか？

2 飲食料品の自動販売機近くに設置されている、ごみ回収ボックスに投入された不要な容器の事業者（排出者）には、購入者が該当しますか？

A

1 一般に新しい製品・商品は梱包された状態で、又は容器に入った状態で、これらを含めて購入されていると考えられることから購入者が事業者に該当すると思われます（紙パックに入った牛乳を購入するにあたり、「買うのは中味の牛乳だけであって、紙パックまで買っているわけではない」という考えが、社会通念上、受け入れられないのと同様です）。ただし、製品・商品としての性格や取引（売買契約）の内容を踏まえ、納品後、直ちに購入者が使用する、又は使用できる状態にするために販売者がその場で開梱し、又は容器から取り出さなければならない事情等がある場合は、販売者を事業者とすることも妥当と思われます。

また納品のための運送を第三者に行わせるケースであっても、一般には購入者が事業者に該当すると思われますが、既述と同様の事情等がある場合は、販売者又は第三者を事業者とすることも妥当と思われます。とりわけ、安心かつ安全に運送するため、第三者側が梱包材・容器を用意したというのであれば、第三者が事業者に該当すると考えられます。

なお販売者を事業者としながらも、第三者が、開梱された梱包材又は製品・商品が取り出された容器を、納品先から販売者の敷地へ持ち帰る行為は、「販売者による販売業務又は第三者による運送業務の一環」であり、したがって不要な梱包材・容器の発生にまで至っていないとして「廃棄物の収集運搬」にならず、第三者は廃棄物収集運搬業の許可等を要しないと解釈されている例が散見されますが、これを明確に肯定する根拠はないようです。

2 飲食料品の製造・販売業者がごみ回収ボックスを設置し、それに投入された不要な容器を回収する等、当該回収が本体事業活動（「自動販売機による飲食料品の販売」という事業活動）と回収対象物（不要な容器）に密接な関連性があるとして「事業活動の一環として行う付随的活動」と認められるのであれば、飲食料品の製造・販売業者が事業者に該当すると考えられます。

一方、コンビニやテーマパーク等といった自動販売機が設置されている建物・敷地の管理者が、それを支配・管理する場合（飲食料品の製造・販売業者から自動販売機を借り上げ、小売する場合等）について、既述と同様に解釈できるのであれば、自動販売機が設置されている建物・敷地の管理者が事業者に該当すると考えられます。

なお自動販売機近くでの回収が開始された当初から、購入者が排出した一般廃棄物として、一般廃棄物処理計画にしたがって不要な容器の処理を一般廃棄物処理業者に委託し、これが適正に行われている場合等にあっては、引き続き当該一般廃棄物として適正処理が継続されることを妨げるものでないこととされています。ただし、この場合等の不要な容器は、通常、容器包装廃棄物に該当するため、「容器包装リサイクル法」の適用を受けるので注意してください。

参考

法第２条第２項
法第２条第４項第１号
法第６条
環整第４３号（昭和４６年１０月１６日）
環整第４５号（昭和４６年１０月２５日）
生衛第４６２号（平成８年４月１８日）
リサ推第１２号（平成１１年5月１１日）
リサ推第１５号（平成１１年7月８日）
環廃企発第０５０１１９００１号・環廃産発第０５０１１９００１号（平成１７年1月１９日）
環廃企発第１６０１０８５号・環廃対発第１６０１０８４号・環廃産発第１６０１０８４号（平成２８年1月８日）
環廃対発第１６０９１５２号（平成２８年9月１５日）
環循規発第１８０３３０２８号（平成３０年3月３０日）

Q063 中間処理産業廃棄物の事業者

★★★

中間処理という事業活動に伴って生じた産業廃棄物として、中間処理業者が中間処理産業廃棄物の収集運搬又は処分を行うことは「自ら処理」になりますか？

A

中間処理産業廃棄物は中間処理という事業活動に伴って生じたわけでなく、その処理責任は中間処理後も一貫して事業者にあります。したがって、中間処理業者が中間処理産業廃棄物の収集運搬又は処分を行うことは「自ら処理」になりません（中間処理業者は、中間処理産業廃棄物の収集運搬又は処分に係る産業廃棄物処理業の許可を受けている必要があります）。自ら処理とは、事業者による産業廃棄物の処理のみをいうのであり、中間処理業者による中間処理産業廃棄物の処理までをも含むものではないことに注意してください。

いいかえれば、産業廃棄物の処分を中間処理業者に委託し、その後に生じた中間処理産業廃棄物の収集運搬又は処分のみを事業者が行うことは「自ら処理」になります。

ただし、中間処理産業廃棄物の処理を他人に委託する場合の委託者、中間処理産業廃棄物を他人へ引き渡す場合のマニフェストの交付者には、事業者でなく、中間処理業者が該当します。

参考

法第１１条第１項
法第１２条第５項
法第１２条第７項
法第１２条の２第５項
法第１２条の２第７項
法第１２条の３第１項
法第１４条第１項
法第１４条第６項
法第１４条の４第１項
法第１４条の４第６項
衛産第３６号（平成５年３月３１日・平成１２年１２月２８日廃止）
環廃対発第０５０９３０００４号・環廃産発第０５０９３０００５号（平成１７年9月３０日）

Q064 くず化された容器（ガスボンベ）の事業者

★☆☆

「高圧ガス保安法」では、高圧ガスを充填するための容器等のうち検査に合格せず使用できなくなったものについて、再び利用されることがないよう「くず化」（穴を開けたり、二つに切断したりすること）を行わなければ廃棄することができないこととされています。容器所有者は検査に合格しなかったからといって容器をそのまま廃棄物として排出することはできず、同法上、くず化が終了した時点でようやく廃棄物として排出することが可能になります。

一方、くず化にあたっては容器検査所が検査設備として圧縮機等を有していることから、通常、容器検査所が容器内の残ったガスを抜き取った上、それを行っているようです。

以上の場合、くず化された容器の事業者には容器検査所が該当しますか？

「高圧ガス保安法」上、くず化を行うまでが容器所有者の責務とされていることから、くず化の行為を容器検査所が行っているか否かにかかわらず、容器所有者が事業者に該当します。

なお、くず化された容器は産業廃棄物の「金属くず」になり、したがって再生利用されるものにあっては専ら物になります。

参考

環整第４３号（昭和４６年１０月１６日）
環計第３７号（昭和５２年３月２６日）
衛産第３６号（平成５年３月３１日・平成１２年１２月２８日廃止）
衛産第４２号（平成６年４月１日）
環廃産第１０４－２号（平成１５年２月１９日）
環廃産発第１７０６２０１号（平成２９年６月２０日）
環循規発第２００３３０１号（令和２年３月３０日）
注意喚起（平成２９年６月２０日）

Q065 同一敷地内の企業群が排出した産業廃棄物の事業者と処理委託契約書

★★☆

同一敷地内に複数の企業が入っているのですが、各々の事業活動に伴って生じた産業廃棄物の事業者を一の企業が代表してなることは可能でしょうか？

不可能であり、各々の企業が自ら排出した産業廃棄物の事業者にそれぞれなる必要があります。

したがって、敷地が狭小であること等を理由に、処理するまでの間、産業廃棄物の保管場所を複数の企業が共有し、それらのうち一の企業が代表して事業者による「自ら保管」とすることは認められず、各々の企業に対して産業廃棄物保管基準（又は特別管理産業廃棄物保管基準）が適用されます。

また、「自ら処理」についても同様であり、自ら排出した産業廃棄物の処理を同一敷地内の他の企業（グループ会社や子会社等）に行わせることは基本的に産業廃棄物の処理委託になります。つまり産業廃棄物処理委託基準（又は特別管理産業廃棄物処理委託基準）も各々の企業に対して適用されるということであり、したがって処理委託の契約は各々の名義により締結しなければなりません。ただし処理委託に関する内容（資料4-6）について、各々の企業が自ら排出した産業廃棄物ごとに記載するのであれば、一の産業廃棄物処理委託契約書に複数の企業が列記・押印することは問題ないこととされています。

一方、「二以上の事業者による産業廃棄物の処理に係る特例」にしたがって都道府県知事等から認定を受けた場合、自ら排出した産業廃棄物の処理を当該認定の範囲内において他の企業に行わせることは産業廃棄物の処理委託にならず、産業廃棄物処理委託基準（又は特別管理産業廃棄物処理委託基準）が適用されません（一体のものとして取り扱われることとなる企業群による「自ら処理」とされます）。なお認定の対象は自ら排出した産業廃棄物の収集運搬又は処分を他の企業に行わせるものに限られており、そのいずれも行わせず、保管のみを行わせるものを含まないことに注意してください。

資料4-6　産業廃棄物処理委託契約書に含まれるべき事項

収集運搬用と処分用に共通する事項
●委託する産業廃棄物の種類（法定名称）及び数量（単位不問） ●委託契約の有効期間（自動更新される旨の記載可） ●委託者が受託者に支払う料金（単価の記載可） ●受託者が産業廃棄物処理業の許可を受けた者である場合には、その事業の範囲（収集運搬用にあっては「取り扱う産業廃棄物の種類（石綿含有産業廃棄物、水銀使用製品産業廃棄物又は水銀含有ばいじん等が含まれる場合は、その旨を含む）」と「積替保管を行う／積替保管を行わないの別」により、処分用にあっては「処分方法ごとに区分された、取り扱う産業廃棄物の種類（石綿含有産業廃棄物、水銀使用製品産業廃棄物又は水銀含有ばいじん等が含まれる場合は、その旨を含む）」により、それぞれ示されるもの） ●委託者の有する委託した産業廃棄物の適正な処理のために必要な次に掲げる事項に関する情報 ○当該産業廃棄物の性状及び荷姿に関する事項 ○通常の保管状況のもとでの腐敗、揮発等当該産業廃棄物の性状の変化に関する事項 ○他の廃棄物との混合等により生ずる支障に関する事項（他の廃棄物との混合・水との接触・衝撃等による性状の変化、人の健康や生活環境に係る被害、処分に対する支障等） ○当該産業廃棄物が次に掲げる産業廃棄物であって、日本産業規格Ｃ０９５０号に規定する含有マークが付されたものである場合には、当該含有マークの表示に関する事項 ・廃パーソナルコンピュータ ・廃ユニット形エアコンディショナー ・廃テレビジョン受信機 ・廃電子レンジ ・廃衣類乾燥機 ・廃電気冷蔵庫 ・廃電気洗濯機  含有マーク （色はオレンジ） ○委託する産業廃棄物に石綿含有産業廃棄物、水銀使用製品産業廃棄物、水銀含有ばいじん等又は「放射性物質汚染対処特別措置法」で規定される特定産業廃棄物が含まれる場合は、その旨 ○その他当該産業廃棄物を取り扱う際に注意すべき事項（当該産業廃棄物の特性・委託内容や受託者の業態等から必要と考えられるもの） ●委託契約の有効期間中に当該産業廃棄物に係る「○…」の情報に変更があった場合の当該情報の伝達方法に関する事項 ●受託業務終了時の受託者の委託者への報告に関する事項 ●委託契約を解除した場合の処理されない産業廃棄物の取扱いに関する事項

収集運搬用のみに関する事項	処分用のみに関する事項
●運搬の最終目的地の所在地（最終区間を除く区間委託にあっては積替え又は保管を行う場所に係るもの） ▲受託者が産業廃棄物の積替え又は保管を行う場合には、次に掲げるもの ・当該積替え又は保管を行う場所の所在地 ・当該場所において保管できる産業廃棄物の種類 ・当該場所に係る積替えのための保管上限 ●「▲…」の場合において、産業廃棄物が安定型産業廃棄物であるときは、当該積替え又は保管を行う場所において他の廃棄物と混合することの許否等に関する事項（安定型産業廃棄物と管理型産業廃棄物の混合委託にあっては手選別の許否併記）	●処分又は再生の場所の所在地 ●処分又は再生の方法 ●処分又は再生に係る施設の処理能力 ●環境大臣により許可を受けた国外廃棄物であるときは、その旨 ●産業廃棄物の中間処理を委託するときは、次に掲げるもの ・当該産業廃棄物に係る最終処分の場所の所在地（住所・地名・施設の名称等場所を特定するもの） ・当該産業廃棄物に係る最終処分の方法 ・当該産業廃棄物に係る最終処分に係る施設の処理能力（最終処分場にあっては埋立地面積及び埋立容量）

※その他過去の通知では、「建設廃棄物の運搬方法等（①同一の車両で異なる作業所の廃棄物を運搬する場合において車両に仕切りを設ける等廃棄物が混合することのないような措置及び同一の車両で異なる種類の廃棄物を運搬する場合において種類ごとの運搬容器に入れる等により廃棄物が混合しないような措置等を講ずること、②安定型産業廃棄物の収集運搬を委託する場合において安定型最終処分場での運搬車ごとの展開検査に立ち会い安定型産業廃棄物以外の廃棄物の混入又は付着が確認されたものを持ち帰ること等産業廃棄物収集運搬業者に指示するべき特段の事項等）について、産業廃棄物処理委託契約書に記載すること」と示されている。

参考

法第１２条第１項
法第１２条第２項
法第１２条第５項
法第１２条第６項→令第６条の２第４号
法第１２条第６項→令第６条の２第４号へ→則第８条の４の２
法第１２条の２第１項
法第１２条の２第２項
法第１２条の２第５項
法第１２条の２第６項→令第６条の６第２号→則第８条の１６の３
法第１２条の７
衛環第２３２号（平成４年８月１３日）
衛環第２３３号（平成４年８月１３日）
衛産第３６号（平成５年３月３１日・平成１２年１２月２８日廃止）
衛産第２０号（平成６年２月１７日・平成１２年１２月２８日廃止）
衛環第３７号（平成１０年５月７日）
生衛発第７８０号（平成１０年５月７日）
衛環第７８号（平成１２年９月２８日）
環廃対発第０６０３３１００６号・環廃産発第０６０３３１００２号（平成１８年３月３１日）
環廃産発第０６０５２６００４号（平成１８年５月２６日）
環廃対発第０６０８０９００２号・環廃産発第０６０８０９００４号（平成１８年８月９日）
環廃対発第０６０９２７００１号・環廃産発第０６０９２７００２号（平成１８年９月２７日）
環廃対発第１１０２０４００５号・環廃産発第１１０２０４００２号（平成２３年２月４日）
環廃産第１１０３２９００４号（平成２３年３月３０日）
環廃企発第１１１２２８００２号・環水大総発第１１１２２８００２号（平成２３年１２月２８日）
環廃産発第１２０４１１００３号（平成２４年４月１１日）
環水大水発第１２０９１１００１号（平成２４年９月１１日）
環廃産発第１２０９１１００１号（平成２４年９月１１日）
環廃産発第１２０９１１００３号（平成２４年９月１１日）
環廃産発第１３０６０６３号（平成２５年６月６日）
環廃産発第１７０６２０１号（平成２９年６月２０日）
環循適発第１７０８０８１号・環循規発第１７０８０８３号（平成２９年８月８日）
環循適発第１８０３３０１０号・環循規発第１８０３３０１０号（平成３０年３月３０日）
環循規発第１９１００７１９号（令和１年１０月７日）
環循規発第２００３３０１号（令和２年３月３０日）
事務連絡（平成２５年７月２６日）
事務連絡（平成２７年６月８日）
事務連絡（平成２９年５月１２日）
事務連絡（平成２９年７月１１日）

Q066 二以上の事業者による産業廃棄物の処理に係る特例

★★☆

1 **「二以上の事業者による産業廃棄物の処理に係る特例」にしたがって都道府県知事等から認定を受けた企業群について、認定を受けた産業廃棄物の処理責任がこれらの企業群全社にあることは承知しています。**

実務レベルの話として、たとえばその収集運搬又は処分をこれらの企業群以外の企業（産業廃棄物処理業者）に委託する場合（資料4-7）、処理委託の契約は認定を受けた産業廃棄物を実際に排出した企業のみの名義により締結することで足りますか？

2 **親会社と子会社でなく、親会社と孫会社（子会社が支配関係を有する会社）によって 1 の認定を受けることは可能でしょうか？**

A

1 いわゆる「事業者の処理責任」は、認定を受けた産業廃棄物を実際に排出した企業のみならず、これらの企業群全社にあることから、産業廃棄物処理委託基準（又は特別管理産業廃棄物処理委託基準）は、これらの企業群全社に対して適用されます。したがって処理委託の契約も、これらの企業群全社の名義により締結しなければなりません。具体的には、これらの企業群全社が契約の主体となる産業廃棄物処理委託契約書を作成し、処理委託の契約を締結する必要があります。

資料4-7 二以上の事業者による産業廃棄物の処理に係る特例の対象範囲と認定効果

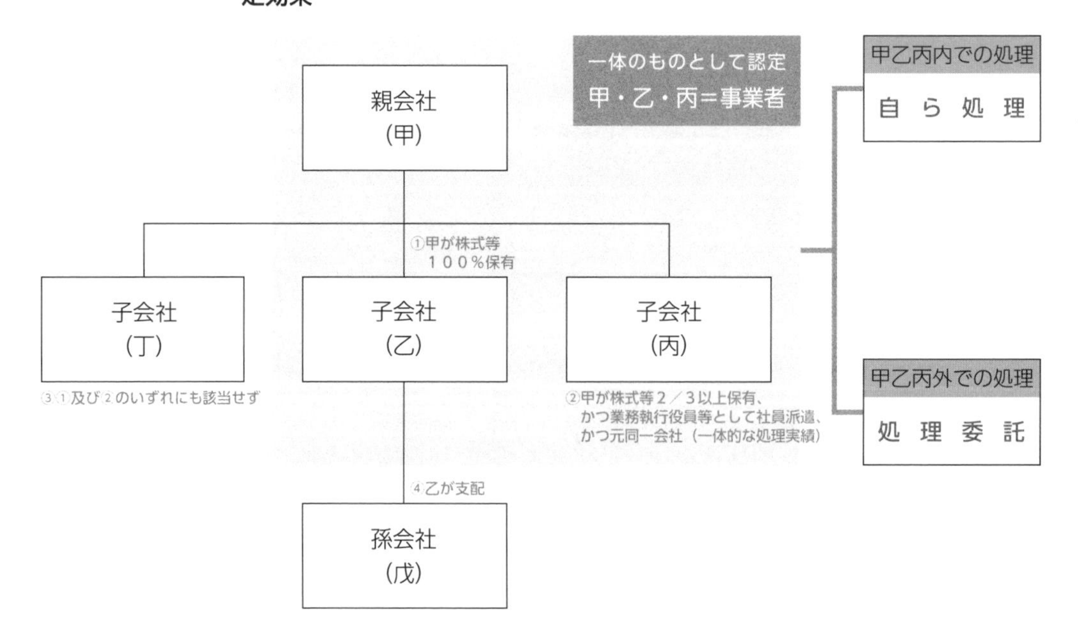

以上の考え方はマニフェストの交付についても同様であり、その事業者欄にこれらの企業群全社又は認定を受けた企業群である旨を明記することとされています（産業廃棄物処理業者からマニフェストの写しの送付を受けることについては、「①便宜的に親会社又は当該認定に基づき実際に処理を行う企業が代表者となること」、「②親会社又は当該認定に基づき実際に処理を行う企業がマニフェストの写し（複写原本）を保存し、他の企業群はその写しをそれぞれ保存すること」とされています）。また電子マニフェスト（電子情報処理組織）の使用にあたっては、認定を受けた企業群として新たに共同アカウントを取得し、その運用は親会社又は当該認定に基づき実際に処理を行う企業が責任を持って行うこと等とされています。

2 親会社と孫会社の関係に係る一体的な経営の基準の適合性について、議決権保有割合の要件を満たしていないことから不可能です。

参考

法第１１条第１項
法第１２条第５項
法第１２条第６項→令第６条の２第４号
法第１２条の２第５項
法第１２条の２第６項→令第６条の６第２号
法第１２条の３
法第１２条の５
法第１２条の７
法第１２条の７第１項第１号→則第８条の３８の２
中環審第９４２号（平成２９年2月１４日）
環循適発第１８０３３０１０号・環循規発第１８０３３０１０号（平成３０年3月３０日）
環循規発第１８０３３０２２号（平成３０年3月３０日）
環循規発第１８０３３０２８号（平成３０年3月３０日）
環循規発第１９０３０５３号（平成３１年3月5日）
環循規発第２００２１４２号（令和２年2月１４日）
環循規発第２００３３０１号（令和２年3月３０日）
環循規発第２１０１２２１号（令和３年1月２２日）
事務連絡（令和３年1月5日）

Q067 法人格の有無等を踏まえた事業者の特定

★☆☆

1 一の工事現場に複数の元請業者がＪＶ（共同企業体）を構成して入り、建設工事を行うことになりました。この場合、建設廃棄物の事業者にはＪＶが該当しますか？

2 会社を解散し、目下、清算中なのですが、この事務に伴って生じた産業廃棄物の処理責任も自社にあるのですか？

3 ＰＣＢ廃棄物の保管事業者（株式会社）から破産宣告を受け、これを保管している建物が破産財団から放棄された上、競売により競落人に引き渡される見込みです。

一方、ＰＣＢ廃棄物の処分にあたって破産管財人からそのような義務は当人にない旨の主張があり、都道府県等による引取りが文書で要求されています（資料4-8）。

以上の場合、ＰＣＢ廃棄物の処理責任を負うのはどちらになるのでしょうか？

A

1 ＪＶは法人格を有さず、それ自体を事業者と認められないことから、その構成員のうち代表者が該当することとされています。

2 あります。清算法人（解散後の清算のみを目的とする法人）でも一定の権利能力を有することから事業者となりえ、したがって、産業廃棄物を排出したというのであれば、当然に処理責任を負うことになります。

3 破産管財人ではなく、また都道府県等でもなく、引き続き破産法人（ＰＣＢ廃棄物

資料4-8　ＰＣＢ廃棄物についてのご連絡とお願い

当職は横浜地方裁判■■■平成■年（フ）第■■号事件で破産宣告を受けた■■株式会社（■■■所在）の破産管財人です。同社の■■所在の冷蔵倉庫にはＰＣＢ廃棄物があります（所管は■■■地区行政センター）。同倉庫については、破産財団からも放棄されて、現在競売にかけられておりいずれ競落人の手に渡ると思われます。

ところで、このＰＣＢ廃棄物は法律の解釈上当職には管理権はないものと思われます。破産管財人が管理処分権（破産法７条）を持つ破産財団は、破産者が破産宣告時に有する一切の財産とされており（同法６条１項）、破産法の解説書では一般に、破産財団を構成する財産は、破産者に属する金銭的価値のある物および権利で、差し押さえが可能なものと説明されているところ、ＰＣＢ廃棄物は法律上譲渡も利用も出来ず、金銭的な価値は皆無で明らかに財物性がないからです（そこで、当職は届出をしていません）。もし、当職がＰＣＢ廃棄物の保管処理費用を財団から支出したならば、その分、債権者の配当が少なくなり、債権者を害する違法な行為をしたと言うことで損害賠償請求を受けかねません。

一方、譲渡が出来ないことから、競落人に責任を負わすことも出来ません。とすると、事実上管理責任を負う者が居なくなってしまうのです。

法の不備と言うしかありませんが、かといって道義上このまま放置してよい問題でもありません。

そこで、神奈川県において、このＰＣＢ廃棄物を引き取っていただくようお願いいたします。

なお、この件については当職を監督する裁判所より、神奈川県に引き取ってもらうように交渉せよとの指示を受けており、貴県から回答をくださいますようお願いもうしあげます。

平成１４年9月6日

神奈川県環境農政部廃棄物対策課宛

の保管事業者）が処理責任を負うことになります。確かに株式会社は破産を原因として解散となりますが、「破産法」により破産の目的の範囲内においてなお存続するものと見なされます。

参考

法第１１条第１項
法第２１条の３第１項
環整第１２８号・環産第４２号（昭和５４年１１月２６日・平成１２年１２月２８日廃止）
環廃産発第２８６号（平成１３年６月７日・平成２３年３月２３日廃止）
環廃産第１１号（平成１４年1月１０日）
環廃産第１２号（平成１４年1月１０日）
環廃産第７４９－２号（平成１４年１２月１２日）
環廃対発第０４０４０１００８号・環廃産発第０４０４０１００５号（平成１６年4月1日）
環廃産発第０４０４０１００６号（平成１６年4月1日）
環廃産発第１６０８０１２号（平成２８年8月1日）
環廃産発第１６０８０１３号（平成２８年8月1日）
環循規発第１８０３３０２８号（平成３０年3月３０日）
環循施発第１８０８２９１号（平成３０年8月２９日）
環循規発第１８１１２９２号・環循施発第１８１１２９１号（平成３０年１１月２９日）
環循規発第１９０２２６３号・環循施発第１９０２２６１号（平成３１年2月２６日）
環循施発第２００９２５１号（令和２年9月２５日）
事務連絡（平成２８年１２月２２日）
事務連絡（令和２年４月２日）
事務連絡（令和２年４月６日）
事務連絡（令和２年４月１５日）
事務連絡（令和２年9月２５日）

Q068 集荷場所が提供される産業廃棄物の事業者とマニフェストの交付

★★★

ビル管理業務の一環として、ビル管理者が各々のテナントによって排出された産業廃棄物の集荷場所を建物敷地内に提供しています。業務の内容上、集荷場所で実際にそれらの産業廃棄物を管理し、産業廃棄物処理業者へ引き渡しているのはビル管理者です。

この場合、各々のテナントがマニフェストを交付しなければならないことは承知しているのですが、通常、集荷場所にテナントの従業員がいないことから、ビル管理者が事業者となって、それらの産業廃棄物に対しマニフェストを一括して交付しようと考えています。問題でしょうか？

A

この場合でも産業廃棄物の処理責任は各々のテナントにあり、ビル管理者が事業者になることは認められません。確かに、事業者の名義によるマニフェストの交付業務を集荷場所の提供者（以下、「土地提供者」といいます）が代行することは一般にマニフェスト交付義務違反にならないこととされていますが､あくまでそれは「代行」であって、土地提供者が事業者となって自らの名義によるマニフェストの交付を行うことを無条件に認めるものでありません。

ただし集荷場所を事業者に提供している実態があり、産業廃棄物が適正に回収・処理されるシステムが確立しているケースにおいては、事業者の依頼を受けて、土地提供者が自らの名義によるマニフェストの交付を行ってよいこととされています（交付後の写しの送付受け・写しの保存・交付等状況報告・措置内容等報告といった運用等も土地提供者が行うこととなります)。具体的には、次のケースが例として示されています。

- ▶農業協同組合、農業用廃プラスチック類の適正な処理の確保を目的とした協議会又はそれを構成する市町村が農業者によって排出された産業廃棄物の「廃プラスチック類」の集荷場所を提供するケース
- ▶ビル管理者等がビル賃借人の産業廃棄物の集荷場所を提供するケース（資料4-9)
- ▶自動車ディーラーが顧客である事業者の使用済自動車の集荷場所を提供するケース

以上の考え方はマニフェストの交付に限るものであり、処理委託の契約については原則どおり事業者が自らの名義により締結しなければならないので注意してください。一方、委任状（資料4-10）の交付により、事業者が契約の締結権限のみを事業者団体等に委任することは問題ないこととされています。

なお下請業者を事業者と見なすことにより建設廃棄物の「自ら運搬」を行う場合、マニフェストの交付は元請業者の名義によるものでなければなりませんが、元請業者が下請業者を経由してそれを行うにあたり、下請業者にＢ２票の送付義務やＣ２票の保存義務はありません。この場合の下請業者は事業者と見なされているため、運搬受託者に該

資料4-9　ビル管理者等がビル賃借人の産業廃棄物の集荷場所を提供するケースにおけるマニフェストの交付例

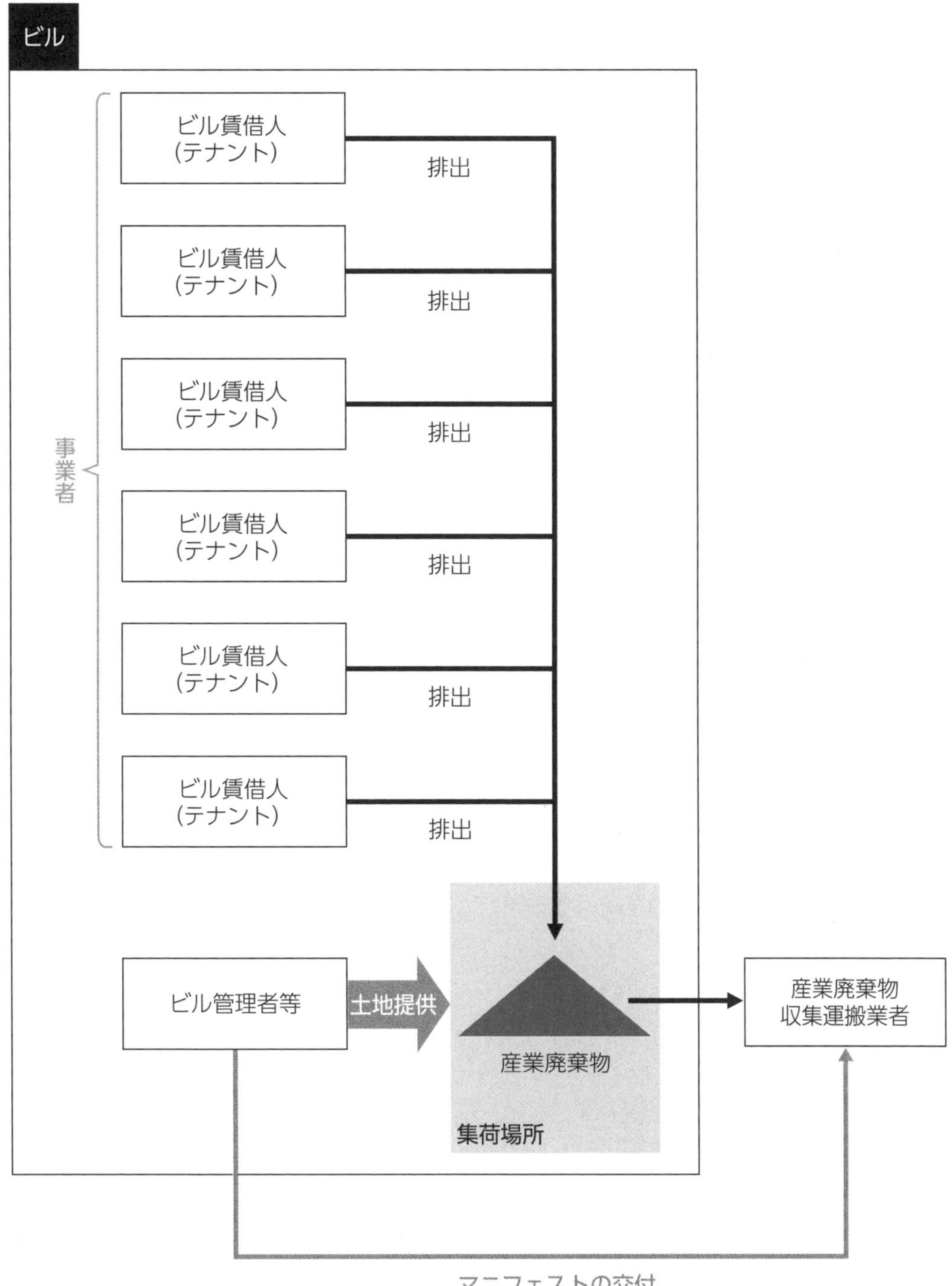

当しないからです。したがって、マニフェストの運搬受託者欄や運搬の受託欄に下請業者の氏名又は名称等を記載する必要はありません。ただし交付担当者欄については、交付を担当した下請業者の運転手等の氏名を記載する必要があります。

資料4-10 事業者が契約の締結権限のみを事業者団体等に委任するための委任状様式例

委任状

年　　月　　日

【委任者】
（住　所）
（氏　名）　　　　　　　　　　印

私は次の「　　　　　」を代理人と定め、下記の事項を委任します。
ただし、私は本契約の件を貴団体に委任したことによって、上記産業廃棄物についての事業者としての法令上の責任が貴団体に移転するものではなく、依然として私に帰属していることを承知しておりますことを、申し添えます。

【代理人】
（住　所）
（氏　名）

記

1．私の事業場から発生する産業廃棄物の収集運搬について、産業廃棄物収集運搬業者（又は特別管理産業廃棄物収集運搬業者）である「　　　　　」に委託する契約を締結する事務。

2．私の事務場から発生する産業廃棄物の処分について、産業廃棄物処分業者（又は特別管理産業廃棄物処分業者）である「　　　　　」に委託する契約を締結する事務。

【事業場】
（名　称）
（所在地）

【委託する産業廃棄物の予定数量】
（産業廃棄物の種類A）　　t ・ m^3
（産業廃棄物の種類B）　　t ・ m^3
（産業廃棄物の種類C）　　t ・ m^3

以上

※処理委託の契約に係る当事者は事業者（委任者）と産業廃棄物処理業者である必要があり、産業廃棄物処理委託契約書の委託者には事業者を記載する必要がある。その記載にあたっては、通常、複数の事業者が存在することから、「別紙のとおり」とし、事業者一覧（事業者ごとの事業場及び委託する産業廃棄物の予定数量を示したもの）を別途作成する。
※上記委任状にしたがって、契約の締結権限のみを委任された事業者団体等（代理人）が処理委託の契約を締結する事務を代行する（産業廃棄物処理委託契約書には事業者団体等と産業廃棄物処理業者がそれぞれ記名・押印する）。

参考

法第１１条第１項
法第１２条の３
法第２１条の３第３項→則第１８条の２
衛産第３６号（平成５年３月３１日・平成１２年１２月２８日廃止）
衛産第２０号（平成６年２月１７日・平成１２年１２月２８日廃止）
環廃対発第１１０２０４００４号・環廃産発第１１０２０４００１号（平成２３年２月４日）
環廃対発第１１０２０４００５号・環廃産発第１１０２０４００２号（平成２３年２月４日）
環廃産発第１１０３１７００１号（平成２３年３月１７日）
環廃産第１１０３２９００４号（平成２３年３月３０日）
環廃産発第１６０３３１８号（平成２８年３月３１日）
事務連絡（平成２２年５月２０日）

★★★

Q 069 自ら処理の運用例

1 **事業者によって排出された産業廃棄物を収集運搬するにあたり、特殊な種類・性状等なので、その許可を受けていません。事業者から「車両に自社側の従業員を同乗させるので問題はない」という説明があったのですが、本当ですか？**

2 **事業者の敷地が広大なため、そこで生じた産業廃棄物を構内の指定された場所に車両で運ぶよう指示されました（場外への搬出や場外からの搬入等、公道を含む範囲での収集運搬は一切行いません）。この場合、「二以上の事業者による産業廃棄物の処理に係る特例」にしたがって都道府県知事等から認定は受けていないケースであっても、構内で行う産業廃棄物の収集運搬を事業者による「自ら運搬」と見なしてよいでしょうか？**

3 **事業者と直接の雇用関係にない者が事業者によって排出された産業廃棄物を処理する業務に直接従事する場合、この業務従事者による処理を事業者による「自ら処理」と見なすことは可能でしょうか？**

A

1 車両に同乗した事業者側の従業員が運転手と車両の双方を支配・管理していることから事業者による「自ら運搬」と解釈されている例が散見されますが、これを明確に肯定する根拠はないようです。

2 事業者の構内でしか産業廃棄物を収集運搬しない場合でも、他人が排出した産業廃棄物の収集運搬を業として行う以上、これを事業者による「自ら運搬」とは認められず、したがって産業廃棄物収集運搬業（又は特別管理産業廃棄物収集運搬業）の許可を受けなければならないこととされています。

一方、この場合に使用される車両が「主に道路において運行の用に供される自動車」に該当しないことから、その収集運搬において、産業廃棄物処理基準（又は特別管理産業廃棄物処理基準）にしたがって当該車両に産業廃棄物の運搬車である旨を表示し、及び産業廃棄物収集運搬業許可証（又は特別管理産業廃棄物収集運搬業許可証）の写し等を備えつける必要はないこととされています（鉄道車両による収集運搬等についても同様です）。

3 次の点を全て満たす場合は、事業者による「自ら処理」と見なすことが可能です。

▶事業者が産業廃棄物の処理について自ら総合的に企画、調整及び指導を行っていること

▶処理の用に供する施設の使用権原及び維持管理の責任が事業者にあること（産業廃棄物処理施設については、事業者が設置の許可を受けていること）

▶事業者が業務従事者に対して個別の指揮監督権を有し、雇用者（業務従事者を雇

用する者）との間で業務従事者が従事する業務の内容を明確かつ詳細に取り決めること（これにより事業者が産業廃棄物の適正処理に支障をきたすと認める場合は、業務従事者の変更を行うことができること）

▶事業者と雇用者の間で、いわゆる「事業者の処理責任」が事業者に帰することが明確にされていること

▶上記３点目と４点目について、事業者と雇用者の間で労働者派遣契約等の契約を書面にて締結することにより明確にされていること

また事業の範囲として、事業者の構内又は建物内で行われる場合等、事業者による個別の指揮監督権が確実に及ぶ範囲で行われる必要があります。

参考

法第１２条の７
法第１４条第１項
法第１４条第６項
法第１４条第１２項→令第６条第１項第１号イ→則第７条の２の２第４項→則第７条の２第３項第３号
法第１４条第１２項→令第６条第１項第１号イ→則第７条の２の２第４項→則第７条の２第３項第４号
法第１４条第１２項→令第６条第１項第１号イ→則第７条の２の２第４項→則第７条の２第３項第５号
法第１４条の４第１項
法第１４条の４第６項
法第１４条の４第１２項→令第６条の５第１項第１号→則第８条の５の４
衛産第３６号（平成５年3月３１日・平成１２年１２月２８日廃止）
環廃対発第０５０２１８００３号・環廃産発第０５０２１８００１号（平成１７年2月１８日）
環廃産発第０５０３２５００２号（平成１７年3月２５日）
環循適発第１８０３３０１０号・環循規発第１８０３３０１０号（平成３０年3月３０日）
事務連絡（平成１４年1月9日）
大阪地判（昭和５４年7月３１日）

Q070 埋設廃棄物の事業者

★★☆

駐車場跡地でマンション建設を受注し、これに係る建設工事を行っていたところ、土中から老朽化した資材やその破片らしきものが土砂に混じって出てきました。このような埋設廃棄物の処理責任も元請業者にあるのですか？

A

元請業者ではなく、マンション建設の発注者に処理責任があります。埋設廃棄物は、マンション建設が行われる前から既に不要なもの（投棄禁止違反の対象となるものに限りません）として土中に発生していたのであり、これに係る建設工事に伴って生じたわけでないことから、その事業者に元請業者は該当しません。

なお、一先ず掘り起こした埋設廃棄物を工事現場内の土中に埋め戻す行為は、それが発注者の所有権又は賃借権を有する土地（私有地等）で行われるものであるか否かにかかわらず、「廃棄物の埋立処分」すなわち投棄禁止違反になります。また、工事現場の敷地面積が３０００m^2以上の場合その他において、発注者は「土壌汚染対策法」の規定に基づき届出をしなければならず、当該駐車場跡地の土壌の特定有害物質による汚染の状況について調査（「土壌汚染状況調査」といいます）を求められる可能性もあるので注意してください。

参考

法第３条第１項
法第２１条の３第１項
法第２５条第１項第１４号
環整第１２８号・環産第４２号（昭和５４年１１月２６日・平成１２年１２月２８日廃止）
環産第３号（昭和５５年1月３０日・平成１２年１２月２８日廃止）
環産第２１号（昭和５７年6月１４日・平成１２年１２月２８日廃止）
衛環第２３２号（平成４年8月１３日）
衛環第２５０号（平成9年9月３０日）
環廃対発第０５０２１８００３号・環廃産発第０５０２１８００１号（平成１７年2月１８日）
環廃産発第１０１２２２００１号（平成２２年１２月２２日）
環廃対発第１１０２０４００４号・環廃産発第１１０２０４００１号（平成２３年2月4日）
環廃対発第１１０２０４００５号・環廃産発第１１０２０４００２号（平成２３年2月4日）
環廃産第１１０３２９００４号（平成２３年3月３０日）
環廃産発第１７０６２０１号（平成２９年6月２０日）
環循規発第１８０３３０２８号（平成３０年3月３０日）
環水大土発第１９０３０１５号（平成３１年3月1日）
環水大土発第１９０３０１６号（平成３１年3月1日）
環水大土発第１９０３０１７号（平成３１年3月1日）
環水大土発第１９０３０１８号（平成３１年3月1日）
環水大土発第１９０３０１９号（平成３１年3月1日）
環水大土発第１９１２０５１号（令和1年１２月5日）
環循規発第２００３３０１号（令和２年3月３０日）
事務連絡（平成２２年5月２０日）
事務連絡（平成２６年１０月２３日）
東京高判（平成１５年5月２９日）
福島地裁会津若松支判（平成１６年2月2日）
名古屋地判（平成１７年8月２６日）
東京地判（平成１９年7月２３日）
東京地判（平成２５年3月２８日）
東京地判（平成２６年１１月１７日）
東京地判（平成２８年4月２８日）
大阪地判（平成３０年2月２６日）
東京高判（平成３０年6月２８日）

Q071 最終処分場の掘削工事に伴って生じた産業廃棄物の事業者

★☆☆

最終処分場の閉鎖後、（都道府県等に土地の形質の変更を届け出た上で）最終処分業者がその掘削工事を行う予定です。この場合、掘削工事に伴って生じた産業廃棄物の事業者には、埋立処分前の産業廃棄物を処理委託した事業者が該当しますか？

埋立処分前の産業廃棄物を処理委託した事業者ではなく、掘削工事を行う最終処分業者が該当します。いわゆる「事業者の処理責任」は、通常、埋立処分前の産業廃棄物の最終処分が終了した時点で終わっています。したがって、最終処分場の閉鎖後、最終処分業者によって行われる掘削工事は事業者による事業活動と何ら関係のないものであり、それに伴って生じた産業廃棄物は最終処分業者によって排出された一次産業廃棄物になります。

なお、最終処分場の閉鎖前に、その延命化を図る目的で最終処分業者がこれまで埋立処分してきた産業廃棄物を掘り起こし、他の産業廃棄物処理業者に処理委託することについて、最終処分場から掘り起こされた産業廃棄物は「受託した処理（埋立処分）が終了していない産業廃棄物」として取り扱われることになるため、仮に委託者（事業者）から書面による承諾等を受けていないものであれば再委託禁止違反になるので注意してください。一方、この場合の委託者が（事業者でなく）中間処理業者であるケースにおいては、たとえ最終処分業者に対し書面による承諾等を行うものであっても再委託禁止違反になります（中間処理産業廃棄物に係る最終処分の再委託は基本的に認められていません）。

参考

法第１１条第１項
法第１２条第７項
法第１２条の２第７項
法第１４条第１６項→令第６条の１２／則第１０条の７
法第１４条の４第１６項→令第６条の１５／則第１０条の１９
法第１５条の２の６第３項→総理府・厚生省令第１号（昭和５２年３月１４日）
法第１５条の１７
法第１５条の１８
法第１５条の１９
法第２６条第１号
環計第３６号（昭和５２年３月２６日）
環計第３７号（昭和５２年３月２６日）
環整第１２８号・環産第４２号（昭和５４年１１月２６日・平成１２年１２月２８日廃止）
環産第２１号（昭和５７年６月１４日・平成１２年１２月２８日廃止）
環水企第３１０号・衛環第１８３号（平成１年１１月３０日）
環水企第３１１号（平成１年１１月３０日）
衛環第３７号（平成１０年５月７日）
環水企第３００号・生衛発第１１４８号（平成１０年７月１６日）
環水企第３０１号・衛環第６３号（平成１０年７月１６日）
衛環第７８号（平成１２年９月２８日）

環廃対発第０５０４０１００２号・環廃産発第０５０４０１００３号（平成１７年4月1日）
環廃対発第０５０６０６００１号・環廃産発第０５０６０６００１号（平成１７年6月6日）
環廃対発第０５０９３０００４号・環廃産発第０５０９３０００５号（平成１７年9月３０日）
環廃対発第１１０２０４００５号・環廃産発第１１０２０４００２号（平成２３年2月4日）
環廃産発第１２０３３０００２号（平成２４年3月３０日）
中環審第９４２号（平成２９年2月１４日）
環循規発第２００４１７１号（令和２年4月１７日）
事務連絡（令和２年1月9日）

Q072 船内廃棄物の事業者と国外廃棄物の事業者

船内廃棄物（事業活動に供する船舶から排出される廃棄物）を陸揚げして処理するのですが、この場合、事業者には船舶所有者が該当しますか？

船舶所有者ではなく、また船員でもなく、通常船舶運航業者が該当します。船内廃棄物は陸揚げされるまで「海洋汚染防止法」が優先適用されること（資料4-11）から法の適用を受けないのですが、たとえ海上で他の船舶（廃棄物運搬船等）へ引き渡された後に陸揚げされるケースでも、最初に船内廃棄物を排出した通常船舶運航業者が事業者に該当するので注意してください。

なお国外廃棄物については、それを輸入した者が（たとえ国外で当該国外廃棄物を排

資料4-11　船内廃棄物に係る海洋汚染防止法及び廃棄物処理法の適用範囲

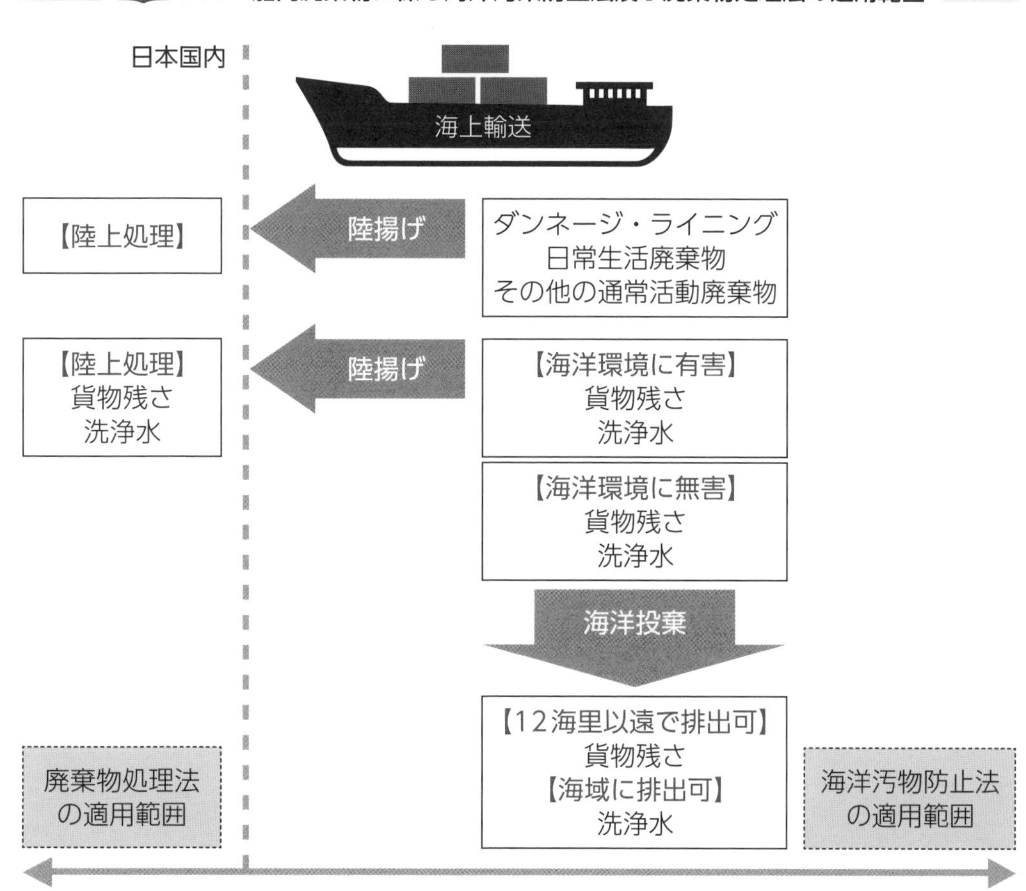

「港湾における船内廃棄物の受入に関するガイドライン（案）Ｖｅｒ．１．１」（平成２４年１２月）

出した者でない場合でも）事業者と見なされます。

参考

法第１５条の４の６
環整第４５号（昭和４６年１０月２５日）
衛産第６２号（昭和６１年１２月２５日）
運環第６６号（昭和６３年9月２６日）
衛環第１４６号（昭和６３年１１月１４日）
衛環第２３２号（平成４年8月１３日）
衛環第４０号（平成６年２月2日）
衛環第４１号（平成６年２月2日）
衛環第３７号（平成１０年5月7日）
環廃対発第０７０３３００１８号・環廃産発第０７０３３０００３号・環地保発第０７０３３０００６号（平成１９年3月３０日）
環廃対発第１１０２０４００４号・環廃産発第１１０２０４００１号（平成２３年2月4日）
環廃対発第１１０２０４００５号・環廃産発第１１０２０４００２号（平成２３年2月4日）
環廃対発第１２１２２６３００号・環廃産発第１２１２２６３００号（平成２４年１２月２６日）

Q073　事業場内外での自ら保管

★★★

1　産業廃棄物の「自ら保管」にあたり金網フェンスで周囲に囲いを設けているのですが、これで問題ないでしょうか？

2　建設工事現場や工場内に脱着式コンテナ・バッカン等を設置し、そこで発生する産業廃棄物が投入されている光景をよく見るのですが、あれは産業廃棄物の「自ら保管」になると思います。

　にもかかわらず、ほとんどの場合、脱着式コンテナ・バッカン等の周囲に囲いが設けられていることもなければ、法令で規定される掲示板が設置されていることもありません。これは産業廃棄物保管基準違反（又は特別管理産業廃棄物保管基準違反）にならないのですか？

3　産業廃棄物の「自ら保管」に伴い汚水が生ずるおそれがある場合、これによる公共の水域や地下水の汚染を防止するために必要な排水溝その他の設備を設け、底面を不浸透性の材料で覆わなければならないこととされていますが、ここでいう汚水とは、具体的に何を指すのですか？

4　「発生場所以外の場所で建設工事に伴い生ずる産業廃棄物の保管を事業者（元請業者）が行う場合、都道府県等に届け出なければならない」と聞きました。敷地の片隅に少量の産業廃棄物を保管しておくだけなのですが、それでも届出は必要でしょうか？

5　積替えのための保管上限が原則として１日あたりの平均的な搬出量の７日分であることは承知しているのですが、では、どのようにして「１日あたりの平均的な搬出量」を確定するのですか？

A

1　産業廃棄物の荷重が直接囲いにかかる構造である場合、風圧力、地震力等のほか、その荷重に対して構造耐力上安全であり、変形や損壊のおそれがないものでなければなりません（変形や損壊が見られる囲いでは、産業廃棄物保管基準又は特別管理産業廃棄物保管基準に適合していないと見なされるので注意してください）。金網フェンスによる囲いに問題があるか否かは、この点を踏まえた上での判断となります。たとえば「消防法」で規定される危険物が産業廃棄物となったものを危険物施設において貯蔵し、又は取り扱う場合、同法の規定を満たす危険物施設の外壁又はこれに相当する工作物があれば、産業廃棄物保管基準（又は特別管理産業廃棄物保管基準）に適合する囲いが設けられていると判断できます。

なお囲いの設置にあたっては、これが保管の場所の「周囲」とされていることから、いわゆる「コの字囲い（三方囲い）」等ではなく、「四方囲い」とする必要があります。

2 脱着式コンテナ・バッカン等に産業廃棄物が投入された後も、引き続き、事業活動が行われ、以降も産業廃棄物が発生する（産業廃棄物が発生し続けている中途である）というのであれば、その保管にまで至っていないことから産業廃棄物保管基準違反（又は特別管理産業廃棄物保管基準違反）にならないと解釈されている例が散見されますが、これを明確に肯定する根拠はないようです。

3 産業廃棄物の保有水や産業廃棄物と接した雨水等であって、生活環境保全上の支障が生ずるおそれがあるものをいいます。この場合、底面を覆わなければならないこととされている不浸透性の材料について、産業廃棄物の自重や出入する車両の荷重等により破損等が生じないものとする必要があります。同様に変形・腐食・損壊のおそれがある容器を使用することも認められず、当該容器の使用に対しては産業廃棄物保管基準（又は特別管理産業廃棄物保管基準）に基づく「その他必要な措置」が講じられていないと判断されます。

なお「①安定型産業廃棄物のみを保管する場合」及び「②腐食・漏出しない容器において保管する場合」は、「･･･汚水が生ずるおそれがある場合」に含まれません。

4 「保管の用に供される場所」の面積が３００m^{2}以上の場合は必要です。ただし、ここでいう保管の用に供される場所（「①産業廃棄物処理業の許可に基づき保管できる場所」、「②産業廃棄物処理施設設置の許可に基づき保管できる場所」、「③二以上の事業者による産業廃棄物の処理に係る特例（認定）に基づき保管できる場所」、「④ＰＣＢ廃棄物処理特別措置法に基づく届出により保管する場所」を除きます）とは、建設工事に伴い生ずる産業廃棄物を保管するために実際に使用される部分のみをい

資料5-1　保管の用に供される場所の範囲

うのであって、そこを含む事業場（敷地）の全部をいうわけではありません（資料5-1）。したがって、その面積が明らかになるよう区画しておく必要がありますが、この場合、ロープで囲う程度では認められないケースがあるので注意してください。一方、産業廃棄物の発生場所と空間的に一体のものと見なすことができる場所やこれと同等の場所は「建設工事現場の外」でないことから、これらの面積が３００m^2以上であっても届出の対象となりません。

なお発生場所以外の場所で産業廃棄物の「自ら保管」を行う場合、産業廃棄物保管基準（又は特別管理産業廃棄物保管基準）ではなく、産業廃棄物処理基準（又は特別管理産業廃棄物処理基準）に基づく「①収集運搬にあたっての積替えのための保管」又は「②処分にあたっての保管」に係る規定等が適用されることから、別途、それぞれの保管上限も遵守しなければならないので注意してください。

5 次のとおり計算してえられる数量とされています。

$$\frac{\text{前月の産業廃棄物の総搬出量（毎月末までに帳簿に記載する保管の場所ごとの前月中の搬出量）}}{\text{前月の総日数}}$$

なお「前月の産業廃棄物の総搬出量」について、複数の産業廃棄物を取り扱う保管の場所にあっては、これらの産業廃棄物の前月の総搬出量の合計量とすることとされています。

参考

法第１２条第１項→令第６条第１項第１号ホ→則第７条の４
法第１２条第１項→令第６条第１項第１号ヘ
法第１２条第１項→令第６条第１項第２号ロ
法第１２条第１項→令第６条第１項第２号ニ（1）
法第１２条第２項→則第８条
法第１２条第２項→則第８条第１号イ
法第１２条第２項→則第８条第２号イ
法第１２条第２項→則第８条第２号ハ
法第１２条第３項→則第８条の２／則第８条の２の２
法第１２条の２第１項→令第６条の５第１項第１号ハ
法第１２条の２第１項→令第６条の５第１項第１号ニ→則第８条の１０の３
法第１２条の２第１項→令第６条の５第１項第２号リ
法第１２条の２第２項→則第８条の１３
法第１２条の２第２項→則第８条の１３第１号イ
法第１２条の２第２項→則第８条の１３第２号イ
法第１２条の２第２項→則第８条の１３第２号ハ
法第１２条の２第３項→則第８条の１３の２／則第８条の１３の３
衛環第２３３号（平成４年8月１３日）
衛環第３７号（平成１０年5月7日）
生衛発第７８０号（平成１０年5月7日）
衛環第７８号（平成１２年9月２８日）
環廃対発第０３１１２８００３号・環廃産発第０３１１２８００７号（平成１５年１１月２８日）
環廃対発第０３１２２６００５号・環廃産発第０３１２２６００４号（平成１５年１２月２６日）
環廃対発第１１０２０４００４号・環廃産発第１１０２０４００１号（平成２３年2月4日）
環廃対発第１１０２０４００５号・環廃産発第１１０２０４００２号（平成２３年2月4日）
環循適発第１８０３３０１０号・環循規発第１８０３３０１０号（平成３０年3月３０日）
環循規発第１８１１２９２号・環循施発第１８１１２９１号（平成３０年１１月２９日）
環循規発第１９０９０５１３号（令和１年9月5日）
環循適発第２００５０１３号・環循規発第２００５０１１号（令和2年5月1日）
環循適発第２００５１５２号・環循規発第２００５１５１号（令和2年5月１５日）
事務連絡（平成１４年2月１４日）

Q074 事業系一般廃棄物の自ら処理

事業者が産業廃棄物の「自ら処理」を行う場合に産業廃棄物処理基準（又は特別管理産業廃棄物処理基準）が適用されるのと同様、事業系一般廃棄物の「自ら処理」を行う場合に一般廃棄物処理基準（又は特別管理一般廃棄物処理基準）が適用されますか？

A

適用されません。ただし、（それにより生活環境の保全上支障が生じ、又は生ずるおそれがあると認められる場合は）措置命令の対象となることとされています。

なお、事業者が産業廃棄物の「自ら保管」を行う場合に産業廃棄物保管基準（又は特別管理産業廃棄物保管基準）が適用されますが、事業系一般廃棄物の「自ら保管」を行うにあたり、法令では、これに適用するべき一般廃棄物保管基準（又は特別管理一般廃棄物保管基準）が規定されていないことに注意してください。

参考

法第６条の２第２項→令第３条
法第６条の２第３項→令第４条の２
法第７条第１３項→令第３条／令第４条の２
法第１２条第１項→令第６条
法第１２条第２項→則第８条
法第１２条の２第１項→令第６条の５
法第１２条の２第２項→則第８条の１３
法第１９条の４第１項
衛環第２４５号（平成４年8月３１日・平成１２年１２月２８日廃止）

Q075 産業廃棄物処理施設を使用した自ら処分

★★☆

1 工場内で一定の生産工程を形成する装置の一部として産業廃棄物の「汚泥」の脱水施設を組み込もうと考えているのですが、処理能力を確認したところ、産業廃棄物処理施設（資料5-2）に該当します。この場合、設置の許可を受けなければなりませんか？

2 産業廃棄物の「廃酸」（又は「廃アルカリ」）の中和施設を設置するのですが、中和槽を設けることは考えていません。そのような構造を有するものであっても、産業廃棄物処理施設に該当する可能性はあるでしょうか？

3 薬剤を投入して発熱反応により水分を除去する施設を設置し、産業廃棄物の「汚泥」の「自ら処分」を行おうと考えています。この施設であれば、処理能力・火格子面積の如何にかかわらず、産業廃棄物処理施設として該当する種類がないように思うのですが、設置の許可を受けることも視野に入れて検討する必要があるでしょうか？

4 産業廃棄物の「廃プラスチック類」の「自ら処分」を行うため、焼却施設を２基設置する予定です。処理能力を合算すると産業廃棄物処理施設に該当しますが、これらは独立した施設であり、各々では規定の処理能力・火格子面積に達しないことから設置の許可を受ける必要はないと考えています。問題でしょうか？

5 溶融施設を設置して石綿含有産業廃棄物の「自ら処分」を行おうと考えているのですが、他の産業廃棄物と混合してこれを行う予定であることから、結果的に一部が燃焼に至ってしまうことを確認しています。この場合、産業廃棄物処理施設に係る規定の処理能力・火格子面積に達するものであれば、（石綿含有産業廃棄物の溶融施設としての設置の許可に加え）別途、各産業廃棄物の焼却施設としての設置の許可を受けなければなりませんか？

6 5 の施設について、これに係る構造基準にしたがって石綿含有産業廃棄物等を前処理するための破砕設備を付設することも考えているのですが、それ単体の処理能力を確認したところ、産業廃棄物処理施設（産業廃棄物の「廃プラスチック類」や「木くず」又は「がれき類」の破砕施設）に該当します。この場合、当該破砕設備についても設置の許可を受けなければなりませんか？

7 建設工事の都度、現場に移動式の破砕施設を持ち込んで産業廃棄物の「がれき類」の「自ら処分」を行おうと考えているのですが、処理能力を確認したところ、産業廃棄物処理施設に該当します。現場が広域に点在するので、事実上、各都道府県知事等から設置の許可を受けることは不可能と思われるのですが、産業廃棄物処理施設に該当する以上、やはり受けなければなりませんか（産業廃棄物処分業の許可を受ける必要がないことは承知しています）？

資料5-2　産業廃棄物処理施設

種類	産業廃棄物	処理能力等
脱水施設	汚泥	１０m^3／日を超えるもの
乾燥施設	汚泥	１０m^3／日を超えるもの ※天日乾燥施設　１００m^3／日を超えるもの
焼却施設 ※海洋汚染防止法に基づく廃油処理施設を除く	汚泥 ※ＰＣＢ汚染物、ＰＣＢ処理物を除く	次のいずれかに該当するもの ●５m^3／日を超えるもの ●２００ｋｇ／時以上のもの ●火格子面積２m^2以上のもの
	廃油 ※廃ＰＣＢ等を除く	次のいずれかに該当するもの ●１m^3／日を超えるもの ●２００ｋｇ／時以上のもの ●火格子面積２m^2以上のもの
	廃プラスチック類 ※ＰＣＢ汚染物、ＰＣＢ処理物を除く	次のいずれかに該当するもの ●１００ｋｇ／時を超えるもの ●火格子面積２m^2以上のもの
	廃ＰＣＢ等 ＰＣＢ汚染物 ＰＣＢ処理物	制約なし
	その他	次のいずれかに該当するもの ●２００ｋｇ／時以上のもの ●火格子面積２m^2以上のもの
油水分離施設 ※海洋汚染防止法に基づく廃油処理施設を除く	廃油	１０m^3／日を超えるもの
中和施設 ※中和槽を有するものであって、放流を目的とする一般の排水処理に係る中和施設を除く	廃酸 廃アルカリ	５０m^3／日を超えるもの
破砕施設	廃プラスチック類	５ｔ／日を超えるもの
	木くず がれき類	５ｔ／日を超えるもの
コンクリート固型化施設	金属等又はダイオキシン類を含む汚泥	制約なし
ばい焼施設	水銀又はその化合物を含む汚泥	制約なし
硫化施設	廃水銀等	制約なし
分解施設	汚泥、廃酸又は廃アルカリに含まれるシアン化合物	制約なし
	廃ＰＣＢ等 ※ＰＣＢ汚染物に塗布され、染み込み、付着し、又は封入されたＰＣＢを含む ＰＣＢ処理物	制約なし
溶融施設	廃石綿等 石綿含有産業廃棄物	制約なし
洗浄施設 分離施設	ＰＣＢ汚染物 ＰＣＢ処理物	制約なし
遮断型最終処分場 安定型最終処分場 管理型最終処分場	埋立処分のための基準に適合する産業廃棄物	制約なし

（網掛け）：告示・縦覧の用に供する施設

A

1 次の点を全て満たすもの（「プラント施設」といいます）は独立した施設と見なされず、産業廃棄物処理施設に該当しないものとして取り扱うこととされていることから設置の許可を受ける必要はありません（資料5-3）。

- ▶脱水施設が工場や事業場内の生産工程本体から発生した汚水のみを処理するための水処理工程の一装置として組み込まれていること（パイプライン等で物理的に生産工程と結合されていないものは、この点を満たしません）
- ▶脱水後の脱離液が水処理施設に返送され、脱水施設から直接放流されないこと（事故等により脱水施設から「汚泥」が流出した場合も水処理施設に返送され、環境中に排出されないこと等により脱水施設からの直接的な生活環境影響がほとんど想定されないこと）
- ▶脱水施設が水処理工程の一部として水処理施設と一体的に運転管理されていること

なお、この場合、「汚泥」の発生は脱水施設で処理する前の時点になりますが、生産工程本体から排出される時点で既に「汚泥」と見なせる場合にあっては、これに続く水処理工程全体（凝集沈殿処理等の汚泥濃縮工程を含みます）を「汚泥」の脱水施設と見なし、規定の処理能力を超えるものを産業廃棄物処理施設として取り扱うこと（設置の許可を受けなければならないこと）とされているので注意してください。

また、浄水場・下水処理場における水処理（沈殿池等）により発生する「汚泥」の脱水施設についても、水処理工程そのものを生産工程と見なすことが適当でなく、したがって「一定の生産工程を形成する装置の一部」にならないことから、規定の処理能力を超えるものは産業廃棄物処理施設として取り扱うこと（設置の許可を受けなければならないこと）となるので注意してください。

以上の考え方は、産業廃棄物の「廃油」の油水分離施設や「廃酸」又は「廃アルカリ」の中和施設等、「汚泥」の脱水施設以外のものについても同様です。たとえば「木くず」の焼却施設であれば、それを燃焼するボイラー等が、生産工程の一部として燃料利用するもの（他の工場等から処理費用を徴収して焼却する等廃棄物処理に該当する場合を除きます）であって、かつ生産工程から定量的に供給され熱量調整が可能である等、当該ボイラー等が生産工程の一部として他の施設と一体的に運転管理され必要な熱量を確保するものは、（たとえ規定の処理能力・火格子面積に達するものでも）産業廃棄物処理施設に該当しないものとして取り扱うこととされていることから設置の許可を受ける必要はありません。

2 放流を目的とする一般の排水処理に係る施設は、処理能力の如何にかかわらず、該当しないこととされています。

3 薬剤を投入して発熱反応により水分を除去する施設は、脱水施設又は乾燥施設にな

資料5-3　汚泥の脱水施設について産業廃棄物処理施設に該当しないと判断する場合の概念フロー例

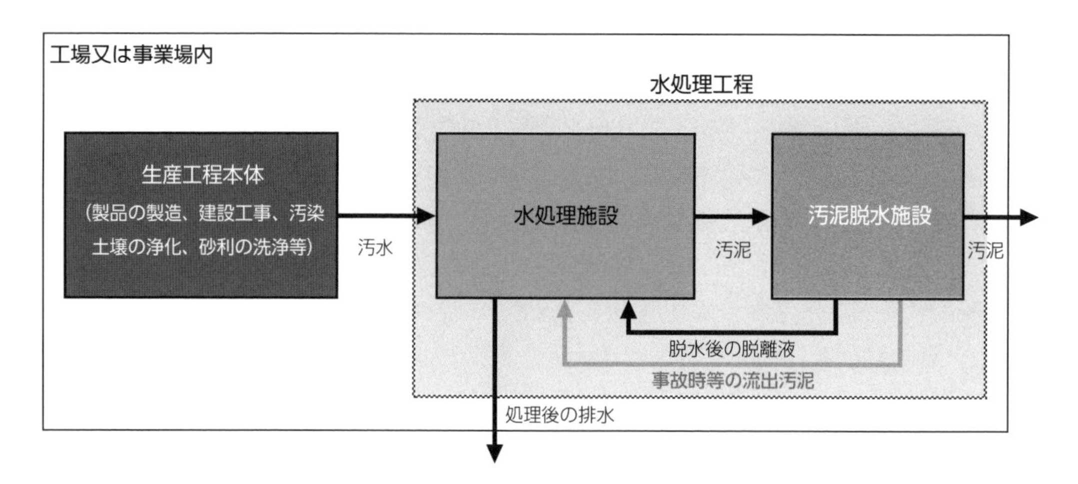

ります。したがって、１日あたりの処理能力が１０ｍ³を超える当該施設により「汚泥」の「自ら処分」を行うというのであれば、産業廃棄物処理施設設置の許可を受けなければなりません。

4　複数の燃焼室が近接して設置される場合、廃棄物供給設備や煙突等が独立していても、施設の構造や焼却する産業廃棄物の種類等から見て、それらが一体として機能していると判断されるものは一の施設ととらえ、各々の処理能力・火格子面積を合算した数値により産業廃棄物処理施設に該当するか否かを判断することとされています。

　施設の能力を「有機的に一体として機能するものと考えられる施設総体の能力」ととらえる以上の考え方は、その他の施設についても同様です。たとえば、産業廃棄物の最終処分場にあっては、「①設置者が同一の者であること」、「②地形的に最終処分場が連続していること」、「③同一の施設又は付帯設備（管理棟、搬入路、埋立機械、浸出液処理設備等）を共用すること」等の観点から、その状況を総合的に勘案して判断するべきこととされています。

5　各産業廃棄物の焼却施設としての設置の許可を受けなければならないこととされています。

　以上の考え方は、乾燥施設、ばい焼施設、熱分解施設（炭化施設等）、焼成施設、その他の熱処理施設で結果的に産業廃棄物の一部が燃焼に至ってしまう場合についても同様です。

6　この場合の破砕設備は石綿含有産業廃棄物の溶融施設（産業廃棄物処理施設）の一部と見なすこととされていることから、設置の許可を受ける必要はありません。

7　１日あたりの処理能力が５ｔを超える産業廃棄物の「木くず」又は「がれき類」の破砕施設であって、移動することができるように設計されたもの（以下、「移動式がれき類等破砕施設」といいます）については、その設置者が事業者である場合、すなわち「自ら処分」を行うために使用する場合に限り、当分の間、設置の許可を受けることを要しないこととされています。

なお、産業廃棄物処理業者が移動式がれき類等破砕施設を使用する場合は各都道府県知事等から設置の許可を受けなければなりませんが、それ以降は設置の許可を受けた都道府県等が管轄する区域内一円での使用が可能であり、当該区域内にある建設工事現場及び建設工事と一体として管理されている仮置き場内ごとに設置の許可を受ける必要はありません。ただし、「①建設工事と関係なく（事業場内の）一定の場所に設置するケース」や「②期間を限定せず恒常的に設置するケース」等にあっては、（たとえ移動式がれき類等破砕施設でも）定置した産業廃棄物処理施設と同様に取り扱われるので注意してください。

参考

法第１５条第１項→令第７条
法第１５条第１項→令第７条第１４号ハ→環境庁・厚生省告示第１号（昭和５４年８月９日）ほか多数
法第１５条の２第１項第１号→則第１２条の２第１４項第６号
令第３条第２号ロ→則第１条の７の２／環境省告示第１号（平成１７年１月１２日）
令（平成１２年１１月２９日政令第４９３号）付則第２条
令（平成１２年１１月２９日政令第４９３号）付則第２条第３項→環境省令第４号（平成１３年１月２６日）
令（平成１８年７月２６日政令第２５０号）付則第２条第１項
令（平成１８年７月２６日政令第２５０号）付則第２条第２項→環境省令第２４号（平成１８年７月２６日）
令（平成２７年１１月１１日政令第３７６号）付則第２条第１項
令（平成２７年１１月１１日政令第３７６号）付則第２条第２項→環境省令第１３号（平成２９年６月９日）
環整第４５号（昭和４６年１０月２５日）
環整第２号（昭和４７年１月１０日・平成１２年１２月２８日廃止）
環計第３６号（昭和５２年３月２６日）
環産第５９号（昭和５２年１１月５日・平成１２年１２月２８日廃止）
環産第１８号（昭和５３年６月７日）
環産第２３号（昭和５３年６月２３日）
環産第７号（昭和５４年５月２８日・平成１２年１２月２８日廃止）
環水企第２１１号・環整第１１９号（昭和５４年１０月１５日）
環整第１４９号・環産第４５号（昭和５５年１１月１０日）
環産第２１号（昭和５７年６月１４日・平成１２年１２月２８日廃止）
衛環第２３２号（平成４年８月１３日）
衛環第２３３号（平成４年８月１３日）
厚生省生衛第７３６号（平成４年８月１３日）
衛環第２５０号（平成９年９月３０日）
衛環第２５１号（平成９年９月３０日）
衛環第３７号（平成１０年５月７日）
生衛発第７８０号（平成１０年５月７日）
衛環第４３号（平成１１年４月１６日）
衛環第９６号（平成１２年１２月２８日）
環廃対発第０５０２１８００３号・環廃産発第０５０２１８００１号（平成１７年２月１８日）
環廃産発第０５０３２５００２号（平成１７年３月２５日）
環廃対発第０６０８０９００２号・環廃産発第０６０８０９００４号（平成１８年８月９日）
環廃対発第０６０９２７００１号・環廃産発第０６０９２７００２号（平成１８年９月２７日）
環廃対発第０７０３３００１８号・環廃産発第０７０３３０００３号・環地保発第０７０３３０００６号（平成１９年３月３０日）
環廃産発第０７０６２２００５号（平成１９年７月５日）
環廃産発第１０１２２２００１号（平成２２年１２月２２日）
環廃対発第１１０３３１００１号・環廃産発第１１０３３１００４号（平成２３年３月３１日）
環廃対発第１２０３３０００４号・環廃産発第１２０３３０００６号（平成２４年３月３０日）
環廃対発第１２１１３０３０３号・環廃産発第１２１１３０３０９号（平成２４年１１月３０日）
環廃産発第１４０５３０３号（平成２６年５月３０日）
中環審第９４２号（平成２９年２月１４日）
環循適発第１７０８０８１号・環循規発第１７０８０８３号（平成２９年８月８日）
環循規発第２００３３０１号（令和２年３月３０日）
事務連絡（平成１３年１１月３０日）
事務連絡（平成２９年５月１２日）

Q076 産業廃棄物処理施設設置の許可に係る基準等

★★☆

1 産業廃棄物処理施設を設置しようと考えているのですが、設置の場所（自社工場内）の用途地域と施設の処理能力を確認したところ、「建築基準法」に基づく新築、増築又は用途変更の許可を受けなければならないようです。何か例外はないのでしょうか？

2 産業廃棄物処理施設を設置しようと考えているのですが、都道府県等の担当職員から「他法の許可等を受けることがきわめて困難であるため、今後、その手続きは相当に難航する（諦めた方がよい）」という説明がありました。このような状況・段階であっても、設置の許可を申請し、これを都道府県等の担当職員に受理してもらうことは可能でしょうか？

3 産業廃棄物処理施設が設置されるにあたり、利害関係のある者は都道府県等に生活環境の保全上の見地からの意見書を提出することができると聞きました（資料 5-4）。ここでいう利害関係のある者とは、具体的にだれを指すのですか？

4 周辺施設に対して適正な配慮がなされていなければ、産業廃棄物処理施設設置の許可は受けられないといわれました。ここでいう周辺施設とは、具体的に何を指すのですか？

5 新たな産業廃棄物処理施設設置に伴って廃棄物処理施設等が過度に集中することにより大気汚染を免れない場合、その許可が受けられないことはありうるのでしょうか？

6 産業廃棄物処理施設設置の許可には生活環境の保全上必要な条件を付すことができるようですが、具体的にはどのような条件を付されることが考えられますか？

7 設置の許可を受け、産業廃棄物処理施設が竣工（しゅんこう）しました。これから使用前検査を受けるのですが、先方から社長が立ち会うよう、指導を受けました。社長以外の者が立ち会うわけにはいかないのでしょうか？

8 産業廃棄物処理施設は、設置の許可を受けた後も、所定の期間ごとに都道府県等の検査を受けなければならないと聞きました。これは本当ですか？

9 産業廃棄物処理施設に該当する破砕施設を使用して「自ら処分」を行っていましたが、老朽化のため、現在の破砕施設と同じ仕様のものに入れ替えようと考えています。この場合、設置の変更許可を受けなければならないことは承知しているのですが、設置する施設や場所等が現在のものと全く同じなので、さすがにミニアセス（生活環境影響調査）までは不要と考えています。設置の変更許可を受ける以上、やはり必要でしょうか？

10 所在地が異なる複数の廃棄物処理施設を使用するのですが、これらの各維持管理業務を１名の技術管理者に兼任させることは問題ないでしょうか？

資料5-4　産業廃棄物処理施設の設置と使用のための手続き

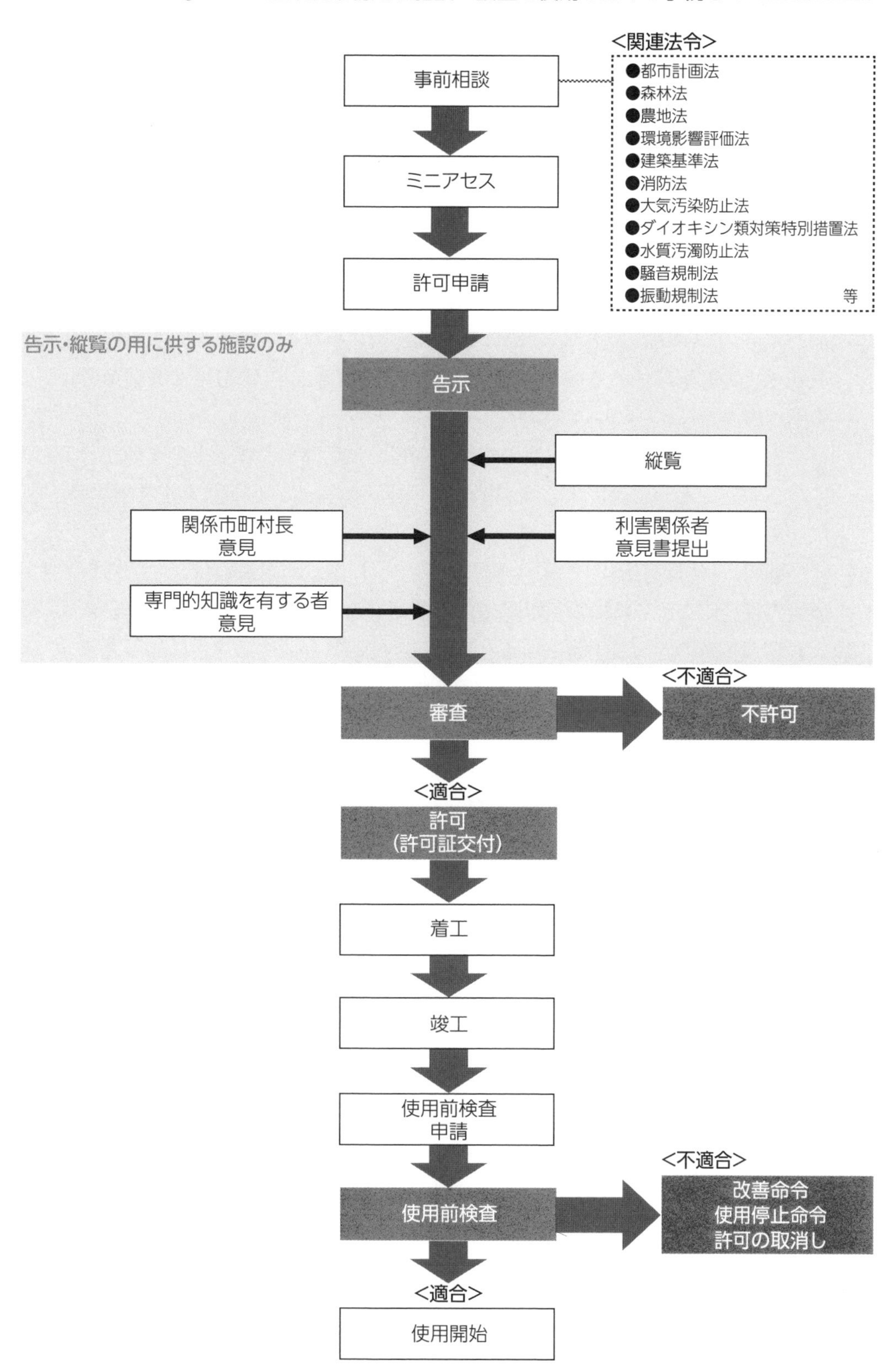

A

1 工場等の敷地内に位置する産業廃棄物処理施設であって、当該工場等から排出される産業廃棄物に限り処理を行うものは、対象から除くこととされています。

2 可能と思われます。他法の許可等を受けていない状況・段階であっても、都道府県等の担当職員は、その受理を拒否することはできず、法で定められた手続きを進めて差し支えないこととされています。また産業廃棄物処理施設を設置しようとする場所について、他法により規制がある場合は、関係部局に連絡する等の配慮をして必要な調整を図ることともされています。

3 たとえば、**8** の施設設置のために生じると考えられる水道原水の水質の変化等水道利水上の影響に係るものとしては、「①水道業者」、「②水道用水供給業者」、「③専用水道設置者」をいいます。

なお意見書は、関係市町村長の意見と同様、生活環境の保全上の見地からのものに限られること（風評による周辺地域の地価下落等といった懸念を含まないこと）に注意してください。

4 「①病院」、「②保育所」、「③幼稚園」、「④学校」等、利用者の特性に照らし、生活環境の保全について特に適正な配慮が必要であると認められるものをいいます。

5 大気環境基準の確保が困難になると都道府県知事等が認める場合はありえます。

6 たとえば産業廃棄物の搬入時間の指定等が該当し、周辺地域の生活環境の保全についてなされた適正な配慮を担保するための内容が想定されます。

7 使用前検査にあたっては、設置の許可の申請時に提出された書類、図面等との相違を確認しつつ、産業廃棄物処理施設がそれらに記載された設置に関する計画に適合したものであることを確認するという趣旨から、必ず設置者（社長等）又は技術管理者の立会いのもとで行うこととされています。

8 設置の許可を受けている産業廃棄物処理施設が次の施設（以下、「告示・縦覧の用に供する施設」といいます）に該当する場合は、定期検査を受けなければなりません。ただし「熱回収の機能を有する産業廃棄物処理施設に係る特例」にしたがって都道府県知事等から認定を受けているのであれば、（たとえ告示・縦覧の用に供する施設でも）定期検査を受ける必要はありません。

▶焼却施設

▶「廃水銀等」の硫化施設

▶「廃ＰＣＢ等」又は「ＰＣＢ処理物」の分解施設

▶「廃石綿等」又は石綿含有産業廃棄物の溶融施設

▶「ＰＣＢ汚染物」又は「ＰＣＢ処理物」の洗浄施設又は分離施設

▶最終処分場

9 次の点について、現在の破砕施設（設置の許可時）と同じであれば不要です。

▶施設の設置の場所

▶施設の種類
▶施設において処理する産業廃棄物の種類
▶施設の処理能力
▶施設の位置、構造等の設置に関する計画
▶施設の維持管理に関する計画

以上の考え方は、破砕施設以外の産業廃棄物処理施設についても基本的に同様です。また事業者ではなく、産業廃棄物処理業者が産業廃棄物処理施設を設置している場合についても基本的に同様です。

10 各々の廃棄物処理施設（処理能力が５００人分以下のし尿処理施設を除きます）に専従の技術管理者を設置し、かつ常駐させる必要があります。

以上の考え方は、「①産業廃棄物処理責任者の設置」や「②特別管理産業廃棄物管理責任者の設置」についても同様と考えられます。

参考

法第１２条第８項
法第１２条の２第８項
法第１５条第５項
法第１５条第６項
法第１５条の２第１項第２号→則第１２条の２の２
法第１５条の２第２項→法第８条の２第２項→令第５条の３
法第１５条の２第２項→法第８条の２第２項→令第５条の３第４項→厚生省告示第２６７号（平成１２年６月１３日）
法第１５条の２第４項
法第１５条の２第５項→則第１２条の４
法第１５条の２の２第１項→法第１５条第４項→令第７条の２
法第１５条の２の６第１項→則第１２条の８
法第１５条の２の６第２項→法第１５条第３項→則第１１条の３
法第１５条の３の３第４項
法第２１条第１項→令第２３条
則（平成２３年１月２８日環境省令第１号）付則第２条第２項→環境省令第６号（平成２４年３月２９日）
環整第４３号（昭和４６年１０月１６日）
環整第５７号（昭和４６年１２月１７日）
環整第２号（昭和４７年１月１０日・平成１２年１２月２８日廃止）
建設省住街発第９０号（昭和４７年１２月８日）
環計第３６号（昭和５２年３月２６日）
環計第３７号（昭和５２年３月２６日）
厚生省環第１９６号（昭和５２年３月２６日）
衛産第３１号（平成２年４月２６日）
衛環第２３２号（平成４年８月１３日）
衛環第２３３号（平成４年８月１３日）
衛環第２４５号（平成４年８月３１日・平成１２年１２月２８日廃止）
衛産第３６号（平成５年３月３１日・平成１２年１２月２８日廃止）
衛産第４６号（平成５年６月２５日）
厚生省生衛第１１１２号（平成９年１２月１７日）
衛環第３７号（平成１０年５月７日）
生衛発第７８０号（平成１０年５月７日）
衛水第４７号（平成１０年６月１５日）
衛環第７８号（平成１２年９月２８日）
生衛発第１４６９号（平成１２年９月２８日）
衛環第９６号（平成１２年１２月２８日）
環廃対発第０６０３３１００６号・環廃産発第０６０３３１００２号（平成１８年３月３１日）
環廃対発第０６０８０９００２号・環廃産発第０６０８０９００４号（平成１８年８月９日）
環廃対発第０６０９０４００２号・環廃産発第０６０９０４００４号（平成１８年９月４日）
環廃対発第０６０９２７００１号・環廃産発第０６０９２７００２号（平成１８年９月２７日）
環廃対発第１１０２０４００４号・環廃産発第１１０２０４００１号（平成２３年２月４日）
環廃対発第１１０２０４００５号・環廃産発第１１０２０４００２号（平成２３年２月４日）

環廃対発第１２０５０１００３号・環廃産発第１２０５０１００３号（平成２４年5月1日）
環廃産発第１４０６２３１３号（平成２６年6月２３日）
中環審第９４２号（平成２９年2月１４日）
環循適発第１７０８０８１号・環循規発第１７０８０８３号（平成２９年8月8日）
環循規発第２００３３０１号（令和２年3月３０日）
環循適発第２００５１５２号・環循規発第２００５１５１号（令和2年5月１５日）
事務連絡（平成２２年１１月３０日）
事務連絡（平成２３年4月１８日）
事務連絡（平成２９年5月１２日）
事務連絡（平成３０年7月２５日）
事務連絡（令和１年１０月３０日）
事務連絡（令和２年1月9日）
事務連絡（令和２年7月１７日）
最高裁一小判（昭和３９年１０月２９日）
宇都宮地判（平成３年２月２８日）
最高裁三小判（平成４年9月２２日）
静岡地判（平成８年8月３０日）
札幌地判（平成９年2月１３日）
津地判（平成９年7月１７日）
札幌高判（平成９年１０月7日）
甲府地決（平成１０年2月２５日）
浦和地判（平成１０年3月２３日）
福岡地判（平成１０年3月３１日）
名古屋高判（平成１０年１１月１２日）
津地裁上野支決（平成１１年2月２４日）
福島地判（平成１４年5月２１日）
東京高判（平成１４年6月２６日）
津地判（平成１４年１０月３１日）
名古屋高判（平成１５年4月１６日）
最高裁大判（平成１７年１２月7日）
高松高判（平成１８年1月３０日）
名古屋高判（平成１８年2月２４日）
名古屋地判（平成１８年3月２９日）
福岡地判（平成１８年5月３１日）
津地裁四日市支判（平成１８年9月２９日）
千葉地判（平成１９年1月３１日）
福岡高判（平成１９年3月２２日）
名古屋高判（平成１９年3月２９日）
長野地判（平成１９年4月２４日）
千葉地判（平成１９年8月２１日）
東京高判（平成２０年3月３１日）
東京高判（平成２０年7月9日）
東京高判（平成２１年5月２０日）
東京高判（平成２１年7月１６日）
さいたま地判（平成２１年１０月１４日）
奈良地決（平成２１年１１月２６日）
徳島地判（平成２３年7月２０日）
東京地裁立川支判（平成２３年１２月２６日）
山口地裁下関支判（平成２４年7月１７日）
水戸地判（平成２５年3月1日）
岡山地判（平成２５年3月１９日）
高松高判（平成２５年4月１８日）
津地判（平成２５年7月１１日）
奈良地判（平成２５年8月２０日）
名古屋地判（平成２６年3月１３日）
大阪高判（平成２６年4月２５日）
最高裁三小判（平成２６年7月２９日）
東京高判（平成２６年9月２５日）
名古屋高判（平成２６年１１月２６日）
水戸地判（平成２８年9月３０日）
東京高判（平成３１年2月２７日）

Q077 管理型最終処分場等から排水される放流水

★★☆

公共の水域に向けて管理型最終処分場（浸出液処理設備）等から排水される放流水（埋立処分した廃棄物の保有水や雨水等に由来するもの）は「水質汚濁防止法」の適用を受けないと聞いたのですが、本当ですか？

最終処分場は「水質汚濁防止法」で規定される特定施設に該当せず、したがって管理型最終処分場等から排水される放流水は同法に基づく「排水基準省令」の適用を受けないこととなります。仮に各地域においてその排水基準に係る上乗せの条例があったとしても、管理型最終処分場等が同法で規定される特定施設に該当しない以上、当該条例により規制されることもありません。ただし、それは管理型最終処分場等が公共の水域に向けて放流水を直接排水するような単独施設であるケースに限られるものであり、たとえば同一の工場又は事業場内に同法で規定される特定施設が別途設置され各々の放流水を混合して排水するケースにおいては、当然に、同法に基づく「排水基準省令」の適用等を受けます。

一方、その適用を受けない場合にあっては、法により管理型最終処分場等に係る維持管理基準にしたがって放流水の水質検査を行い、その水質が「最終処分場に係る技術基準省令」で規定される排水基準等に適合することとなるように維持管理することが義務づけられていることから、公共の水域に向けて放流水が排水されるにあたり何ら規制されないというわけではありません。また、こうした維持管理情報はインターネットの利用その他の適切な方法により公表し、及び記録したものを管理型最終処分場等に備え置き、生活環境の保全上利害関係のある者の求めに応じて閲覧させることともされています。

参考

法第８条の３第１項→総理府・厚生省令第１号（昭和５２年３月１４日）→環境庁・厚生省告示第１号（平成１０年６月１６日）
法第８条の３第２項→則第４条の５の２／則第４条の５の３
法第８条の４→則第４条の６／則第４条の７
法第９条の３第５項→総理府・厚生省令第１号（昭和５２年３月１４日）→環境庁・厚生省告示第１号（平成１０年６月１６日）
法第９条の３第６項→則第５条の６の２／則第５条の６の３
法第９条の３第７項→則第５条の６の４／則第５条の６の５
法第１５条の２の３第１項→総理府・厚生省令第１号（昭和５２年３月１４日）→環境庁・厚生省告示第１号（平成１０年６月１６日）
法第１５条の２の３第２項→則第１２条の７の２／則第１２条の７の３
法第１５条の２の４→則第１２条の７の４／則第１２条の７の５
環整第４５号（昭和４６年１０月２５日）
環整第２号（昭和４７年１月１０日・平成１２年１２月２８日廃止）
環整第１２８号・環産第４２号（昭和５４年１１月２６日・平成１２年１２月２８日廃止）
環整第１１９号（昭和４９年１２月３日）

衛産第３１号（平成２年４月２６日）
環水企第３００号・生衛発第１１４８号（平成１０年７月１６日）
環水企第３０１号・衛環第６３号（平成１０年７月１６日）
衛環第９０号（平成１０年１１月１２日）
環廃産第１８３号（平成１４年３月２９日）
環廃対発第０５０２１８００３号・環廃産発第０５０２１８００１号（平成１７年２月１８日）
環廃対発第１１０２０４００４号・環廃産発第１１０２０４００１号（平成２３年２月４日）
環廃対発第１１０２０４００５号・環廃産発第１１０２０４００２号（平成２３年２月４日）
事務連絡（令和２年９月２３日）

Q078 廃棄物処理施設の維持管理に関する情報の公表方法

★☆☆

告示・縦覧の用に供する施設の維持管理について、その計画や状況に関する情報を「インターネットの利用その他の適切な方法」により公表することとされています。幅広い関係者がそのような情報にアクセスできるようにするため、インターネットを利用することが望ましいことは承知していますが、連続測定が必要な維持管理情報である場合、インターネットによる公表が困難なケースがあります。

以上を踏まえ「…その他の適切な方法」を検討したいのですが、具体的にどのような方法がありますか？

たとえば「①求めに応じてＣＤ－ＲＯＭを配布すること」や「②紙媒体での記録を事業場で閲覧させること」は、これに該当することとされています。

参考

法第８条の３第２項→則第４条の５の２／則第４条の５の３
法第９条の３第６項→則第５条の６の２／則第５条の６の３
法第１５条の２の３第２項→則第１２条の７の２／則第１２条の７の３
環廃対発第１１０２０４００４号・環廃産発第１１０２０４００１号（平成２３年２月４日）
環廃対発第１１０２０４００５号・環廃産発第１１０２０４００２号（平成２３年２月４日）

Q079 産業廃棄物処理施設を一般廃棄物処理施設として使用する手続き

★★

産業廃棄物処理施設を使用して産業廃棄物の「木くず」の焼却を行っていたところ、この焼却施設で同様の性状を有する一般廃棄物の処分を市町村から受託する可能性が出てきました。

その場合、焼却施設は産業廃棄物処理施設であるのと同時に、一般廃棄物処理施設にも該当することとなりますが、別途、一般廃棄物処理施設設置の許可を受けなければなりませんか？

A

許可まで受ける必要はなく、特例として都道府県等（市町村ではありません）への事前届出により設置することができます。また「非常災害（主に自然災害を対象とし、地震・津波等に起因する被害が予防し難い程度に大きく、平時の廃棄物処理体制では対処できない規模の災害)」のために必要な応急措置として行おうとする場合にあっては、事後届出により設置することができます。ただし特例の対象となる産業廃棄物処理施設と、これにより処分できる一般廃棄物は限られること（資料5-5）に注意してください（これら以外の産業廃棄物処理施設を一般廃棄物処理施設として使用し、又は処分する一般廃棄物がこれらと異なるケースにおいては、通常、別途、一般廃棄物処理施設設置の許可を受けなければなりません)。

なお「木くず」と同様の性状を有する一般廃棄物の焼却であっても（市町村による委託ではなく)、他人が排出したものの処分を業として受託する場合、一般廃棄物処理施設設置については同様に届出で済みますが、別途、一般廃棄物処分業の許可等を受けなければならない（一般廃棄物処理施設設置の届出時に一般廃棄物処分業許可証の写し等を届出書に添付しなければならない）ので注意してください。

実際の処分にあたっては、産業廃棄物だけでなく、特例により処分できることとなる一般廃棄物（ＰＣＢ廃棄物と同様の性状を有するもの、遮断型最終処分場や管理型最終処分場で埋立処分するもの等を除きます）も含めた廃棄物が産業廃棄物処理基準（又は特別管理産業廃棄物処理基準）で規定される保管上限の対象となります。したがって「木くず」及びこれと同様の性状を有する一般廃棄物の保管において、その総量が１日あたりの処理能力に相当する数量の１４日分（一部の例外を除きます）を超えないようにしなければなりません。一方、産業廃棄物処理施設に係る維持管理基準等に違反があった場合、これを受けて行われる（施設の）改善・使用停止命令については、産業廃棄物処理施設としてだけでなく、特例により設置した一般廃棄物処理施設としてもその対象とされます。

以上の考え方は、「木くず」以外の産業廃棄物についても同様です。

資料5-5　産業廃棄物処理施設設置者による一般廃棄物処理施設設置に係る特例の対象となる一般廃棄物

産業廃棄物処理施設の種類	処分できる一般廃棄物	
廃プラスチック類の破砕施設	廃プラスチック類	特定家庭用機器、小型電子機器等その他金属、ガラス又は陶磁器がプラスチックと一体となったものが一般廃棄物となったものを含むものとし、他の一般廃棄物と分別して収集されたものに限る（非常災害のために必要な応急措置として市町村の委託を受けて処分する一般廃棄物については、処分されるまでの間において他の一般廃棄物と分別されたもの）
廃プラスチック類の焼却施設		
木くずの破砕施設	木くず	他の一般廃棄物と分別して収集されたものに限る（非常災害のために必要な応急措置として市町村の委託を受けて処分する一般廃棄物については、処分されるまでの間において他の一般廃棄物と分別されたもの）
がれき類の破砕施設	がれき類等	
石綿含有産業廃棄物の溶融施設	石綿含有一般廃棄物	
廃ＰＣＢ等（ＰＣＢ汚染物に塗布され、染み込み、付着し、又は封入されたＰＣＢを含む）又はＰＣＢ処理物の分解施設	廃ＰＣＢ等（ＰＣＢ汚染物に塗布され、染み込み、付着し、又は封入されたＰＣＢを含む）又はＰＣＢ処理物	
ＰＣＢ汚染物又はＰＣＢ処理物の洗浄施設又は分離施設	ＰＣＢ汚染物又はＰＣＢ処理物	
紙くず、木くず、繊維くず、動植物性残さ、動物系固形不要物又は動物死体の焼却施設	紙くず、木くず、繊維くず、動植物性残さ、動物系固形不要物又は動物死体	
遮断型最終処分場	水銀処理物	埋立処分に係る判定基準（検液１Ｌにつき０．００５ｍｇ以下の水銀又はその化合物の含有等）に適合しないもの（基準不適合水銀処理物）に限る

産業廃棄物処理施設の種類	処分できる一般廃棄物	
管理型最終処分場	燃え殻、廃プラスチック類、紙くず、木くず、繊維くず、動植物性残さ、動物系固形不要物、ゴムくず、金属くず、ガラスくず、コンクリートくず及び陶磁器くず、がれき類、動物ふん尿、動物死体若しくはばいじん又はこれらの一般廃棄物を処分するために処理したものであってこれらの一般廃棄物に該当しないもの	特別管理一般廃棄物であるものを除く
	水銀処理物	埋立処分に係る判定基準（検液１Ｌにつき０．００５ｍｇ以下の水銀又はその化合物の含有等）に適合するもの（基準適合水銀処理物）に限る
産業廃棄物処理施設	非常災害により生じた廃棄物	非常災害のために必要な応急措置として処理するものであって産業廃棄物処理施設で処理する産業廃棄物と同様の性状を有するもの

参考

法第９条の３の３
法第１５条の２の５第１項→則第１２条の７の１６
法第１５条の２の５第１項→則第１２条の７の１７第３項第２号
法第１５条の２の５第２項
法第１５条の２の７
令第３条第３号ヌ（２）→則第１条の７の５の２第１項→則別表第２の２
令第３条第３号ヌ（２）→則第１条の７の５の２第２項→環境省告示第５１号（平成２９年６月９日）
令第３条第３号ヌ（３）→則第１条の７の５の３
令第６条第１項第２号ロ（３）→則第７条の７／則第７条の８
令第６条の５第１項第２号リ（３）
則（令和２年７月１６日環境省令第１８号）付則第２条
衛環第３７号（平成１０年５月７日）
生衛発第７８０号（平成１０年５月７日）
衛環第７８号（平成１２年９月２８日）
環廃対発第０３１１２８００２号・環廃産発第０３１１２８００６号（平成１５年１１月２８日）
環廃対発第０３１１２８００３号・環廃産発第０３１１２８００７号（平成１５年１１月２８日）
環廃対発第０３１２２６００５号・環廃産発第０３１２２６００４号（平成１５年１２月２６日）
環廃対発第１１０５１６００１号・環廃産発第１１０５１６００１号（平成２３年５月１６日）
環廃対発第１１０７１５００１号（平成２３年７月１５日）
基安安発０８３０第１号・基安労発０８３０第１号・基安化発０８３０第１号（平成２３年８月３０日）
基安安発０８３０第２号・基安労発０８３０第２号・基安化発０８３０第２号（平成２３年８月３０日）
環廃対発第１４０６２５２号（平成２６年６月２５日）
府政防第５８１号・消防災第１０９号・環廃対発第１５０８０６１号（平成２７年８月６日）
環廃対発第１５０８０６２号・環廃産発第１５０８０６１号（平成２７年８月６日）
環廃産発第１５１１２４２号（平成２７年１１月２４日）
環廃対発第１６０７０５１号・環廃産発第１６０７０５１号（平成２８年７月５日）
中環審第９４２号（平成２９年２月１４日）
環廃適発第１７０８０８１号・環循規発第１７０８０８３号（平成２９年８月８日）
環循適発第１７０９０４１号・環循規発第１７０９０４１号（平成２９年９月４日）
環循適発第１８０３３０１０号・環循規発第１８０３３０１０号（平成３０年３月３０日）
環循規発第１８０３３０２８号（平成３０年３月３０日）
環循適発第１８０６２２４号・環循規発第１８０６２２４号（平成３０年６月２２日）
環循適発第１８０８１０１号・環循規発第１８０８１０１号（平成３０年８月１０日）
環循適発第１８１０２４２号・環循規発第１８１０２４８号（平成３０年１０月２４日）

環循規発第１９０９０５１３号（令和１年9月5日）
環循適発第１９１００１１号・環循規発第１９１００１１号（令和１年１０月1日）
環循適発第１９１１０１１号・環循規発第１９１１０１１号（令和１年１１月1日）
環循適発第２００１０７１号・環循規発第２００１０７２号（令和２年1月7日）
環循適発第２００３３１１８号・環循規発第２００３３１１７号（令和２年３月３１日）
環循適発第２００３３１１９号・環循規発第２００３３１１８号（令和２年３月３１日）
環循適発第２００５０１３号・環循規発第２００５０１１号（令和２年5月1日）
環循適発第２００７１６１号・環循規発第２００７１６２号（令和２年7月１６日）
事務連絡（平成２７年9月１０日）
事務連絡（平成２８年4月２２日）
事務連絡（平成２９年5月１２日）
事務連絡（平成３０年3月２６日）
事務連絡（平成３０年7月１９日）
事務連絡（平成３０年8月2日）
事務連絡（平成３０年9月5日）
事務連絡（平成３０年9月6日）
事務連絡（平成３０年9月２７日）
事務連絡（平成３０年9月２８日）
事務連絡（平成３０年１０月２３日）
事務連絡（平成３１年4月8日）
事務連絡（令和1年9月9日）
事務連絡（令和1年9月１３日）
事務連絡（令和1年9月１７日）
事務連絡（令和1年１０月１１日）
事務連絡（令和1年１０月１５日）
事務連絡（令和1年１０月１７日）
事務連絡（令和1年１０月１８日）
事務連絡（令和1年１０月２１日）
事務連絡（令和1年１１月5日）
事務連絡（令和2年5月１３日）
事務連絡（令和2年5月２９日）
事務連絡（令和2年7月4日）
事務連絡（令和2年7月6日）
事務連絡（令和2年7月7日）
事務連絡（令和2年7月9日）
事務連絡（令和2年7月１０日）
事務連絡（令和2年7月３１日）
事務連絡（令和2年9月3日）
福岡地裁小倉支判（平成２６年1月３０日）
大阪地判（平成２６年１２月１１日）
大阪地判（平成２８年1月２７日）

Q080 一般廃棄物処理施設の範囲

1 **一般廃棄物を運搬するためのパイプラインについて、たとえ１日あたりの処理能力が５ｔ以上のものでも「…運搬するため」の施設であること（あくまで運搬の用に供される施設であって、処分の用に供される施設ではないこと）から一般廃棄物処理施設に該当しないと考えています。問題でしょうか？**

2 **次の場所は、最終処分場として一般廃棄物処理施設に該当しますか？**
①一般家庭の少量のごみを埋めた庭先
②余剰の農作物を鋤（す）き込んだ畑

A

1 法令により一般廃棄物を運搬するためのパイプライン（「ごみ運搬用パイプライン施設」といいます）に対して構造基準及び維持管理基準が明確に個別規定されていることを踏まえ、一般廃棄物処理施設に該当します。

2 ①、②とも一般廃棄物処理施設に該当しません。最終処分場とは、社会通念上、廃棄物を埋立処分する場所をいい、典型的には反復継続して廃棄物の埋立処分の用に供される場所をいうこととされています。したがって、①、②のような場所に対し事前に施設として規制することを意図したものではありません。

参考

法第８条第１項→令第５条
法第８条の２第１項第１号→則第４条第１項第１２号
法第８条の３第１項→則第４条の５第１項第７号
衛環第２３３号（平成４年８月１３日）
衛環第２５１号（平成９年９月３０日）
環廃産発第０３１１２８００９号（平成１５年１１月２８日）
環循規発第１８０３３０２８号（平成３０年３月３０日）
環循規発第２００３３０１号（令和２年３月３０日）

Q081 事故時の措置

産業廃棄物処理施設を使用して「自ら処分」を行っていたところ、施設の一部が破損したため、これによる汚水や気体の飛散・流出・地下浸透・発散等を防止するべく応急の措置を講じましたが、法令上、他に何か行っておかなければならないことはありますか（事故の規模・内容により行わなければならない「労働安全衛生法」や「消防法」上の措置・事務等は承知しています）？

速やかに破損の状況や講じた措置の概要を都道府県等に届け出なければなりません。

なお、これは産業廃棄物処理施設を加えた次の施設（以下、「特定処理施設」といいます）で事故が発生した場合についても同様です。また、たとえば焼却設備が設けられている特定処理施設で焼却設備以外の設備に起因して事故が発生したことにより、周辺の生活環境の保全上支障が生じ、又は生ずるおそれがある場合についても同様です。

- ▶一般廃棄物処理施設又は産業廃棄物処理施設
- ▶１時間あたりの処理能力が５０ｋｇ以上又は火床面積が０．５m^2以上の焼却設備が設けられている廃棄物の処理施設（複数の焼却設備が設けられている場合は、それらの合計により判断します）
- ▶１日あたりの処理能力が１ｔ以上のものであって、「①熱分解設備」、「②乾燥設備」、「③廃プラスチック類の溶融設備」、「④廃プラスチック類の固形燃料化設備」又は「⑤メタン回収設備」が設けられている廃棄物の処理施設
- ▶１日あたりの処理能力が１m^3以上のものであって、「①廃油の蒸留設備」、「②特別管理産業廃棄物の廃酸又は廃アルカリの中和設備」が設けられている廃棄物の処理施設

以上のほか、一般廃棄物処理施設又は産業廃棄物処理施設で事故が発生したケースにおいては、これらに係る維持管理基準にしたがって、講じた措置の記録を作成し３年間保存すること（最終処分場にあっては、その廃止までの間保存すること）が求められるので注意してください。

一方、この場合の特定処理施設が「大気汚染防止法」で規定されるばい煙発生施設や「水質汚濁防止法」で規定される特定施設等、他の法令により指定されている施設に該当するものにあっては、別途、同各法令の規定に基づきそれぞれ対応する必要があること（個別の措置が求められること）にも注意してください。

参考

法第８条の３第１項→則第４条の５第１項第１６号／則第４条の５第２項第１４号／総理府・厚生省令第１号

（昭和５２年3月１４日）
法第１５条の2の３第１項→則第１２条の６第９号／総理府・厚生省令第１号（昭和５２年3月１４日）
法第２１条の２第１項→令第２４条第１号
法第２１条の２第１項→令第２４条第２号→則第１８条
環整第１２３号（昭和５７年8月２６日）
衛環第１７３号（昭和６０年１２月9日）
基発第６０号（昭和６２年2月１３日）
基発第１２３号（平成5年3月2日）
基発第１２３号の２（平成5年3月2日）
衛環第５６号（平成5年3月2日）
衛環第２０１号（平成7年9月２５日）
衛産第６７号（平成9年１２月１６日）
消防消第１５号・消防予第１５号・消防危第１１号（平成１０年2月5日）
衛産第5号（平成１０年2月9日）
衛環第２９号（平成１１年3月２６日）
衛産第８７号（平成１１年１１月１８日）
生衛発第１７９８号（平成１２年１２月１３日）
基発第４０１号の２（平成１３年4月２５日）
環廃対第１８３号（平成１３年4月２５日）
環廃対発第０３０８２７００１号（平成１５年8月２７日）
環廃対発第０３１０１５００１号（平成１５年１０月１５日）
環廃対発第０３１２２５００４号（平成１５年１２月２５日）
環廃対発第０４０４０１００８号・環廃産発第０４０４０１００５号（平成１６年4月1日）
環廃対発第０４１０２７００４号・環廃産発第０４１０２７００３号（平成１６年１０月２７日）
環廃対発第０５０６２２００１号（平成１７年6月２２日）
環廃対第０６１２１５００２号・環廃産第０６１２１５０１８号（平成１８年１２月２５日）
環廃産発第０９０３３１００８号（平成２１年3月３１日）
環廃産発第０９０４３０００１号（平成２１年4月３０日）
環廃産発第０９０５１６００１号（平成２１年5月１６日）
環廃対発第１１０２０４００５号・環廃産発第１１０２０４００２号（平成２３年2月4日）
基安安発０８３０第1号・基安労発０８３０第1号・基安化発０８３０第1号（平成２３年8月３０日）
基安安発０８３０第2号・基安労発０８３０第2号・基安化発０８３０第2号（平成２３年8月３０日）
基発０１１０第1号（平成２６年1月１０日）
基安化発０１１０第1号（平成２６年1月１０日）
基安安発１０１９第2号（平成２８年１０月１９日）
基安安発１０１９第3号（平成２８年１０月１９日）
基安安発１０２４第1号（平成２９年１０月２４日）
基安安発０８２３第1号（平成３０年8月２３日）
環循規発第１８０８２４６号（平成３０年8月２４日）
環循適発第１８１２２７１号（平成３０年１２月２７日）
環循規発第１８１２２７３号（平成３０年１２月２７日）
基安安発０５０９第1号（令和1年5月9日）
環循適発第１９０５２０１号・環循規発第１９０５２０１号（令和1年5月２０日）
環循規発第１９０７１８１号（令和1年7月１８日）
環循規発第１９０９０５１３号（令和1年9月5日）
環循適発第２００４０７７号・環循規発第２００４０７５号（令和2年4月7日）
環循適発第２００４１０２号・環循規発第２００４１０１号（令和2年4月１０日）
環循適発第２００５０１３号・環循規発第２００５０１１号（令和2年5月1日）
基安化発０６１２第1号（令和2年6月１２日）
環循適発第２００９０７４号・環循規発第２００９０７２号（令和2年9月7日）
事務連絡（平成２５年１２月9日）
事務連絡（平成２７年6月２５日）
事務連絡（平成３０年１２月２７日）
事務連絡（令和1年5月２７日）
事務連絡（令和1年8月1日）
事務連絡（令和1年１０月１８日）
事務連絡（令和2年4月1日）
事務連絡（令和2年5月１１日）
事務連絡（令和2年5月２９日）
事務連絡（令和2年6月１５日）
事務連絡（令和2年6月１６日）
事務連絡（令和2年7月6日）
事務連絡（令和2年7月３１日）
事務連絡（令和2年１１月２７日）
事務連絡（令和2年１２月１８日）
那覇地判（平成１９年3月１４日）

Q082 運搬容器の表示・構造

★★

1 **感染性廃棄物を収集運搬するにあたり、運搬容器に色別のバイオハザードマーク（資料5-6）の表示があれば、特別管理廃棄物処理基準で規定される「①特別管理廃棄物の種類」及び「②特別管理廃棄物を取り扱う際に注意すべき事項」の表示をしていると見なしてよいでしょうか？**

2 **柱上トランス（ＰＣＢ廃棄物）を収集運搬するにあたり、その表面を運搬容器と見なし、新たに運搬容器に収納することなく、これを行うことは特別管理産業廃棄物処理基準違反になりますか？**

1 その定着状況に鑑み、特別管理廃棄物処理基準に適合する表示として運用することとされています。

一方、非感染性廃棄物を収集運搬するにあたっては、事業者である医療機関等に責任を持って非感染性廃棄物であることを明らかにしてもらうため、その運搬容器に非感染性廃棄物であることを明記したラベル（資料5-7）をつけることが望ましく、推奨される取組みとされています。

2 特別管理産業廃棄物処理基準違反になりません。

確かに、ＰＣＢ廃棄物を収集運搬する場合、必ず次の構造を有する運搬容器に収納して行うこととされていますが、柱上トランスについてはその表面が構造耐力上十分な厚さと強度を持った構造であるため、破損又は漏洩がない限り、これらを満たす運搬容器に収納されているものとして取り扱うことができることとされています。

- ▶密閉できることその他ＰＣＢの漏洩を防止するために必要な措置（運搬容器が所要の空間容量を有すること、ＰＣＢ廃棄物の性状に応じた吸収材が使用されていること等）が講じられていること
- ▶収納しやすいこと
- ▶損傷しにくいこと

資料5-6　バイオハザードマーク

色	性状等
赤色	液状又は泥状のもの（血液等）
橙色	固形状のもの（血液等が付着したガーゼ等）
黄色	鋭利なもの（注射針等）
	分別排出が困難なもの

「廃棄物処理法に基づく感染性廃棄物処理マニュアル」（平成３０年３月）

資料5-7　非感染性廃棄物ラベルの例

非感染性廃棄物	
医　療　機　関　等　名	
特別管理産業廃棄物 管　理　責　任　者	
排　出　年　月　日	

「廃棄物処理法に基づく感染性廃棄物処理マニュアル」（平成３０年３月）

参考

令第４条の２第１号ニ→則第１条の１０
令第４条の２第１号ホ
令第４条の２第１号ヘ→則第１条の１１
令第６条の５第１項第１号
令第６条の５第１項第１号イ
衛環第２３２号（平成４年８月１３日）
衛環第２３３号（平成４年８月１３日）
環水企第１８２号・衛環第２４４号（平成４年８月３１日）
衛環第７１号（平成１０年７月３０日）
環廃産発第０４０３１６００１号（平成１６年３月１６日）
環廃対発第０４０４０１００８号・環廃産発第０４０４０１００５号（平成１６年４月１日）
環廃産発第１１０８３１００２号（平成２３年８月３１日）
環循規発第１９１２２０１号・環循施発第１９１２２０１号（令和１年１２月２０日）
環循適発第２００９０７４号・環循規発第２００９０７２号（令和２年９月７日）
事務連絡（平成３０年３月３０日）

Q083 ★★★

帳簿の備えつけ

産業廃棄物処理業者ではないのですが、立入検査の際に先方から帳簿を見せるよう、指導を受けました。事業者であっても、帳簿は備えつけておかなければならないのですか？

次の事業者は、産業廃棄物の種類ごと（特別管理産業廃棄物の場合は、その種類ごと）に所定の事項（資料5-8）を記載した帳簿を備えつけておかなければなりません。

▶**事業者・甲**：産業廃棄物処理施設が設置されている事業場を設置している事業者

▶**事業者・乙**：産業廃棄物処理施設以外の産業廃棄物の焼却施設が設置されている事業場を設置している事業者

▶**事業者・丙**：産業廃棄物が生ずる事業場の外（産業廃棄物が生ずる事業場と空間的に一体のものと見なすことができる場所やこれと同等の場所は、当該事業場の外に該当しません）で「自ら処分（又は再生）」（これに伴う「自ら運搬」を含みます）を行う事業者

▶**事業者・丁**：特別管理産業廃棄物の「自ら処理」を行う事業者（特別管理産業廃棄物を処理委託する事業者が含まれないことに注意してください）

▶**事業者・戊**：「二以上の事業者による産業廃棄物の処理に係る特例」にしたがって都道府県知事等から認定を受けた事業者

資料5-8　事業者が備えつける帳簿の記載事項

	事業者・甲 事業者・乙	事業者・丙 事業者・丁
運搬	－	●産業廃棄物を生じた事業場の名称及び所在地 ●運搬年月日 ●運搬方法及び運搬先ごとの運搬量 ●積替え又は保管を行った場合には、積替え又は保管の場所ごとの搬出量
処分	●処分年月日 ●処分方法ごとの処分量 ●処分（埋立処分及び海洋投入処分を除く）後の廃棄物の持出先ごとの持出量	●産業廃棄物の処分を行った事業場の名称及び所在地 ●処分年月日 ●処分方法ごとの処分量 ●処分（埋立処分及び海洋投入処分を除く）後の廃棄物の持出先ごとの持出量

	事業者・戊 （甲、乙、丙、丁に係るものを除く）			
	特別管理産業廃棄物を除く産業廃棄物			特別管理産業廃棄物
	①その事業者自らが処分を行う場合	②認定を受けた他の事業者が処分を行う場合	③収集運搬のみを行う場合	④特別管理産業廃棄物の処理を行う場合
収集又は運搬	●産業廃棄物を生じた事業場の名称及び所在地 ●運搬を行った事業者の名称 ●運搬年月日 ●運搬方法及び運搬先ごとの運搬量 ●積替え又は保管を行った場合には、積替え又は保管の場所ごとの搬出量	●産業廃棄物を生じた事業場の名称及び所在地 ●収集運搬を行った事業者の名称 ●収集運搬年月日 ●運搬方法及び運搬先ごとの運搬量 ●積替え又は保管を行った場合には、積替え又は保管の場所ごとの搬出量	●産業廃棄物を生じた事業場の名称及び所在地 ●認定を受けた他の事業者が収集運搬を行った場合には、当該事業者の名称 ●収集運搬年月日 ●運搬方法及び運搬先ごとの運搬量 ●積替え又は保管を行った場合には、積替え又は保管の場所ごとの搬出量	●産業廃棄物を生じた事業場の名称及び所在地 ●収集運搬を行った事業者の名称 ●収集運搬年月日 ●運搬方法及び運搬先ごとの運搬量 ●積替え又は保管を行った場合には、積替え又は保管の場所ごとの搬出量
処分	●処分年月日 ●処分方法ごとの処分量 ●処分（埋立処分及び海洋投入処分を除く）後の廃棄物の持出先ごとの持出量	●産業廃棄物の処分を行った事業場の名称及び所在地 ●処分を行った事業者の名称	－	●産業廃棄物の処分を行った事業場の名称及び所在地 ●処分を行った事業者の名称 ●処分年月日 ●処分方法ごとの処分量 ●処分（埋立処分及び海洋投入処分を除く）後の廃棄物の持出先ごとの持出量

※石綿含有産業廃棄物、水銀使用製品産業廃棄物又は水銀含有ばいじん等が含まれる場合は、処理の区分に応じ、それに係るものを明らかにすること

なお産業廃棄物処理業者が備えつける帳簿については、これに記載するべき事項を全て満たすマニフェスト又はその写しにより代用できること（別途、帳簿を備えつけなくてよいこと）とされています。

参考

法第１２条第１３項→令第６条の４／則第８条の５
法第１２条の２第１４項→則第８条の１８

法第１４条第１７項→則第１０条の８
法第１４条の４第１８項→則第１０条の２１
法第１９条
環廃対発第１１０２０４００４号・環廃産発第１１０２０４００１号（平成２３年2月4日）
環廃対発第１１０２０４００５号・環廃産発第１１０２０４００２号（平成２３年2月4日）
環循適発第１８０３３０１０号・環循規発第１８０３３０１０号（平成３０年3月３０日）
事務連絡（平成１９年１２月１９日）

Q084 立入検査の事前連絡

★☆☆

隣接する産業廃棄物処理業者が敷地内に相当量と思われる廃棄物を放置していたので、管轄の都道府県等に通報したところ、速やかに立入検査を行うとのことでした。ところが産業廃棄物処理業者は既にその日を知っているようであり、廃棄物の搬出や敷地内の整理・清掃（違反事実の隠蔽（いんぺい））をはじめています。

仮に都道府県等の担当職員から事前に連絡を受けていたのであれば、問題ではないのですか？

A

廃棄物の放置が、悪質性等、どの程度の法令違反に該当するかにもよりますが、その目的や性格を踏まえると一般的には不適切と考えられ、また「地方公務員法」の観点から都道府県等の担当職員にも問題があるといわざるをえません。

この点について、環境省は都道府県等に対し、事業者や産業廃棄物処理業者が通常行っている産業廃棄物の処理の状況を確認するため、立入検査を行う場合は、原則として、その事業場等に対して事前連絡をすることなく立ち入ることを求めています。また対象となる事業場等として、いわゆる無許可業者による投棄禁止違反の現場や無許可で設置された廃棄物処理施設も含まれ、管轄区域内にあるものに限られないこととされています。

なお、法は「立入検査の権限は、犯罪捜査のために認められたものと解釈してはならない」と入念的に規定していることから、これにより収去した物件等は犯罪関係者に対して刑事責任を追及するために利用できず、その裁判においても証拠能力を有するものとして取り扱われません。

参考

法第１９条
衛産第３１号（平成２年４月２６日）
環廃産発第０８０５１６００１号（平成２０年５月１６日）
環廃対発第１１０２０４００５号・環廃産発第１１０２０４００２号（平成２３年２月４日）
環廃企発第１６０１２０１号・環廃産発第１６０１２０１号（平成２８年１月２０日）
環廃産発第１６０６２１１号（平成２８年６月２１日）
環循規発第１８０３３０２８号（平成３０年３月３０日）
事務連絡（平成１４年２月１４日）
京都地判（平成４年９月８日）

Q085 報告の徴収・立入検査の対象

★★

1 報告の徴収や立入検査の対象となる者として、事業者、廃棄物処理業者、廃棄物処理施設設置者等のほか、「その他の関係者」がありますが、これは具体的にだれを指すのですか？

2 立入検査の対象となる場所として、事務所、事業場、車両、船舶、廃棄物処理施設のある土地又は建物等のほか、「その他の場所」がありますが、これは具体的にどこを指すのですか？

A

1 廃棄物の不適正処理等の違反行為に関与しているものの、（自らは）その収集運搬や処分を行っていない者を広く含むものをいいますが、たとえば「①所有し、管理し、又は占有する土地において、不適正処理が行われることを承諾・黙認する等して積極的若しくは消極的に不適正処理に協力している土地の所有者、管理者又は占有者（不適正処理について知情性を有する土地提供者）」、「②不適正処理を斡旋・仲介したブローカー」、「③不適正処理を行った者に対して資金提供を行った者」等が該当します。

　なお、土地の所有者、管理者又は占有者にあっては、所有し、管理し、又は占有する土地において、他の者によって不適正処理が行われた廃棄物と認められるものを発見した場合、速やかに、その旨を都道府県又は市町村に通報するように努めなければならないこととされています。したがって、土地の地盤がかさ上げされることをよいことに、廃棄物と認められるものが不適正に投棄されている状況を黙認・傍観しているようなこと等があってはなりません。ここでいう「…廃棄物と認められるもの」とは、土地の所有者、管理者又は占有者が廃棄物と認めるものをいいますが、当該廃棄物と認められるものについて通報を受けた都道府県又は市町村が確認した結果、廃棄物に該当しないことが明らかになったものは、当然に法の適用を受けません。

2 廃棄物の不適正処理等の違反行為に関する情報の把握や関係者に対する行政処分等を行う上で立ち入る必要がある場所を広く含むものをいいますが、たとえば「①コンテナ」、「②航空機」等が該当します。

参考

法第５条第１項
法第５条第２項
法第１７条の２第３項
法第１８条
法第１９条

環計第３６号（昭和５２年3月２６日）
環産第２１号（昭和５７年6月１４日・平成１２年１２月２８日廃止）
衛環第７８号（平成１２年9月２８日）
生衛発第１４６９号（平成１２年9月２８日）
環廃対発第１１０２０４００４号・環廃産発第１１０２０４００１号（平成２３年2月4日）
環廃対発第１１０２０４００５号・環廃産発第１１０２０４００２号（平成２３年2月4日）
環循適発第１８０３３０１０号・環循規発第１８０３３０１０号（平成３０年3月３０日）
環循規発第１８０３３０２８号（平成３０年3月３０日）
事務連絡（平成１４年2月１４日）

Q086 産業廃棄物処理業許可証の確認

★★★

処理委託する産業廃棄物処理業者を検討するにあたり、その許可証に記載されている内容を精査しようと考えているのですが、どのような点に注意すればよいでしょうか？

A

次の点に注意する必要があります（❶〜⓫は、資料5-9／資料5-10にある同じ番号とそれぞれ対応しています）。

▶**許可番号（❶）**：許可証ごとに記載されている１１桁の番号で、「①固有の都道府県等を示すもの（１〜３桁目)」、「②産業廃棄物処理業の種類を示すもの（４桁目)」、「③都道府県等において産業廃棄物処理業者の分類等に自由に使用できるもの（５桁目)」、「④産業廃棄物処理業者に付与する全国統一のもの（６〜１１桁目)」により構成されています。

▶**優良のマーク（❷）**：「優良産廃処理業者認定制度」に基づく優良認定等を受けているものに記載されています。いいかえれば、この記載がないものは、そのような認定等を受けていないことを示しています。

▶**許可の年月日（❸）**：許可を受けた年月日（実際に許可証が交付された年月日）が記載されています。

▶**許可の有効年月日（❹）**：原則として、許可の年月日から５年の期間が設けられています。ただし❷が記載されているものについては、７年の期間が設けられています。これらの期間（満了日が都道府県等の休日である場合は、その翌日まで）を越えているものは無効です。

なお、事業の用に供する施設の能力や当該施設に係る他の法令の許可期限等を勘案して、許可の期間を短縮することはできないこととされています。

▶**事業の範囲（❺）**：産業廃棄物収集運搬業許可証又は特別管理産業廃棄物収集運搬業許可証については「取り扱う産業廃棄物又は特別管理産業廃棄物の種類（石綿含有産業廃棄物、水銀使用製品産業廃棄物又は水銀含有ばいじん等が含まれる場合は、その旨を含む)」と「積替保管を行う／積替保管を行わないの別」を、産業廃棄物処分業許可証又は特別管理産業廃棄物処分業許可証については「処分方法ごとに区分された、取り扱う産業廃棄物又は特別管理産業廃棄物の種類（石綿含有産業廃棄物、水銀使用製品産業廃棄物又は水銀含有ばいじん等が含まれる場合は、その旨を含む)」を、それぞれいいます。これらに記載のない処理は委託できません。

▶**積替え又は保管を行う全ての場所（産業廃棄物収集運搬業許可証又は特別管理産業廃棄物収集運搬業許可証の場合のみ）（❻）**：「①所在地及び面積」、「②積替保管を行う産業廃棄物又は特別管理産業廃棄物の種類（石綿含有産業廃棄物、水銀使用製

資料5-9　産業廃棄物収集運搬業許可証の法定様式

❶ 許可番号

産業廃棄物収集運搬業許可証

❷ 優良

住　所
氏　名
(法人にあっては、名称及び代表者の氏名)

廃棄物の処理及び清掃に関する法律 第14条第1項／第14条の2第1項 の許可を受けた者であることを証する。

都道府県知事　　　　印
(市長)

❸ 許可の年月日　　年　　月　　日
❹ 許可の有効年月日　　年　　月　　日

❺ 1．事業の範囲（取り扱う産業廃棄物の種類（当該産業廃棄物に石綿含有産業廃棄物、水銀使用製品産業廃棄物又は水銀含有ばいじん等が含まれる場合は、その旨を含む。）及び積替え又は保管を行うかどうかを明らかにすること）

❻ 2．積替え又は保管を行うすべての場所の所在地及び面積並びに当該場所ごとの積替え又は保管を行う産業廃棄物の種類（当該産業廃棄物に石綿含有産業廃棄物、水銀使用製品産業廃棄物又は水銀含有ばいじん等が含まれる場合は、その旨を含む。）、積替えのための保管上限及び積み上げることができる高さ

❽ 3．許可の条件

❾ 4．許可の更新又は変更の状況
　年　　月　　日　　(内　容)

❿ 5．積替え許可の有無　　有・無
(積替え許可を有している場合においては、市名及び許可番号を記載すること。)
　市名　　　　許可番号

⓫ 6．規則第9条の2第8項の規定による許可証の提出の有無　　有・無

備考
　市長が交付する許可証については、積替え許可の有無の記載は不要とすること。

(日本産業規格　A列4番)

資料5-10 産業廃棄物処分業許可証の法定様式

❶ 許可番号

産業廃棄物処分業許可証 ❷

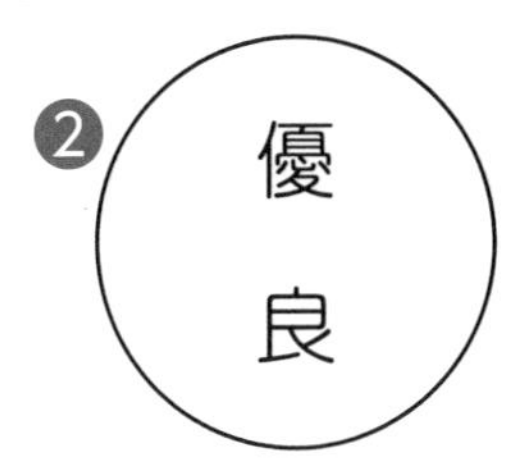

住　所
氏　名
（法人にあっては、名称及び代表者の氏名）

廃棄物の処理及び清掃に関する法律 第14条第6項／第14条の2第1項 の許可を受けた者であることを証する。

都道府県知事　　　　印
（市長）

❸ 許可の年月日　　年　月　日
❹ 許可の有効年月日　　年　月　日

❺ 1．事業の範囲（処分の方法ごとに区分して取り扱う産業廃棄物の種類（当該産業廃棄物に石綿含有産業廃棄物、水銀使用製品産業廃棄物又は水銀含有ばいじん等が含まれる場合は、その旨を含む。）を記載すること。）

❼ 2．事業の用に供するすべての施設（施設ごとに種類、施設場所、設置年月日、処理能力、許可年月日及び許可番号（産業廃棄物処理施設の設置の許可を受けている場合に限る。）を記載すること。）

❽ 3．許可の条件

❾ 4．許可の更新又は変更の状況
　年　月　日　（内　容）

⓫ 5．規則第10条の4第7項の規定による許可証の提出の有無　　有・無

（日本産業規格　A列4番）

品産業廃棄物又は水銀含有ばいじん等が含まれる場合は、その旨を含む)」、「③積替えのための保管上限」、「④積み上げることができる高さ」が記載されています（❺が「積替保管を行わない」の場合は記載されていません)。これらに記載のない、又は記載の範囲を越える積替保管は委託できません。

▶**事業の用に供する全ての施設（産業廃棄物処分業許可証又は特別管理産業廃棄物処分業許可証の場合のみ）（❼）**：「①種類」、「②施設場所」、「③設置年月日」、「④処理能力」、「⑤許可年月日」及び「⑥許可番号」（産業廃棄物処理施設設置の許可を受けている場合に限ります）が記載されています。これらに記載のない、又は記載の範囲を越える処分は委託できません。

▶**許可の条件（❽）**：以下の留意事項を踏まえた、生活環境の保全上必要な条件が記載されています。

①法に規定する基準を遵守させ、かつ生活環境保全上の支障を生じさせるおそれのないようにするための具体的な手段・方法等について付すものであること（たとえば、産業廃棄物収集運搬業許可証又は特別管理産業廃棄物収集運搬業許可証にあっては運搬経路や搬入時間帯を指定すること、産業廃棄物処分業許可証又は特別管理産業廃棄物処分業許可証にあっては処分に伴い生ずる排ガスや排水等の処理方法を具体的に指定すること等が考えられます）

②①の手段・方法等を絞り込むにあたっては、生活環境の保全を旨として、より広い選択肢について技術的な熟度、効果の程度及びその信頼性並びに実行可能なよりよい技術の採用等の観点に照らした上で実効性の観点から行うこと

③生活環境の保全の観点から関連の深い地域の自然的・社会的状況（地形、住宅地域の分布並びに公害関連の関連協定及びその背景等）を適切に勘案すること

▶**許可の更新又は変更の状況（❾）**：当初許可・更新許可・変更許可・書換交付等の履歴が記載されています。

▶**積替え許可の有無（産業廃棄物収集運搬業許可証又は特別管理産業廃棄物収集運搬業許可証の場合のみ）（❿）**：都道府県知事による許可証に「有」と記載されており、かつ積替保管を行う許可を、別途、（当該都道府県内の）市の長から受けている場合は、その市名と許可番号が記載されています。

▶**規則･･･の規定による許可証の提出の有無（⓫）**：先行して許可を受けた許可証（以下、「先行許可証」といいます）を提出することにより、通常の申請時は必要となる書類の一部を省略できる制度を利用したものの当否が記載されています。「有」と記載されている許可証を、先行許可証として利用することはできません。

参考

法第１４条第２項→令第６条の９
法第１４条第７項→令第６条の１１
法第１４条第１１項
法第１４条の４第２項→令第６条の１３
法第１４条の４第７項→令第６条の１４

法第１４条の４第１１項
則第１０条の２→則様式第７号／則様式第７号の２
則第１０条の６→則様式第９号／則様式第９号の２
則第１０条の１０の２
則第１０条の１４→則様式第１３号／則様式第１３号の２
則第１０条の１８→則様式第１５号／則様式第１５号の２
則第１０条の２３の２
環整第１２８号・環産第４２号（昭和５４年１１月２６日・平成１２年１２月２８日廃止）
衛産第３１号（平成２年4月２６日）
衛環第２３２号（平成４年8月１３日）
衛環第２３３号（平成４年8月１３日）
衛産第３６号（平成５年３月３１日・平成１２年１２月２８日廃止）
衛環第３７号（平成１０年5月7日）
生衛発第７８０号（平成１０年5月7日）
環廃対第５１６号（平成１３年１１月３０日）
環廃産発第０４０４０１００６号（平成１６年４月１日）
環廃産発第０６０３３１００１号（平成１８年３月３１日）
環廃産発第０８０３３１００１号（平成２０年３月３１日）
環廃対発第１１０２０４００４号・環廃産発第１１０２０４００１号（平成２３年2月４日）
環廃対発第１１０２０４００５号・環廃産発第１１０２０４００２号（平成２３年2月４日）
環廃産発第１６０２０２１号（平成２８年2月2日）
環循規発第１８０３３０２２号（平成３０年３月３０日）
環循規発第１９０３０５３号（平成３１年３月5日）
環循規発第１９０４１２１号（平成３１年4月１２日）
環循規発第２００２１４２号（令和２年2月１４日）
環循規発第２００３３０１号（令和２年３月３０日）
環循規発第２００４２７３号（令和２年４月２７日）
環循適発第２００５１５２号・環循規発第２００５１５１号（令和２年5月１５日）
環循規発第２１０１２２１号（令和３年１月２２日）
事務連絡（平成３０年7月２５日）
事務連絡（令和１年１０月３０日）
事務連絡（令和２年４月１日）
事務連絡（令和２年5月１９日）
事務連絡（令和２年7月１７日）

Q087 産業廃棄物処理業者以外に処理委託できる者

★★

産業廃棄物処理業者以外にも、産業廃棄物を適正に処理できる業者がいると聞きました。処理委託先の候補となる選択肢を増やすために把握しておきたいのですが、どのような業者がいるのでしょうか？

代表的なものとしては、次の業者があります（他にもあります）。

- ▶「産業廃棄物の再生利用に係る特例」にしたがって環境大臣から認定を受けた業者
- ▶「産業廃棄物の広域的処理に係る特例」にしたがって環境大臣から認定を受けた業者
- ▶「産業廃棄物の無害化処理に係る特例」にしたがって環境大臣から認定を受けた業者
- ▶「産業廃棄物の再生利用指定制度」にしたがって都道府県知事等から指定を受けた業者
- ▶専ら再生利用の目的となる産業廃棄物の処理のみを行う業者

なお、これらの業者への処理委託にあたっては、その根拠となる制度や規定の目的等を踏まえ、取り扱える産業廃棄物の種類と範囲が限られることに注意してください。一方、以上の趣旨から、通常、産業廃棄物処理業者に処理委託する場合は適用される各種

資料5-11 産業廃棄物処理業者以外に処理委託できる者に適用される各種基準等

	再生利用に係る特例に基づく認定業者	広域的処理に係る特例に基づく認定業者
認定・指定等の主体	環境大臣	環境大臣
対象となる産業廃棄物（条件づきのもの多数あり）	廃ゴム製品 汚泥 廃プラスチック類 廃肉骨粉 金属を含む廃棄物※ 廃木材	（認定例） 廃コンピュータ・付属装置 廃自動二輪車 廃石膏ボード 廃鉛蓄電池
産業廃棄物処理業の許可	×	×
産業廃棄物処理施設設置の許可	×	○
産業廃棄物処理基準等（車両表示板等）	○	○
産業廃棄物処理委託基準等（契約書）	○	○
マニフェスト制度	× （※の場合のみ○）	×
帳簿の備えつけ	○	○

基準等が一部適用されません（資料5-11）。

参考

法第１２条第５項→則第８条の２の８第２号／則第８条の３第２号
法第１２条第５項→則第８条の２の８第３号／則第８条の３第３号→則第９条第２号／則第１０条の３第２号
法第１２条第５項→則第８条の２の８第４号／則第８条の３第４号
法第１２条第５項→則第８条の２の８第５号／則第８条の３第５号
法第１２条第５項→則第８条の２の８第６号／則第８条の３第６号
法第１２条の２第５項→則第８条の１４第３号／則第８条の１５第３号
法第１２条の２第５項→則第８条の１４第４号／則第８条の１５第４号
法第１２条の３第１項→則第８条の１９第３号
法第１２条の３第１項→則第８条の１９第４号
法第１２条の３第１項→則第８条の１９第５号
法第１２条の３第１項→則第８条の１９第６号
法第１２条の３第１項→則第８条の１９第７号
法第１４条第１項→則第９条第２号
法第１４条第６項→則第１０条の３第２号
法第１４条第１２項
法第１４条第１７項
法第１４条の４第１２項
法第１４条の４第１８項
法第１５条の４の２
法第１５条の４の２第１項→則第１２条の１２の２→厚生省告示第２５９号（平成９年１２月２６日）
法第１５条の４の３
法第１５条の４の４
法第１５条の４の４第１項→則第１２条の１２の１４→環境省告示第９８号（平成１８年７月２６日）
環整第４３号（昭和４６年１０月１６日）
環計第３７号（昭和５２年３月２６日）
環産第９号（昭和５３年３月２４日・平成６年４月１日廃止）
衛産第３６号（平成５年３月３１日・平成１２年１２月２８日廃止）
衛産第２０号（平成６年２月１７日・平成１２年１２月２８日廃止）
衛産第４２号（平成６年４月１日）

無害化処理に係る特例に基づく認定業者	再生利用指定制度に基づく指定業者	専ら再生利用の目的となる産業廃棄物に係る業者
環境大臣	都道府県知事等	−
低濃度ＰＣＢ廃棄物 廃石綿等 石綿含有産業廃棄物	汚泥類 動植物性残さ 木くず がれき類 （旧公益社団法人全国産業廃棄物連合会平成22年1月調査に基づく指定例）	古紙 くず鉄 空き瓶類 古繊維
×	×	×
×	○	○
○	×	×
○	○	○
○	×	×
○	×	×

厚生省生衛第１１１２号（平成9年１２月１７日）
衛環第３１８号（平成9年１２月２６日）
衛環第３１９号（平成9年１２月２６日）
生衛発第７８０号（平成１０年5月7日）
生衛発第１６３１号（平成１０年１１月１３日）
環廃産第２８号（平成１４年1月１７日）
環廃産第６１８号（平成１４年１０月１７日）
環廃対発第０３１１２８００２号・環廃産発第０３１１２８００６号（平成１５年１１月２８日）
環廃対発第０３１１２８００３号・環廃産発第０３１１２８００７号（平成１５年１１月２８日）
環廃産発第０４０６３０００２号（平成１６年6月３０日）
環廃対発第０５０２１８００３号・環廃産発第０５０２１８００１号（平成１７年2月１８日）
環廃産発第０６０７０４００１号（平成１８年7月4日）
環廃対発第０６０８０９００２号・環廃産発第０６０８０９００４号（平成１８年8月9日）
環廃対発第０６０８０９００３号・環廃産発第０６０８０９００５号（平成１８年8月9日）
環廃対発第０８０５０９００１号・環廃産発第０８０５０９００２号（平成２０年5月9日）
環廃対発第１１０２０４００４号・環廃産発第１１０２０４００１号（平成２３年2月4日）
環廃対発第１１０２０４００５号・環廃産発第１１０２０４００２号（平成２３年2月4日）
環廃企発第１６０１０８５号・環廃対発第１６０１０８４号・環廃産発第１６０１０８４号（平成２８年1月8日）
中環審第９４２号（平成２９年2月１４日）
環廃産発第１７０６２０１号（平成２９年6月２０日）
環循適発第１８０２０２１号・環循規発第１８０２０２１号（平成３０年2月2日）
環循規発第１９１２２０１号・環循施発第１９１２２０１号（令和１年１２月２０日）
環循規発第２００３３０１号（令和２年3月３０日）
環循適発第２００５１５２号・環循規発第２００５１５１号（令和２年5月１５日）
事務連絡（令和１年１２月２０日）
事務連絡（令和２年1月２１日）
事務連絡（令和２年2月7日）

Q088 一般廃棄物収集運搬業や一般廃棄物処分業の許可に基づく特別管理一般廃棄物の処理委託

★☆☆

特別管理産業廃棄物の処理は産業廃棄物収集運搬業や産業廃棄物処分業の許可を受けている者に委託できない（特別管理産業廃棄物収集運搬業や特別管理産業廃棄物処分業の許可を受けている者に委託しなければならない）ように、特別管理一般廃棄物の処理も一般廃棄物収集運搬業や一般廃棄物処分業の許可を受けている者に委託できないのでしょうか？

A

委託できます。特別管理産業廃棄物を除く産業廃棄物の処理委託は産業廃棄物収集運搬業や産業廃棄物処分業の許可を受けている者に、特別管理産業廃棄物の処理委託は特別管理産業廃棄物収集運搬業や特別管理産業廃棄物処分業の許可を受けている者に、それぞれ行わなければなりませんが、一般廃棄物の処理委託先については、そのように許可が区分されていないことから、一般廃棄物収集運搬業や一般廃棄物処分業の許可を受けている者であれば、特別管理一般廃棄物を除く一般廃棄物も、特別管理一般廃棄物も、その事業の範囲内において受託が可能です。

参考

法第６条の２第６項
法第６条の２第７項→令第４条の４第１号
法第１２条第５項
法第１２条の２第５項
衛環第２３２号（平成４年8月１３日）
衛環第２３３号（平成４年8月１３日）
衛環第２４５号（平成４年8月３１日・平成１２年１２月２８日廃止）
環廃対発第０３１１２８００２号・環廃産発第０３１１２８００６号（平成１５年１１月２８日）
環廃対発第０３１１２８００３号・環廃産発第０３１１２８００７号（平成１５年１１月２８日）

Q089 産業廃棄物処理業者への処理委託と事業者の処理責任

★★★

法令を遵守して産業廃棄物を処理委託しています。処理委託先は都道府県知事等から許可を受けている産業廃棄物処理業者なので、不法投棄等の心配もなく、適正処理は約束されているのも同然と安心しているのですが、楽観的でしょうか？

A

都道府県知事等から受けている産業廃棄物処理業の許可とは、社会公共の安全や秩序を維持するという消極的観点から行われる許可（「警察許可」といいます）であり、申請者が適正処理を行いうる客観的能力等を有する者であることを確保する観点から定められた一定の要件（周辺住民の同意をえること等を含みません）に合致すれば必ず許可されなければならないものであって、なおも都道府県知事等に許可するか否かについての裁量をあたえるものではありません（これは、たとえ申請者が一定の要件に合致する場合にあっても、「①市町村（や市町村委託処理業者）による処理が困難というわけでない」又は「②一般廃棄物処理計画に適合しない」のであれば、市町村長によって不許可とできる一般廃棄物処理業の許可と対照的です）。

したがって、産業廃棄物処理業の許可に係る制度は実際に許可を受けた者が適正処理を行うことまでを保証するものでなく、都道府県知事等から許可を受けている産業廃棄物処理業者への処理委託により、いわゆる「事業者の処理責任」が消滅するわけでもなければ、免除されるわけでもありません（資料5-12）。処理委託先が信頼できる産業廃棄物処理業者であるか否かについては、事業者自らの責任において見きわめる必要があります。参考までに、処理委託にあたり注意が必要と思われる産業廃棄物処理業者の例を次に示します。

- 必要以上に産業廃棄物処理業許可証を提示しない、又はその内容について十分な説明ができない。
- 事業の用に供する施設や保管を行う場所を確認させたがらない、又はその整備・清掃等が不十分である。
- 敷地内に産業廃棄物がぞんざいに積み上げられている。
- 従業員の立居振舞いや身だしなみ等が不適切である。
- 処理料金が著しく安価であり、それに対する合理的な説明ができない。
- 法的に禁止されていることや望ましくないことを躊躇（ちゅうちょ）なく了解し、受託しようとする。
- 産業廃棄物の引取りから最終処分までの処理行程について明示しない、又は不整合がある。
- 処理委託の契約、マニフェスト、帳簿に関する事務や産業廃棄物処理基準（又は特

資料5-12　産業廃棄物に係る事業者の処理責任

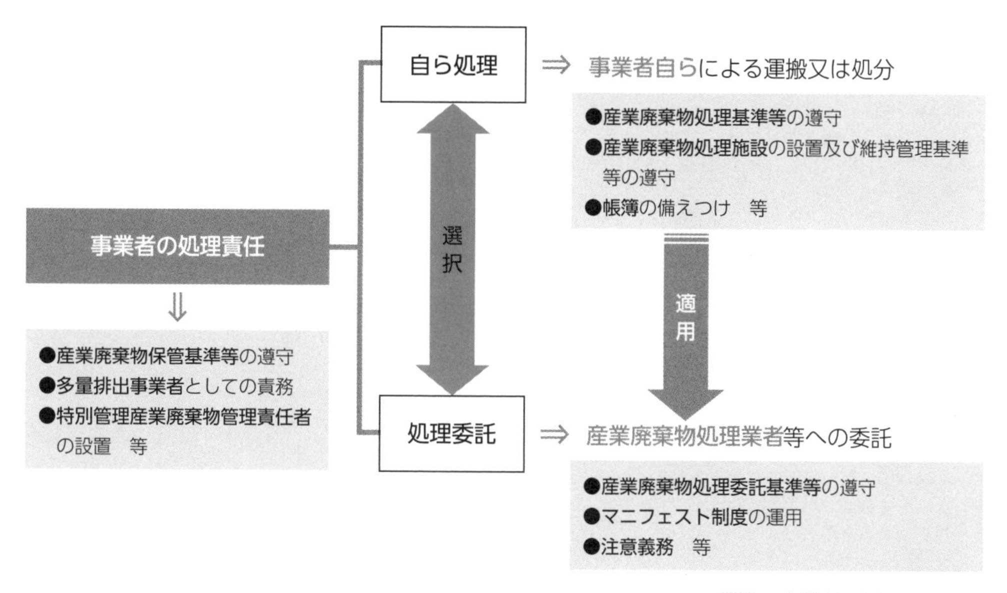

別管理産業廃棄物処理基準）等について説明が不正確である。

▶処理委託の契約において、当事者（産業廃棄物処理業者）とは異なる業者（都道府県等による規制権限の及ばない第三者）を介在させ、斡旋・仲介・代理等を行わせようとする。

▶事務所の表示、従業員の制服、担当者の名刺、産業廃棄物処理業許可証等にある社名・屋号が異なる。

参考

法第７条第５項第１号
法第７条第５項第２号
法第７条第１０項第１号
法第７条第１０項第２号
法第１１条第１項
法第１４条第５項
法第１４条第１０項
法第１４条の４第５項
法第１４条の４第１０項
厚生省環第７８４号（昭和４６年１０月１６日）
環整第７５号（昭和５０年９月１２日）
環計第８６号（昭和５２年８月１７日）
衛産第３１号（平成２年４月２６日）
衛環第２３３号（平成４年８月１３日）
衛環第７０号（平成５年３月１１日）
衛産第３６号（平成５年３月３１日・平成１２年１２月２８日廃止）
衛産第９３号（平成６年１０月１日）
衛環第７８号（平成１２年９月２８日）
生衛発第１４６９号（平成１２年９月２８日）
環廃産第１４１号（平成１５年３月７日）
環廃対発第１４１００８１号（平成２６年１０月８日）
中環審第９４２号（平成２９年２月１４日）
環廃対発第１７０３２１２号・環廃産発第１７０３２１１号（平成２９年３月２１日）
環廃産発第１７０６２０１号（平成２９年６月２０日）

環循規発第１８０３３０２８号（平成３０年3月３０日）
環循適発第１９０５２０１号・環循規発第１９０５２０１号（令和1年5月２０日）
環循規発第２００３３０１号（令和２年3月３０日）
高知地判（昭和６０年5月9日）
名古屋地判（平成3年１１月２９日）
神戸地判（平成５年１１月２９日）
和歌山地判（平成７年3月２２日）
高松高判（平成７年１２月１９日）
奈良地判（平成８年３月２７日）
静岡地判（平成８年１１月２２日）
札幌地判（平成９年２月１３日）
佐賀地判（平成９年２月１４日）
札幌高判（平成９年１０月7日）
京都地判（平成９年１０月３１日）
福岡高判（平成１２年5月２６日）
金沢地判（平成１２年１０月１３日）
和歌山地判（平成１２年１２月１９日）
名古屋高裁金沢支判（平成１４年8月２８日）
最高裁一小決（平成１６年1月１５日）
和歌山地判（平成１６年3月３１日）
名古屋地判（平成１６年4月１５日）
大阪地判（平成１８年2月２２日）
さいたま地判（平成１９年2月7日）
福井地判（平成２２年9月１０日）
福岡高裁宮崎支判（平成２２年１１月２４日）
名古屋高裁金沢支判（平成２３年6月1日）
福岡地判（平成２５年3月5日）
最高裁三小判（平成２６年1月２８日）
最高裁三小判（平成２６年7月２９日）
大阪地判（平成２７年3月３１日）

Q 090 一般廃棄物収集運搬業や一般廃棄物処分業の許可要件

★☆☆

一般廃棄物収集運搬業や一般廃棄物処分業について、それぞれ市町村（や市町村委託処理業者）による一般廃棄物の処理が困難でなければ、その許可を受けられない（前提として市町村等による一般廃棄物の処理が困難であることを要件とする）と聞きました。

では、「…処理が困難であること」とは、具体的にどのような状態・事情を指すのですか？

一般的な認定の基準として、おおむね次の考え方によることが妥当とされています。

▶通常の家庭系廃棄物の処理について、原則として困難といえないこと

▶通常の事業系一般廃棄物の処理について、これを多量に排出した土地又は建物の占有者（事業者）に対し、減量に関する計画の作成や運搬するべき場所と方法その他必要な事項を指示する程度に達する数量であるもの又はいわゆる「事業者の処理責任」という観点を踏まえ、「自ら処理」を指示する程度に特殊な性質等であるものは困難と認定されるが、それ以外は原則として困難といえないこと

▶上記２点において原則として困難といえない一般廃棄物の処理であっても、交通の状態その他の事情により夜間収集作業を必要とするものについては、困難と認定できる場合があること

▶浄化槽にたまった汚泥について、その収集運搬は浄化槽の清掃と一体的に行われるのが通例であるため、そのような場合には、その数量の多少を問わず全体作業的に見て困難と認定することができること

▶基本的には、以上の基準にしたがって判断することが妥当であるが、通常の家庭系廃棄物の処理についても、これを市町村が収集運搬若しくは処分し、又は市町村委託処理業者に収集運搬若しくは処分する体制が整わない場合には、現に市町村長から一般廃棄物収集運搬業や一般廃棄物処分業の許可を受けて一般廃棄物処理業者が収集運搬又は処分しているものを困難と認定することができること

参考

法第３条
法第６条の２第５項
法第７条第５項第１号
法第７条第１０項第１号
環整第４３号（昭和４６年１０月１６日）
環廃対第２１３号（平成１５年３月１７日）
最高裁一小判（昭和４７年１０月１２日）

Q091 規制権限の及ばない第三者による斡旋・仲介・代理等

★★★

産業廃棄物の処理委託にあたり、産業廃棄物処理業者の選択から処理料金の交渉、さらには以降の契約やマニフェストに係る事務等までを一手に引き受け、いくつもの事業者に代わって一元的に管理するビジネスを展開している業者から営業・提案を受けました。

事業者である自社としては、産業廃棄物に関係する事務や管理等の負担が大幅に軽減されるので、そのとおり依頼することに相応のメリットがあると判断しており、前向きに検討していきたいと思うのですが、問題ないでしょうか（産業廃棄物処理委託契約書やマニフェストを自社の名義としなければならないことは承知しています）？

処理責任を有する事業者としての意識が希薄化し、産業廃棄物の適正な処理の確保に支障をきたす懸念があることから避けた方がよいと思われます。

産業廃棄物処理業者の選択や処理料金の確認・支払い等の根幹的業務は、法令の趣旨を踏まえ、本来、事業者が主体的に行うべきものであり、また選択した産業廃棄物処理業者との契約にあたり、その根幹的内容（「委託する産業廃棄物の種類及び数量」、「委託契約の有効期間」、「委託者が受託者に支払う料金」等）は、事業者と産業廃棄物処理業者の間で決定されるべきものです。これらを都道府県等による規制権限の及ばない第三者に任せる（処理委託するのではありません）と、処理責任の重要性に対する認識や双方の直接の関係性が希薄になるだけでなく、斡旋・仲介・代理等を行った第三者に対する費用が別途発生し、結果として産業廃棄物処理業者に適正な処理料金が支払われなくなる状況に陥り、投棄禁止違反や焼却禁止違反等といった法令で規定される基準に適合しない産業廃棄物の保管、収集、運搬又は処分が行われるおそれがあります。いわゆる「事業者の処理責任」はきわめて重いものである点を十分に認識した上で産業廃棄物を適正に処理することが強く求められます。

以上の考え方は、事業系一般廃棄物の処理委託についても同様です。また市町村の「統括的な責任」において行われる一般廃棄物の処理についても、当該市町村による規制権限の及ばない第三者を介在させることは、その処理責任が不明確になる等の理由から一般廃棄物の適正な処理の確保に支障をきたす懸念があるので避けた方がよいと思われます。

参考

法第３条
法第６条の２第１項
法第６条の２第２項

法第６条の２第３項
法第６条の２第６項
法第１１条第１項
法第１２条第５項
法第１２条の２第５項
法第１９条の６
法第２５条第１項第１４号
法第２５条第１項第１５号
衛産第２０号（平成６年２月１７日・平成１２年１２月２８日廃止）
衛環第７２号（平成１１年８月３０日）
環廃対発第１６０３３０１０号（平成２８年３月３０日）
中環審第９４２号（平成２９年２月１４日）
環廃対発第１７０３２１２号・環廃産発第１７０３２１１号（平成２９年３月２１日）
環廃産発第１７０６２０１号（平成２９年６月２０日）
事務連絡（平成２９年６月２０日）
東京地判（令和１年１０月２５日）

Q092 現地確認の根拠

★★★

「産業廃棄物処理業者に処理委託している事業者の処理責任の一環として、定期的に現地確認（受託した産業廃棄物処理業者の事業の用に供する施設を実地に確認すること）を行わなければならない」という話をよく聞きます。これを行わないと、何か違反になるのでしょうか？

法令で現地確認が明確に規定されているわけではありませんが、一方で産業廃棄物について「①処理の状況に関する確認」を行い、「②発生から最終処分が終了するまでの一連の処理の行程における処理が適正に行われるために必要な措置」を講ずるように努めなければならないこと（以下、「注意義務」といいます）が規定されており、現地確認は、これに含まれると考えられています。また、その他の注意義務として次の方法等が示されています。

- ▶技術的能力や経理的基礎が不十分な産業廃棄物処理業者に処理委託しないこと
- ▶複数の産業廃棄物処理業者に見積もりを取ること（適正な対価を把握するための措置）
- ▶適正処理に必要な処理料金を負担すること
- ▶最終処分場の残余容量を把握すること（不適正処理を行うおそれのある産業廃棄物処理業者でないかを把握するための措置）
- ▶中間処理業者と最終処分業者の産業廃棄物処理委託契約書を確認すること（不適正処理を行うおそれのある産業廃棄物処理業者でないかを把握するための措置）
- ▶処理の実績を確認すること（不適正処理を行うおそれのある産業廃棄物処理業者でないかを把握するための措置）
- ▶相当量を処理委託する場合は、受託する産業廃棄物処理業者が適切な許可を有することのみでなく、運搬機材の種類と数、事業の用に供する施設の能力、作業員の数等から実際に処理しうるだけの能力を有していることを確認すること
- ▶処理委託した産業廃棄物処理業者（自ら）が運搬等の処理を実際に行っているか否かを確認すること
- ▶「優良産廃処理業者認定制度」に基づく優良認定等を受けている産業廃棄物処理業者によって処理の状況や産業廃棄物処理施設の維持管理状況に関する情報が公表されている場合は、これにより産業廃棄物の処理が適正に行われていることを間接的に確認すること（不適正処理を行うおそれのある産業廃棄物処理業者でないかを把握するための措置）
- ▶改善命令等を受けている場合は、その履行状況を確認すること（不適正処理を行う

資料5-13　投棄禁止違反や焼却禁止違反等に係る罰則と措置命令の適用関係

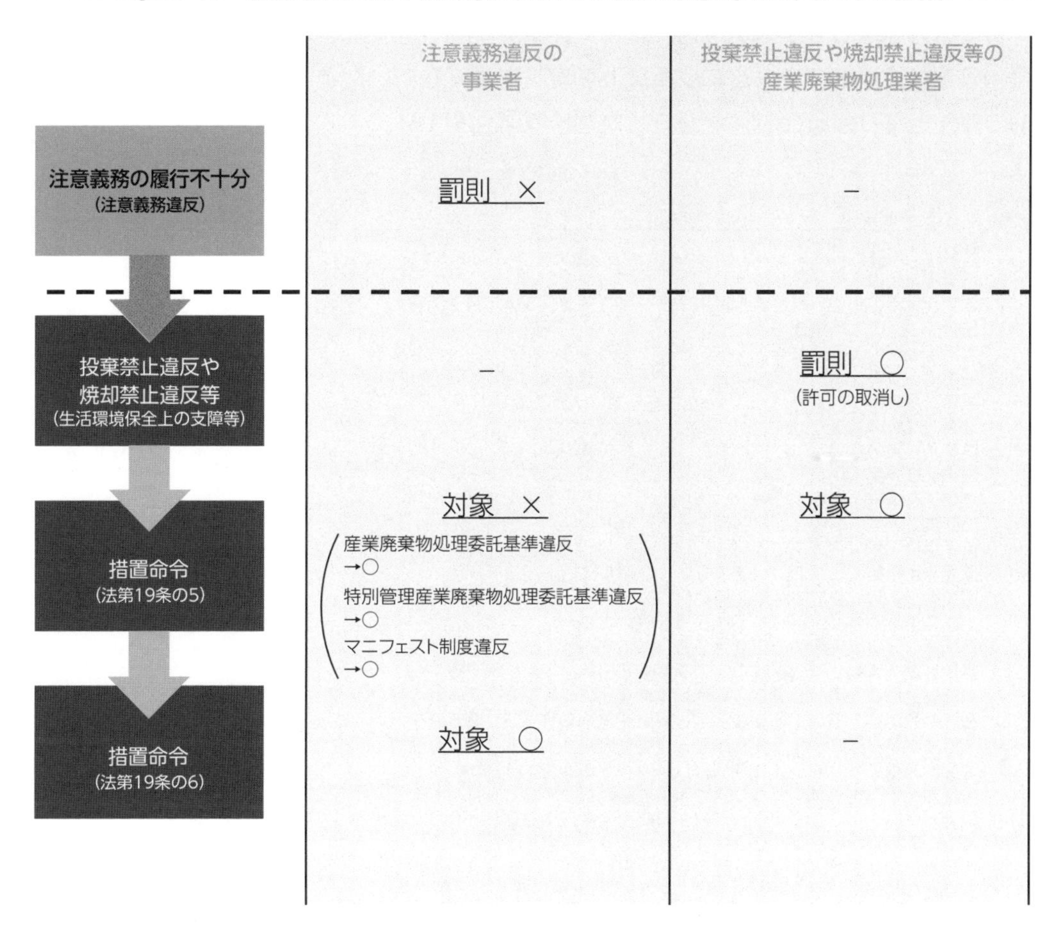

おそれのある産業廃棄物処理業者でないかを把握するための措置)

▶不適正処理が行われていることを確知した場合は、処理委託を中止すること

これらは必ずしも全てを講じることが求められているわけでありませんが、相当の長期間にわたり定期的に産業廃棄物を処理委託している事業者や多量の産業廃棄物を処理委託している事業者は、合理的な理由がない限り、それらについて個別の状況に応じた適切な措置として何らかの形で講じていることが望ましいこととされています。その際、「受託した産業廃棄物処理業者の事業の用に供する施設の外観や情報を、単に見るだけ…」というような形式的な確認ではなく、処理委託した産業廃棄物の保管の状況や実際の処理行程等について先方とコミュニケーションを取りながら現地確認を行うこと、また公開されている情報について不明な点や疑問点があれば先方に適宜回答を求めること等、法の規定に基づき適正な処理が行われているか否かを実質的に確認することが重要です。

以上の考え方は、産業廃棄物の処理が再委託される場合についても同様です。

なお注意義務は、いわゆる努力義務規定であることから、それを十分に行わなかったことに対する罰則はありませんが、仮に投棄禁止違反や焼却禁止違反等といった法令で規定される基準に適合しない産業廃棄物の保管、収集、運搬又は処分が行われ、その実行者に十分な資力等がない場合、たとえ産業廃棄物処理委託基準（又は特別管理産業廃棄物処理委託基準）や「マニフェスト制度」を遵守していたとしても、事業者は措置命令の対象となりうるので注意してください（資料5-13）。

参考

法第１２条第７項
法第１２条の２第７項
法第１３条の１２→厚生省告示第２０７号（平成１０年7月２７日）
法第１３条の１３第5号
法第１３条の１５
法第１９条の5
法第１９条の6
法第１９条の8
法第１９条の9
法第２５条第1項第１４号
法第２５条第1項第１５号
環計第３６号（昭和５２年3月２６日）
衛産第３１号（平成2年4月２６日）
厚生省生衛第１１１２号（平成9年１２月１７日）
衛環第３７号（平成１０年5月7日）
生衛発第７８０号（平成１０年5月7日）
衛環第７８号（平成１２年9月２８日）
生衛発第１４６９号（平成１２年9月２８日）
環廃対発第０４１０２７００４号・環廃産発第０４１０２７００３号（平成１６年１０月２７日）
環廃対発第０５０２１８００３号・環廃産発第０５０２１８００１号（平成１７年2月１８日）
環廃対発第０５０３３１００１号・環廃産発第０５０３３１００３号（平成１７年3月３１日）
環廃産発第０６０４１３００９号（平成１８年4月１３日）
環廃対発第１１０２０４００４号・環廃産発第１１０２０４００１号（平成２３年2月4日）
環廃対発第１１０２０４００５号・環廃産発第１１０２０４００２号（平成２３年2月4日）
環廃産発第１２０９１１００１号（平成２４年9月１１日）
中環審第９４２号（平成２９年2月１４日）
環廃産発第１７０６２０１号（平成２９年6月２０日）
環循規発第１８０３３０２８号（平成３０年3月３０日）
環循規発第２００４１７１号（令和2年4月１７日）
事務連絡（平成２９年1月２６日）
事務連絡（平成２９年6月２０日）
盛岡地決（平成１３年2月２３日）
岐阜地決（平成１６年9月２４日）
福岡高決（平成１７年7月２８日）
福岡地判（平成２０年2月２５日）
名古屋高判（平成２２年4月１６日）
福岡高判（平成２３年2月7日）
福井地判（平成２９年9月２７日）

★★★

Q093 適正な対価の範囲

「産業廃棄物処理業者に適正な処理料金を支払うことも、事業者の処理責任の一環である」といわれていますが、では、どの程度の金額を支払えば「適正な対価」を負担したことになるのですか？

A

都道府県等において可能な範囲内でその地域における産業廃棄物の一般的な処理料金を客観的に把握し、その半値程度又はそれを下回るような料金（一般的に行われている方法で産業廃棄物を処理するために必要とされる処理料金から見て著しく低廉な料金）であって、かつ、これに合理性があることを事業者側で示すことができないものは、「適正な対価」に該当しないこととされています。

なお適正な対価を負担しなかったこと（いわゆるダンピングにより処理委託したこと）に対する罰則はありませんが、仮に投棄禁止違反や焼却禁止違反等といった法令で規定される基準に適合しない産業廃棄物の保管、収集、運搬又は処分が行われ、その実行者に十分な資力等がない場合、たとえ産業廃棄物処理委託基準（又は特別管理産業廃棄物処理委託基準）や「マニフェスト制度」を遵守していたとしても、事業者は措置命令の対象となりうるので注意してください。

参考

法第１３条の１２→厚生省告示第２０７号（平成１０年7月２７日）
法第１３条の１３第5号
法第１３条の１５
法第１９条の5
法第１９条の6
法第１９条の6第１項第２号
法第１９条の8
法第１９条の9
法第２５条第１項第１４号
法第２５条第１項第１５号
環計第３６号（昭和５２年3月２６日）
厚生省生衛第１１１２号（平成9年１２月１７日）
衛環第３７号（平成１０年5月7日）
生衛発第７８０号（平成１０年5月7日）
衛環第７８号（平成１２年9月２８日）
生衛発第１４６９号（平成１２年9月２８日）
環廃対発第０４１０２７００４号・環廃産発第０４１０２７００３号（平成１６年10月２７日）
環廃産発第０６０４１３００９号（平成１８年4月１３日）
環廃対発第１１０２０４００４号・環廃産発第１１０２０４００１号（平成２３年2月4日）
環廃対発第１１０２０４００５号・環廃産発第１１０２０４００２号（平成２３年2月4日）
環廃産発第１６０１１４１号（平成２８年1月１４日）
中環審第９４２号（平成２９年2月１４日）
環廃対発第１７０３２１２号・環廃産発第１７０３２１１号（平成２９年3月２１日）
環廃産発第１７０６２０１号（平成２９年6月２０日）
環循規発第１８０３３０２８号（平成３０年3月３０日）
環循適発第１９０５２０１号・環循規発第１９０５２０１号（令和1年5月２０日）
事務連絡（平成２９年1月２６日）

事務連絡（平成２９年6月２０日）
盛岡地決（平成１３年2月２３日）
岐阜地決（平成１６年9月２４日）
福岡高決（平成１７年7月２８日）
福岡地判（平成２０年2月２５日）
名古屋高判（平成２２年4月１６日）
福岡高判（平成２３年2月7日）
福井地判（平成２９年9月２７日）

Q094 不法投棄や不法焼却の未遂等

★★

次の状況に対し、罰則を適用することは可能でしょうか？

①重機を用いて廃棄物を投げる、置く、埋める、落とすという行為に着手した時点で警察官等がこれを制止し、又は監視していたことに気づき当該行為を打ち切った状況

②ダンプカーの荷台操作等といった一連の投棄行為をはじめた直後にダンプカーが故障し、実際には廃棄物を投棄するまでに至らなかった状況

③投棄を行おうとする現場付近まで廃棄物を積載した車両で乗り入れ、順番待ちをしている状況

④野外で廃棄物に直接点火したものの、それが独立して燃焼するまでに至らなかった状況

⑤野外で廃棄物を燃焼するため、媒介物に着火し、又は廃棄物にガソリンを散布した状況

⑥繰り返し野外で焼却されている現場に、着火剤を携行して廃棄物を搬入する状況

⑦環境大臣の確認を受けずに廃棄物を輸出しようとして、通関手続きのための輸入申告又は船積みの開始等を行っている状況

⑧⑦以前の段階において、搬出予定地域への搬入等を行っている状況（無確認輸出に繋がる相当の危険性が客観的に認められるもの）

A

全て可能です。確かに、これらはいずれも投棄禁止違反、焼却禁止違反、無確認輸出の対象となる状況にまで至っていませんが、既遂に達する前の段階や準備段階であってもそれぞれ罰則が適用されます。

具体的には、①及び②が投棄禁止違反の未遂罪に該当し、③が投棄禁止違反目的の収集運搬罪に該当し、④及び⑤が焼却禁止違反の未遂罪に該当し、⑥が焼却禁止違反目的の収集運搬罪に該当し、⑦が無確認輸出の未遂罪に該当し、⑧が無確認輸出目的の予備罪に該当します。

参考

法第２５条第２項
法第２６条第６号
法第２７条
法第３２条
環整第４３号（昭和４６年１０月１６日）
厚生省環第１９６号（昭和５２年3月２６日）
衛環第２３２号（平成４年8月１３日）
厚生省生衛第７３６号（平成４年8月１３日）
衛環第４１号（平成６年2月２日）

厚生省生衛第１１１２号（平成９年１２月１７日）
衛環第３１８号（平成９年１２月２６日）
衛環第３１９号（平成９年１２月２６日）
衛環第７８号（平成１２年９月２８日）
生衛発第１４６９号（平成１２年９月２８日）
環廃産第３７６号（平成１４年６月２８日）
環廃対発第０３１１２８００２号・環廃産発第０３１１２８００６号（平成１５年１１月２８日）
環廃対発第０３１１２８００３号・環廃産発第０３１１２８００７号（平成１５年１１月２８日）
環廃対発第０４１０２７００４号・環廃産発第０４１０２７００３号（平成１６年１０月２７日）
環廃企発第０５０１１９００１号・環廃産発第０５０１１９００１号（平成１７年１月１９日）
環廃対発第０５０９３０００４号・環廃産発第０５０９３０００５号（平成１７年９月３０日）
環廃対発第１１０２０４００４号・環廃産発第１１０２０４００１号（平成２３年２月４日）
環循規発第１８０３３０２８号（平成３０年３月３０日）
環循事発第１８０４０２１号（平成３０年４月２日）
環循規発第１８０８２０２号（平成３０年８月２０日）
環循事発第１９０４０１１号（平成３１年４月１日）
環循適発第１９０５２０１号・環循規発第１９０５２０１号（令和１年５月２０日）
事務連絡（平成１４年２月１４日）
事務連絡（平成１７年６月３０日）
事務連絡（平成２３年１２月９日）
事務連絡（平成２４年９月２８日）
事務連絡（平成２５年２月１２日）
事務連絡（平成２６年１月１７日）
注意喚起（平成３１年４月１２日）
事務連絡（令和２年１０月１日）

Q095 焼却禁止の例外

★★★

1 焼却禁止の例外となる「他の法令又はこれに基づく処分により行う廃棄物の焼却」として、具体的にどのようなものがありますか？

2 焼却禁止の例外となる「国又は地方公共団体がその施設の管理を行うために必要な廃棄物の焼却」として、具体的にどのようなものがありますか？

3 焼却禁止の例外となる「震災、風水害、火災、凍霜（とうそう）害その他の災害の予防、応急対策又は復旧のために必要な廃棄物の焼却」として、具体的にどのようなものがありますか？

4 焼却禁止の例外となる「風俗慣習上又は宗教上の行事を行うために必要な廃棄物の焼却」として、具体的にどのようなものがありますか？

5 焼却禁止の例外となる「農業、林業又は漁業を営むためにやむをえないものとして行われる廃棄物の焼却」として、具体的にどのようなものがありますか？

6 焼却禁止の例外となる「たき火その他日常生活を営む上で通常行われる廃棄物の焼却であって軽微なもの」として、具体的にどのようなものがありますか？

7 1～6について、たとえ廃棄物処理基準違反になる焼却でも、改善命令又は措置命令等といった行政処分や行政指導の対象とならないのですか？

A

1 「①家畜伝染病予防法に基づく患畜又は疑似患畜の死体の焼却」、「②森林病害虫等防除法による駆除命令に基づく森林病害虫の付着している枝条又は樹皮の焼却」等が考えられます。

2 「①河川管理者による河川管理を行うために伐採した草木等の焼却」、「②海岸管理者による海岸の管理を行うための漂着物等の焼却」等が考えられます。

3 「①凍霜害防止のための稲わらの焼却」、「②災害時における木くず等の焼却」、「③道路管理のために剪定した枝条等の焼却」等が考えられます。ただし凍霜害防止のためであっても、生活環境保全上、著しい支障を生ずる「廃タイヤの焼却」は、これに含まれません。

4 どんど焼き等の地域の行事において不要になった門松・しめ縄等の焼却が考えられます。

5 「①農業者が行う稲わら等の焼却」、「②林業者が行う伐採した枝条等の焼却」、「③漁業者が行う漁網に付着した海産物の焼却」等が考えられます。ただし生活環境保全上、著しい支障を生ずる「廃ビニルの焼却」は、これに含まれません。

6 たき火・キャンプファイヤー等を行う際の木くず等の焼却が考えられます。

7 対象とすることは可能とされています。

参考

法第１６条の２第１号→令第３条第２号
法第１６条の２第１号→令第３条第２号イ→則第１条の７／環境省告示第２９号（平成２３年４月１日）
法第１６条の２第１号→令第４条の２第２号
法第１６条の２第１号→令第６条第１項第２号
法第１６条の２第１号→令第６条の５第１項第２号
法第１６条の２第２号
法第１６条の２第３号→令第１４条
環整第１４９号・環産第４５号（昭和５５年１１月１０日）
衛環第２３３号（平成４年８月１３日）
環水企第１８１号・厚生省生衛第７８８号（平成４年８月３１日）
環水企第１８２号・衛環第２４４号（平成４年８月３１日）
環水企第１８３号・衛環第２４６号（平成４年８月３１日・平成１２年１２月２８日廃止）
衛環第２６１号（平成８年１０月３日）
衛環第２１号（平成９年１月２８日）
衛環第３８号（平成９年２月２６日）
衛環第２５０号（平成９年９月３０日）
衛環第２５１号（平成９年９月３０日）
衛環第６１号（平成１０年７月１４日）
基安発第１８号（平成１０年７月２１日）
衛環第８１号（平成１０年９月２１日）
生衛発第１６３４号（平成１０年１１月１７日）
衛環第９６号（平成１０年１１月３０日）
衛環第２９号（平成１１年３月２６日）
衛環第３７号（平成１１年４月５日）
衛環第３８号（平成１１年４月５日）
衛環第３９号（平成１１年４月８日）
衛環第４７号（平成１１年４月２６日）
衛環第８１号（平成１１年１０月２６日）
衛環第７８号（平成１２年９月２８日）
生衛発第１４６９号（平成１２年９月２８日）
環廃対第１３２号・環廃産第２０４号（平成１３年３月３０日）
環廃対第４４１号・環廃産第４６０号（平成１３年１０月１９日）
環廃対第１４３号（平成１４年２月１８日）
環廃対発第０４１０２７００４号・環廃産発第０４１０２７００３号（平成１６年１０月２７日）
環廃対発第０７０３３００１８号・環廃産発第０７０３３０００３号・環地保発第０７０３３０００６号（平成１９年３月３０日）
環廃産発第１５１１２４２号（平成２７年１１月２４日）
環水大大発第１６０９２６４号（平成２８年９月２６日）
環循規発第１９１２２０１号・環循施発第１９１２２０１号（令和１年１２月２０日）
事務連絡（平成１２年８月２８日）
事務連絡（平成１４年１１月７日）
事務連絡（平成２２年４月１日）
事務連絡（平成２２年４月９日）
事務連絡（平成３１年２月２０日）
事務連絡（令和２年１０月２８日）

Q096 原状回復の範囲

措置命令にしたがって事業者等が実施する原状回復は、相当な範囲内のものでなければならないこととされていますが、具体的にどの程度まで実施することが求められるのですか？

不適正に処理された産業廃棄物の性状、数量や収集、運搬又は処分の方法その他の事情から見て通常予想される生活環境保全上の支障の除去に限定する趣旨であり、複合汚染又は二次汚染等といった通常予想しえない支障は、これに含まれないこととされています。

参考

法第１９条の6
衛環第７８号（平成１２年9月２８日）
生衛発第１４６９号（平成１２年9月２８日）
環廃産第１４１号（平成１５年3月7日）
環循規発第１８０３３０２８号（平成３０年3月３０日）
事務連絡（平成２９年6月２０日）
さいたま地判（平成２３年1月２６日）

Q097 改善命令と措置命令の準用

★★☆

廃棄物処理基準に適合しない廃棄物の保管が行われているものの、投棄禁止違反や焼却禁止違反等のような生活環境保全上の支障又は発生のおそれがあるまでには至っていない状況において、既に廃棄物処理業の廃止届を出している実行者に対し改善命令を適用することはできますか（この状況において、措置命令を適用することができないことは承知しています）？

A

改善命令の対象は事業者や廃棄物処理業者等に限られており、「①廃棄物処理業の廃止届を出した者」をはじめ、「②廃棄物処理業の更新許可を受けなかった者」、「③廃棄物処理業の許可を取り消された者」、「④廃棄物処理業の許可を受けていない者（いわゆる無許可業者）」といった（適用時）廃棄物処理業者に該当しない者等をその対象とすることはできませんが、一方で措置命令を（適用でなく）準用することはできます。ただし、この場合の趣旨は廃棄物処理基準に適合する保管を行わせることやこれに必要な措置（中間処理前であれば事業者等の委託者に働きかけ速やかに新たな廃棄物処理業者に処理委託することを促すこと、中間処理後であればその中間処理産業廃棄物に係る最終処分業者等を速やかに選択して処理委託すること等）を講じさせることであり、①～④等に自ら処分を行わせることまでを求めるものでありません。

なお（実行時）産業廃棄物処理業者でありながら（適用時）①又は③に該当する者にあっては、遅滞なく、委託者（事業者等）に処理困難通知を出さなければならないことに注意してください。

参考

法第１４条の２第４項→則第１０条の１０の４
法第１４条の２第５項→則第１０条の１０の５
法第１４条の３の２第３項→則第１０条の１０の６
法第１４条の３の２第４項→則第１０条の１０の７
法第１４条の５第４項→則第１０条の２４の３
法第１４条の５第５項→則第１０条の２４の４
法第１４条の６→則第１０条の２４の５／則第１０条の２４の６
法第１９条の３
法第１９条の１０
法第２５条第１項第１４号
法第２５条第１項第１５号
衛環第２３２号（平成４年８月１３日）
厚生省生衛第７３６号（平成４年８月１３日）
衛環第４１号（平成６年２月２日）
衛環第３７号（平成１０年５月７日）
中環審第９４２号（平成２９年２月１４日）
環循適発第１８０３３０１０号・環循規発第１８０３３０１０号（平成３０年３月３０日）
環循規発第１８０３３０２８号（平成３０年３月３０日）

Q098 処理委託の契約

★★★

1 「産業廃棄物処理委託契約書の収集運搬用と処分用を別々の契約書として作成し処理委託しなければ三者契約になり、産業廃棄物処理委託基準違反（又は特別管理産業廃棄物処理委託基準違反）が適用される」と聞きました。やはり、一の産業廃棄物処理委託契約書により、事業者、産業廃棄物収集運搬業者（又は特別管理産業廃棄物収集運搬業者）、産業廃棄物処分業者（又は特別管理産業廃棄物処分業者）が一緒に記名・押印することは問題でしょうか？

2 処理委託の契約時に産業廃棄物処理業者から「ＷＤＳ（廃棄物データシート）を提出してほしい」といわれました。これは、必ず提出しなければならないのでしょうか？

3 産業廃棄物処理委託契約書は、処理委託する産業廃棄物の発生場所ごとに作成しなければならないのでしょうか？

4 中間処理を委託している特別管理産業廃棄物処分業者から、産業廃棄物処理委託契約書に記載のない最終処分場で中間処理産業廃棄物を埋立処分することになったとして、その最終処分の場所の所在地、最終処分の方法、最終処分に係る施設の処理能力等の記載がなされた文書が一方的に送付されてきました。釈然としないのですが、問題ないでしょうか？

5 産業廃棄物処理委託契約書について、「わざわざ書面にして（紙で）持っておく必要はなく、パソコンに保存しておけばよい」と聞いたのですが、どういうことですか？

6 「令・則で規定される基準や場合に適合しても、事業の用に供する施設の突発的な事故等といった緊急避難的な状況でない限り、産業廃棄物の処理を再委託することは禁止されている」と聞きました。これは本当ですか？

7 次の行為は再委託になりますか？

①産業廃棄物収集運搬業者（又は特別管理産業廃棄物収集運搬業者）が、事業者から処分を委託された産業廃棄物処分業者（又は特別管理産業廃棄物処分業者）とは別の産業廃棄物処分業者（甲）の施設に、産業廃棄物を運搬する行為

②破砕を委託された産業廃棄物処分業者（乙）が、特別管理産業廃棄物を除く産業廃棄物の破砕を行わないまま、これを中間処理産業廃棄物として他の産業廃棄物処分業者（丙）へ引き渡す行為

A

1 法令上、直ちに問題があるとまではいえません。産業廃棄物処理委託基準違反（又は特別管理産業廃棄物処理委託基準違反）の対象となる「三者契約」とは、事業者

が産業廃棄物処分業者（又は特別管理産業廃棄物処分業者）と直接接触してその能力等を確認することなく、産業廃棄物の収集運搬に関する説明を聞いただけで双方を契約相手とすることとされています。この点を踏まえた場合、事業者が産業廃棄物収集運搬業者（又は特別管理産業廃棄物収集運搬業者）、産業廃棄物処分業者（又は特別管理産業廃棄物処分業者）と十分に対面し、それぞれに処理委託する内容を明確に区分するというのであれば、これらを一の産業廃棄物処理委託契約書としてまとめることだけをもって「…それぞれ委託しなければならない」という規定に違反するものではないという解釈が出てきます。

しかしながら一方で、そのような解釈を肯定し、又は肯定することに積極的な都道府県等は皆無です。また「…それぞれ委託しなければならない」という規定が整備・施行された当時の主務官庁（旧厚生省）が示した産業廃棄物処理委託契約書の様式例としては、「①収集運搬用」、「②処分用」、「③収集運搬及び処分用」の３種しかなく、事業者、産業廃棄物収集運搬業者（又は特別管理産業廃棄物収集運搬業者）、産業廃棄物処分業者（又は特別管理産業廃棄物処分業者）が一緒に記名・押印できるものが示されていなかったことからも、既述のような解釈を根拠とする産業廃棄物の処理委託の契約は避けた方がよいと思われます（③は、一の法人格たる産業廃棄物処理業者が収集運搬と処分の双方を受託するためのものです）。

以上の考え方は、複数の産業廃棄物収集運搬業者（又は特別管理産業廃棄物収集運搬業者）に区間委託する場合についても同様です。

なお、産業廃棄物処理委託基準違反（又は特別管理産業廃棄物処理委託基準違反）に対する罰則は、委託者（事業者等）に適用されるものであって、受託者（産業廃棄物処理業者）に適用されるものでありません。

2 法により義務づけられているわけではありませんが、一方で環境省がガイドラインを取りまとめており、その重要性が強調されています。他の業種にもまして生活環境保全上の支障や労働災害（健康障害を含みます）といった事故の発生頻度が高く、規模も大きい廃棄物処理業ですが、その大きな要因の一つとして事業者から産業廃棄物処理業者等に十分な廃棄物情報が提供されていない点を指摘できるからです。処理委託する産業廃棄物の性状等について、その情報を最も多く正確に把握しているのは他のだれでもない事業者であることを強く自覚し、適切な処理方法の選択や産業廃棄物処理業者等における適正処理と安全性の確保のため、相互にコミュニケーションを取りながらＷＤＳ（又はこれに類する情報伝達ツール）を積極的に活用することが求められます（資料5-14）。産業廃棄物処理業者等にあって、その事業の用に供する施設により適正に処理することが可能であるか否かについて判断するための情報が不足している場合には、事業者にさらなる情報提供を求めるよう強く意識してください。

なお、過去に発生した例（事案）等により生活環境保全上の支障を容易に予見できながら、産業廃棄物処理委託契約書にその化学物質の含有に関する情報が記載さ

資料5-14　双方向コミュニケーションによる廃棄物情報の共有例

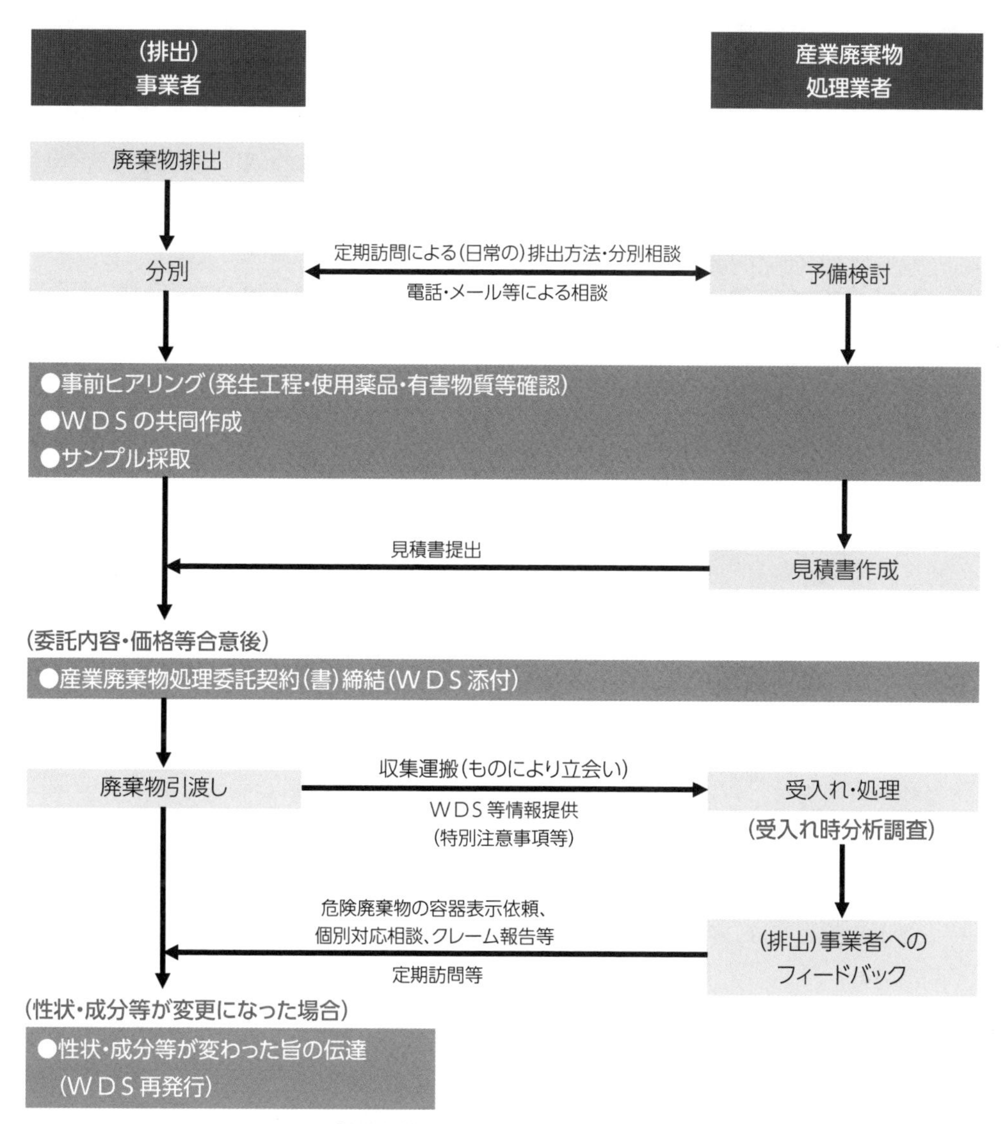

「廃棄物情報の提供に関するガイドライン―ＷＤＳガイドライン―
（Ｗａｓｔｅ　Ｄａｔａ　Ｓｈｅｅｔガイドライン）（第２版）」（平成２５年６月）

れていない場合は、産業廃棄物処理委託基準違反（又は特別管理産業廃棄物処理委託基準違反）の対象ととらえうることとされているので注意してください。また有害物質を含有する産業廃棄物について、事業者が、分析を行っていない等の理由により、有害物質の含有に関する情報を把握していない場合も、それが特別管理産業廃棄物になるものであれば特別管理産業廃棄物処理委託基準違反の対象となることとされているので注意してください。

3　その必要はありません。そもそも法令では産業廃棄物処理委託契約書に含まれるべき事項として「委託する産業廃棄物の発生場所の所在地等」が規定されていないため、作成された産業廃棄物処理委託契約書が発生場所ごとにまとめられているのか否か判断できないこともありえます（収集運搬用の産業廃棄物処理委託契約書にあっては、「受託者の事業の範囲」により、積む場所についておおよその区域は推測できます）。ただし処理委託の契約の有効期間中に発生場所が追加されたことに対し、（新たに産業廃棄物処理委託契約書を作成するのではなく）既作成の産業廃棄物処理委託契約書を活用しようとする場合、それと連動して「委託する産業廃棄物の種類及び数量」や「受託者の事業の範囲」等を追加しなければならない、つまり契約内容の変更が必要になることもあるので注意してください。

なお、マニフェストについては、処理委託する産業廃棄物の引渡しと同時に交付しなければならないこと（前もって交付しておく、又は後に一括等して交付することができないこと）と規定されているため、当然に、発生場所（引渡し場所）ごとに作成することとなります。

4 問題です。「最終処分の場所の所在地」、「最終処分の方法」、「最終処分に係る施設の処理能力」は産業廃棄物処理委託契約書に含まれるべき事項であることから、「委託する産業廃棄物の種類及び数量」、「委託契約の有効期間」、「委託者が受託者に支払う料金」等と同様、中間処理の委託者（事業者）と受託者（特別管理産業廃棄物処分業者）の双方による合意の上で取り決められた契約内容になります。したがってそれらを追加することは契約内容の変更に該当し、これについても事業者と特別管理産業廃棄物処分業者の双方が合意したことを証する書面（いわゆる変更契約書・覚書・合意書等）が必要です。特別管理産業廃棄物処分業者から送付されてきた文書によってでは単に通知を受けたに過ぎず、少なくとも事業者が合意していることを証するものとはいえません。

以上の考え方は、中間処理の受託者が産業廃棄物処分業者である場合についても同様です。

5 「ｅ－文書法」の規定に基づき諸々の法令により民間の事業者に保存が義務づけられている書面の電子化が認められており、パソコンの文書作成ソフトを使用した電磁的な産業廃棄物処理委託契約書の作成等や既作成の産業廃棄物処理委託契約書をスキャナーでパソコンに読み込み、電磁的に保管する方法が可能となっています。この場合の産業廃棄物処理委託契約書について、法令では産業廃棄物処理委託基準（又は特別管理産業廃棄物処理委託基準）の遵守以外に特段の規定がなく、民事上の契約の効力（証明能力）に関する課題は残るものの、いわゆる電子署名やタイムスタンプは義務づけられていません。また印紙税の課税対象ともなりません。

なお、電磁的な作成や保存等が可能となっている法令上の書面として、産業廃棄物処理委託契約書のほか、次のもの等があります（マニフェストの写し等が含まれていないことに注意してください）。

▶産業廃棄物収集運搬車両等に備えつけなければならない書面（産業廃棄物収集運搬業許可証又は特別管理産業廃棄物収集運搬業許可証の写し等）

▶産業廃棄物処理委託契約書に添付する書面（産業廃棄物処理業許可証の写し等）

▶産業廃棄物の処理を再委託する場合の承諾書の写し等

▶産業廃棄物処理計画書又は特別管理産業廃棄物処理計画書

▶産業廃棄物処理計画実施状況報告書又は特別管理産業廃棄物処理計画実施状況報告書

▶処理困難通知の書面の写し（産業廃棄物処理業の廃止届を出した者や許可を取り消された者によるものを含みません）等

▶帳簿

6 処理の用に供する施設の故障により受託した産業廃棄物の処分が困難となった等の緊急的な事態が生じた場合等に限定されないこととされており、「恒常的な再委託」を再委託禁止違反の対象とする根拠はないようです。

なお、再委託された産業廃棄物処理業者が再び他の産業廃棄物処理業者等に委託すること（「再々委託」といいます）は、不適正処理が行われるおそれが高いものとして認められないこととされています。

一方、専ら再生利用の目的となる産業廃棄物に係る業者等にあっては、そもそも再委託禁止違反の対象となりえません。

7 ①、②とも再委託になります。①について、事業者は産業廃棄物の処分を甲に委託していないことから、その処分を甲に委託している主体は産業廃棄物収集運搬業者（又は特別管理産業廃棄物収集運搬業者）になるので注意してください。また②について、産業廃棄物の破砕が行われていないことから、丙へ引き渡す産業廃棄物は中間処理産業廃棄物でなく一次産業廃棄物であり、したがって乙は事業者から委託された一次産業廃棄物の処分を改めて丙に委託していることになるので注意してください。

参考

法第１２条第５項→則第８条の２の８第２号／則第８条の３第２号
法第１２条第６項→令第６条の２第４号→則第８条の４
法第１２条第６項→令第６条の２第４号へ→則第８条の４の２
法第１２条第６項→令第６条の２第５号→則第８条の４の３
法第１２条第６項→令第６条の２第６号→則第８条の４の４
法第１２条第９項→則第８条の４の５→則様式第２号の８
法第１２条第１０項→則第８条の４の６→則様式第２号の９
法第１２条第１３項→則第８条の５
法第１２条の２第５項
法第１２条の２第６項→令第６条の６第１号→則第８条の１６
法第１２条の２第６項→令第６条の６第２号→則第８条の１６の２／則第８条の１６の３／則第８条の１６の４
法第１２条の２第１０項→則第８条の１７の２→則様式第２号の１３
法第１２条の２第１１項→則第８条の１７の３→則様式第２号の１４
法第１２条の２第１４項→則第８条の１８
法第１２条の３
法第１４条第１２項
法第１４条第１３項→則第１０条の６の３
法第１４条第１４項→則第１０条の６の４
法第１４条第１６項→令第６条の１２／則第１０条の７
法第１４条第１６項→令第６条の１２第１号→則第１０条の６の６
法第１４条第１７項→則第１０条の８
法第１４条の２第４項→則第１０条の１０の４

法第１４条の２第５項→則第１０条の１０の５
法第１４条の３の２第３項→則第１０条の１０の６
法第１４条の３の２第４項→則第１０条の１０の７
法第１４条の４第１３項→則第１０条の１８の３
法第１４条の４第１４項→則第１０条の１８の４
法第１４条の４第１６項→令第６条の１５／則第１０条の１９
法第１４条の４第１８項→則第１０条の２１
法第１４条の５第４項→則第１０条の２４の３
法第１４条の５第５項→則第１０条の２４の４
法第１４条の６→則第１０条の２４の５／則第１０条の２４の６
法第２５条第１項第６号
法第２６条第１号
令第６条第１項第１号イ→則第７条の２の２第４項
令第６条の５第１項第１号
環整第４３号（昭和４６年１０月１６日）
環計第３６号（昭和５２年３月２６日）
環計第３７号（昭和５２年３月２６日）
厚生省環第１９６号（昭和５２年３月２６日）
環産第１７号（昭和５４年７月３１日）
衛産第３１号（平成２年４月２６日）
衛環第２３２号（平成４年８月１３日）
厚生省生衛第７３６号（平成４年８月１３日）
衛産第２０号（平成６年２月１７日・平成１２年１２月２８日廃止）
衛産第６６号（平成６年７月２９日・平成１２年１２月２８日廃止）
衛環第２６号（平成１０年３月３１日）
衛環第３７号（平成１０年５月７日）
生衛発第７８０号（平成１０年５月７日）
衛産第８７号（平成１１年１１月１８日）
衛環第７８号（平成１２年９月２８日）
環廃産第２８号（平成１４年１月１７日）
環廃産第２９号（平成１４年１月１７日）
環廃対発第０５０２１８００３号・環廃産発第０５０２１８００１号（平成１７年２月１８日）
環廃対発第０５０９３０００４号・環廃産発第０５０９３０００５号（平成１７年９月３０日）
環廃対発第０６０３３１００６号・環廃産発第０６０３３１００２号（平成１８年３月３１日）
環廃対発第１１０２０４００５号・環廃産発第１１０２０４００２号（平成２３年２月４日）
環廃産発第１２０３３０００２号（平成２４年３月３０日）
環水大水発第１２０９１１００１号（平成２４年９月１１日）
環廃産発第１２０９１１００１号（平成２４年９月１１日）
環廃産発第１２０９１１００３号（平成２４年９月１１日）
健水発０３２８第１号（平成２５年３月２８日）
環廃産発第１３０６０６３号（平成２５年６月６日）
健水発０３０６第１号（平成２７年３月６日）
中環審第９４２号（平成２９年２月１４日）
環廃産発第１７０６２０１号（平成２９年６月２０日）
環循適発第１８０３３０１０号・環循規発第１８０３３０１０号（平成３０年３月３０日）
環循規発第１９０２１８１号（平成３１年２月１８日）
環循規発第１９０３２９３号（平成３１年３月２９日）
環循規発第２００３３０１号（令和２年３月３０日）
環循規発第２００４１７１号（令和２年４月１７日）
環循適発第２００５１５２号・環循規発第２００５１５１号（令和２年５月１５日）
事務連絡（平成２２年５月２０日）
事務連絡（平成２５年７月２６日）
事務連絡（平成２７年６月８日）
事務連絡（平成２９年７月１１日）
東京高判（平成１５年７月３０日）
福井地判（平成１６年３月２４日）
名古屋高裁金沢支判（平成１７年８月２９日）

Q099 一般廃棄物処理委託契約書

「産業廃棄物の処理委託と違って、一般廃棄物の処理委託は契約書を作成しなくても違反にならない」という話をよく聞きますが、信用して大丈夫でしょうか？

A

事業者に係る一般廃棄物処理委託基準では産業廃棄物処理委託基準（又は特別管理産業廃棄物処理委託基準）のように「書面により･･･」行う趣旨について一切規定されていないことから、事業者がその事業系一般廃棄物を一般廃棄物処理業者等に処理委託する限りにおいて、一般廃棄物処理委託契約書を作成しないことは問題ありません（特別管理一般廃棄物に係る事前通知は文書によることとされていますが、これは処理委託の契約を証するものでありません）。

一方、市町村に係る一般廃棄物処理委託基準（又は市町村に係る特別管理一般廃棄物処理委託基準）では「①非常災害において一般廃棄物の処理を再委託しようとする場合、その再受託者について市町村と受託者の契約書に記載されていること」や「②受託者が欠格要件に該当する等法定基準に適合しなくなった場合、市町村によって処理委託の契約を解除できる旨の条項が当該契約に含まれていること」と規定されていることを踏まえ、市町村が一般廃棄物を市町村委託処理業者に処理委託するにあたり、法は一般廃棄物処理委託契約書の作成を予定していると思われます。

参考

法第６条の２第２項→令第４条第３号→則第１条の７の６第２号ニ
法第６条の２第２項→令第４条第８号
法第６条の２第３項→令第４条の３第３号
法第６条の２第６項
法第６条の２第７項→令第４条の４第１号
法第６条の２第７項→令第４条の４第２号→則第１条の１９
法第１２条第５項
法第１２条第６項→令第６条の２第４号
法第１２条の２第５項
法第１２条の２第６項→令第６条の６第２号
環廃対発第０３１１２８００２号・環廃産発第０３１１２８００６号（平成１５年11月２８日）
環廃対発第０３１１２８００３号・環廃産発第０３１１２８００７号（平成１５年１１月２８日）
環廃対発第１１０７１５００１号（平成２３年7月１５日）
府政防第５８１号・消防災第１０９号・環廃対発第１５０８０６１号（平成２７年8月6日）
環廃対発第１５０８０６２号・環廃産発第１５０８０６１号（平成２７年8月6日）
環廃対発第１６０３３０１０号（平成２８年3月３０日）

Q 100 マニフェストの運用

★★★

1 マニフェストは処理委託する産業廃棄物の種類ごと、運搬先ごとに交付しなければならないことと規定されていますが、では運搬車ごとに交付する必要はないのですか？

2 交付したマニフェストに、産業廃棄物処理業者が誤った内容を記載してしまったようです。改めてマニフェストを交付し直してよいでしょうか（産業廃棄物の処理は進行中です）？

3 マニフェストの写しの送付について、「①Ｂ２票やＤ票は収集運搬や処分が終了した日から１０日以内に、Ｅ票はいわゆる二次マニフェストのＥ票が送付されてきた日から１０日以内に、それぞれ送付すること」と規定されていますが、一方で「②Ｂ２票やＤ票はマニフェストの交付の日から９０日以内（特別管理産業廃棄物に係るものは６０日以内）に、Ｅ票はマニフェストの交付の日から１８０日以内に、それぞれ送付されてくれば問題ないこと」とも規定されており、双方の関係を整理できません。どのように考えればよいでしょうか？

4 産業廃棄物処理委託契約書とマニフェストの写し（Ａ票、Ｂ２票、Ｄ票、Ｅ票等）を東京の本社で一括して管理したいのですが、これらを実際に締結し、又は交付した場所以外で保存することは違反になるのでしょうか？

5 複数の「設置が短期間であり、又は所在地が一定しない事業場」でそれぞれ交付されたマニフェストに関する交付等状況報告書は、事業場ごとにでなく、これらを一の事業場と見なして作成することとされていますが、そのような事業場として、具体的にどのようなものがありますか？

6 処理困難通知を受け、かつマニフェストのＢ２票やＤ票等が送付されてきていない場合、生活環境保全上の支障の除去又は発生の防止のために事業者等が講ずることとされている「必要な措置」として、具体的に何を行えばよいでしょうか？

7 次の行為はマニフェスト制度違反の対象となりますか？

①産業廃棄物収集運搬業者（又は特別管理産業廃棄物収集運搬業者）が事業者から産業廃棄物を引き取り、マニフェストが交付されたその場で、Ａ票とともに、その日づけの運搬終了年月日等を記載したＢ２票を事業者に返す行為

②産業廃棄物処分業者（又は特別管理産業廃棄物処分業者）において、既に産業廃棄物の処分が終了している分のマニフェストのＤ票があるため、処分が終了していない産業廃棄物に対して交付されたマニフェストのＤ票に予定の日づけの処分終了年月日を記載した上で、それらと一括して送付する行為

1 マニフェストは処理委託する産業廃棄物の「①種類ごと（複数の種類が発生段階から一体不可分な状態で混合している場合を除きます）」、「②運搬先ごと（１台の運搬車へ引き渡したにもかかわらず、運搬先が複数である場合を含みます）」に交付しなければならないだけでなく、「③引渡しと同時」に交付しなければならないこととも規定されていることから、通常、運搬車ごとに交付する必要があります（１台の運搬車が産業廃棄物の発生場所と運搬先の間を往復して行われる、いわゆるピストン輸送であっても、その都度交付する必要があります）。ただし複数の運搬車に対して処理委託する産業廃棄物が同時に引き渡され、かつ運搬先が同一である場合は、これらを１回の引渡しとしてマニフェストを交付して差し支えないこと（運搬車ごとにマニフェストを交付する必要はないこと）とされています。

2 既に処理が進行している、つまり産業廃棄物処理業者に引渡しを終えてしまっている産業廃棄物に対し改めてマニフェストを交付し直すことは、理由の如何にかかわらずマニフェスト交付義務違反（産業廃棄物の引渡しと同時にマニフェストを交付しないこと）になり、又は虚偽のマニフェストの交付（産業廃棄物処理業者が処理を受託していないにもかかわらず、虚偽の記載をしたマニフェストを交付すること）と見なされる可能性もあることから、「交付済みのマニフェストの内容訂正」を行わなければなりません。訂正は、誤った内容の欄に、法令上、本来記載するべき者が行います。

誤ったマニフェストの運用が発覚した場合、改めてマニフェストを交付し直すことなく対応する以上の考え方は、保存しているマニフェストの写し等を紛失した場合についても同様であり、「紛失したマニフェストの写し等」と同じ情報量の「交付済みのマニフェストの写し等」を相手方（交付先・回付先・送付先）からコピーさせてもらうこと（たとえば、Ｂ２票の紛失→Ｂ１票のコピーで代用、Ｄ票の紛失→Ｃ２票のコピーで代用、Ｅ票の紛失→Ｃ１票のコピーで代用）により対応することが適当と考えられます。

3 ①は送付の期限として「産業廃棄物処理業者」が遵守するべき規定であり、②は送付受けの期限として「事業者」が措置内容等報告に取り組むべきか否かについて判断するための規定です。①と②では、注意・徹底を求められている者と着眼のポイントが異なるというわけです。

そもそも事業者は、「マニフェスト制度」上、「…１０日以内」の起算点となる収集運搬又は処分が終了した日や二次マニフェストのＥ票が送付されてきた日を知りえないことから、産業廃棄物処理業者が①を遵守しているか否かについてマニフェストの写しが送付されてくるまで確認のしようがありません（Ｅ票にあっては、送付されてきても確認できません）。一方の産業廃棄物処理業者は…というと、たとえば交付の日から９０日が経過していたとしても、以降に特別管理産業廃棄物を除く産業廃棄物の処分を行い、その日から１０日以内にＤ票を送付したというのであれば、①を遵守していることになります（マニフェスト写し送付義務違反になりません)。ただし、②にしたがって既に事業者が取り組んでいる措置内容等報告を通じ、都道府県等から行政指導等を受けることはありえます。

4 産業廃棄物処理委託基準違反(又は特別管理産業廃棄物処理委託基準違反)やマニフェスト写し保存義務違反にはなりません。ただしそれらを実際に締結し、又は交付した場所で立入検査を受け、保存している産業廃棄物処理委託契約書やマニフェストの写しを提出するよう求められることがあるので、そのような照会・確認や指導等に対応できるだけの態勢は整えておく必要があります。

なお帳簿については、産業廃棄物処理委託契約書やマニフェストの写し等と違って、保存する場所が「事業場ごと」に限られるので注意してください。

5 典型的な例としては小規模の建設工事現場が考えられ、したがってこの場合に「各々の現場において前年度の産業廃棄物の発生量が少量であること(法定基準に遠く及ばないこと)から、多量排出事業者に指定されることはない」と安心していてはいけません。都道府県等内にある複数の現場が一の事業場と見なされることにより、それらの総量が多量排出事業者に指定されるか否かについて判断する基準となってしまうからです(資料5-15)。この点を踏まえると、相当数の建設業者が多量排出事業者に指定されることになると思われます。

なお多量排出事業者とは、「①前年度の特別管理産業廃棄物を除く産業廃棄物の

資料5-15 設置が短期間であり、又は所在地が一定しない事業場での特別管理産業廃棄物を除く産業廃棄物の発生量

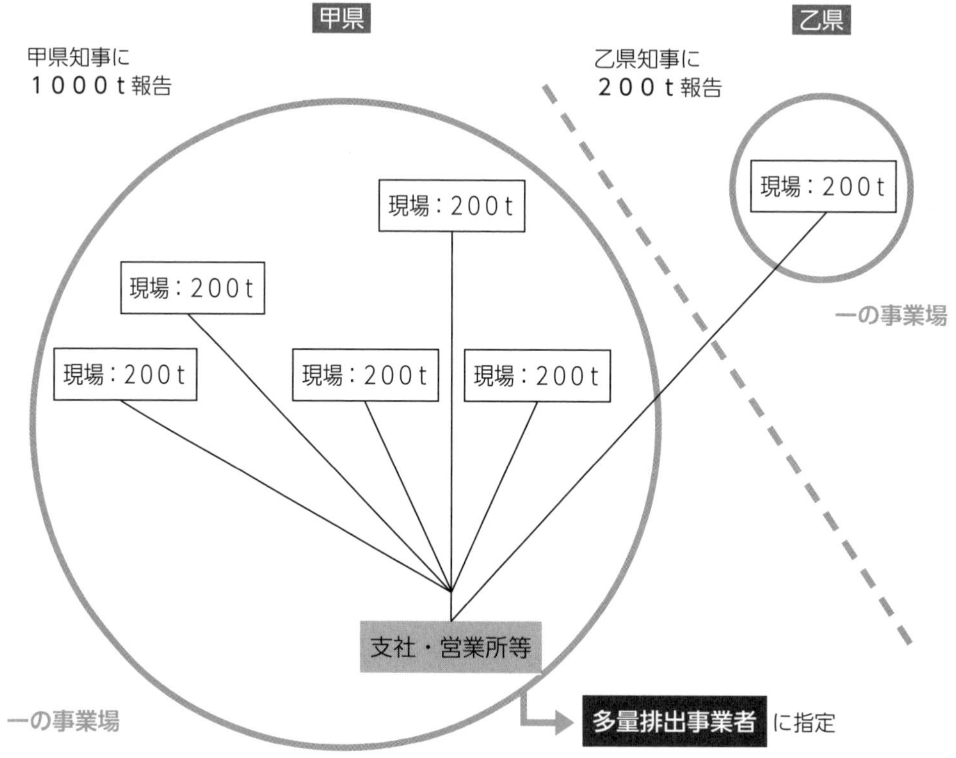

発生量が１０００ｔ以上の事業場を設置している事業者」又は「②前年度の特別管理産業廃棄物の発生量が５０ｔ以上の事業場を設置している事業者」をいいます（原則として事業場ごとの発生量により判断されるのであって、全事業場の総発生量により判断されるわけではないことに注意してください）。ここでいう発生量とは一般に廃棄物の処理として何らの操作も加えない時点での数値を指しますが、事業活動の内容や廃棄物の種類によっては生産工程の中で脱水等の減量操作が加えられる場合が考えられます。したがって発生量の確定にあたり、生産工程の中で行われる減量操作等の工程を経て発生する場合は発生時点での数値とし、生産工程を経た後に事業場内にある施設等で廃棄物処理としての操作を経て発生する場合は廃棄物処理を行う前での数値とすることとされています。

6 次の方法等が考えられます。

▶処理困難通知を出した産業廃棄物処理業者が処理を適切に行えるようになるまでの間、一時的に「自ら保管」を行う等、新たに処理委託しないこと

▶委託した産業廃棄物が処分されずに放置されていることが判明した場合は、その処理委託の契約を解除して他の産業廃棄物処理業者に処理委託すること

▶処理委託した産業廃棄物が再委託可能なものである場合は、処理困難通知を出した産業廃棄物処理業者に依頼し、他の産業廃棄物処理業者に令・則で規定される基準にしたがって再委託させること

7 ①、②ともマニフェスト制度違反の対象となります。事業者から委託された産業廃棄物の収集運搬又は処分を終了していないにもかかわらず、これらの処理を終えた

資料5-16　マニフェスト制度違反に対する勧告及び命令に係る規定

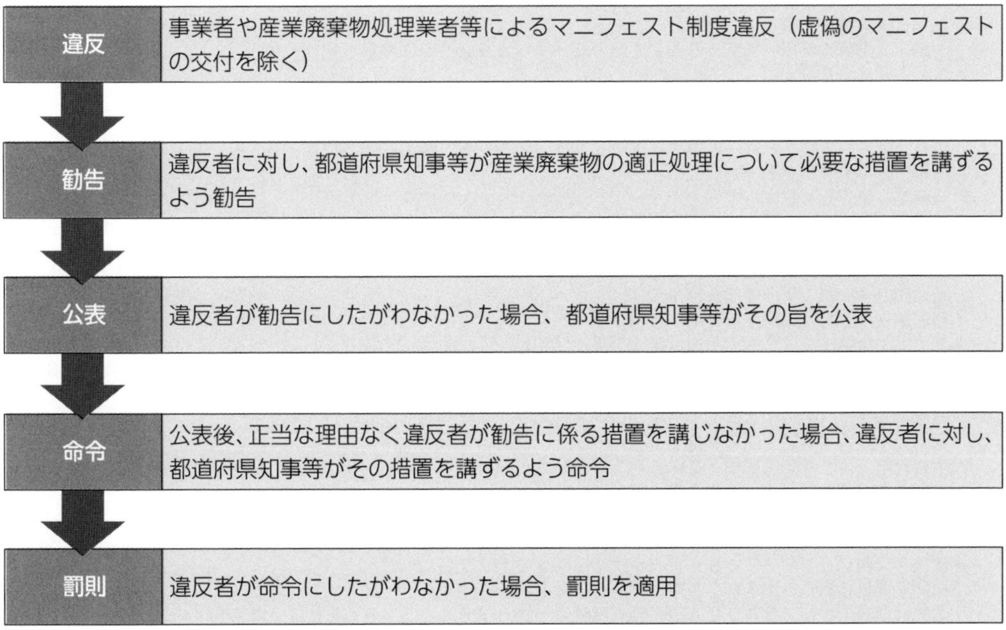

違反	事業者や産業廃棄物処理業者等によるマニフェスト制度違反（虚偽のマニフェストの交付を除く）
↓	
勧告	違反者に対し、都道府県知事等が産業廃棄物の適正処理について必要な措置を講ずるよう勧告
↓	
公表	違反者が勧告にしたがわなかった場合、都道府県知事等がその旨を公表
↓	
命令	公表後、正当な理由なく違反者が勧告に係る措置を講じなかった場合、違反者に対し、都道府県知事等がその措置を講ずるよう命令
↓	
罰則	違反者が命令にしたがわなかった場合、罰則を適用

旨のマニフェストの写し（Ｂ２票又はＤ票等）を事業者に送付することは、虚偽のマニフェストの写しの送付として禁止されています。同様に中間処理産業廃棄物の最終処分を終了した旨が記載されたマニフェストの写し（いわゆる二次マニフェストのＥ票）が送付されてきていないにもかかわらず、中間処理業者がその最終処分を終えた旨のマニフェストの写し（いわゆる一次マニフェストのＥ票）を事業者に送付することも、虚偽のマニフェストの写しの送付として禁止されています。

勧告及び命令に係る規定（資料5-16）が整備されている一方で、マニフェスト制度違反に対する罰則は強化される傾向にあり、現在、１年以下の懲役又は１００万円以下の罰金に処することとされています。

参考

法第１２条第６項→令第６条の２第５号→則第８条の４の３
法第１２条第９項→令第６条の３
法第１２条第１３項→則第８条の５第３項→則第２条の５第３項第２号
法第１２条の２第６項→令第６条の６第２号→則第８条の１６の４
法第１２条の２第１０項→令第６条の７
法第１２条の２第１４項→則第８条の１８第３項→則第２条の５第３項第２号
法第１２条の３第１項→則第８条の２０第１号
法第１２条の３第１項→則第８条の２０第２号
法第１２条の３第２項→則第８条の２１の２
法第１２条の３第３項→則第８条の２２／則第８条の２３
法第１２条の３第４項→則第８条の２４／則第８条の２５
法第１２条の３第５項→則第８条の２５の２／則第８条の２５の３
法第１２条の３第６項→則第８条の２６
法第１２条の３第７項→則第８条の２７
法第１２条の３第８項→則第８条の２８／則第８条の２９
法第１２条の３第９項→則第８条の３０
法第１２条の３第１０項→則第８条の３０の２
法第１２条の４第１項
法第１２条の４第３項
法第１２条の４第４項
法第１２条の６
法第１４条第１３項
法第１４条第１７項→則第１０条の８第３項→則第２条の５第３項第２号
法第１４条の２第４項
法第１４条の３の２第３項
法第１４条の４第１３項
法第１４条の４第１８項→則第１０条の２１第３項→則第２条の５第３項第２号
法第１４条の５第４項
法第１４条の６
法第１９条
法第２６条第１号
法第２７条の２
衛環第２３２号（平成4年8月１３日）
衛環第２３３号（平成4年8月１３日）
厚生省生衛第１１１２号（平成9年１２月１７日）
衛環第３１８号（平成9年１２月２６日）
生衛発第１６３１号（平成１０年１１月１３日）
衛産第５１号（平成１０年１１月１３日・平成１２年１２月２８日廃止）
衛環第７８号（平成１２年9月２８日）
生衛発第１４６９号（平成１２年9月２８日）
環廃産第２８号（平成１４年1月１７日）
環廃産第２９号（平成１４年1月１７日）
環廃対発第０５０９３０００４号・環廃産発第０５０９３０００５号（平成１７年9月３０日）
環廃産発第０６１２２７００６号（平成１８年１２月２７日）
環廃産発第０８０５１６００１号（平成２０年5月１６日）
環廃対発第１１０２０４００４号・環廃産発第１１０２０４００１号（平成２３年2月4日）
環廃対発第１１０２０４００５号・環廃産発第１１０２０４００２号（平成２３年2月4日）

環廃産発第１１０３１７００１号（平成２３年3月１７日）
環廃企発第１１１２２８００２号・環水大総発第１１１２２８００２号（平成２３年１２月２８日）
環廃産発第１２０４１１００３号（平成２４年4月１１日）
環廃産発第１３０１１８３号（平成２５年1月１８日）
環廃企発第１６０１２０１号・環廃産発第１６０１２０１号（平成２８年1月２０日）
環廃産発第１６０６２１１号（平成２８年6月２１日）
中環審第９４２号（平成２９年2月１４日）
環廃産発第１７０３３１７号（平成２９年3月３１日）
環廃産発第１７０６２０１号（平成２９年6月２０日）
環循適発第１８０３３０１０号・環循規発第１８０３３０１０号（平成３０年3月３０日）
環循規発第１９０２１８１号（平成３１年2月１８日）
環循規発第１９０３２９３号（平成３１年3月２９日）
環循適発第１９１１２１１号・環循規発第１９１１２１２号（令和１年１１月２１日）
環循規発第２００４１７１号（令和２年4月１７日）
環循適発第２００５１５２号・環循適発第２００５１５１号（令和２年5月１５日）
事務連絡（平成２０年6月２７日）
事務連絡（平成３１年4月１９日）
事務連絡（令和３年1月5日）
津地判（平成２０年1月３１日）
名古屋高判（平成２１年1月２２日）

Q101 電子マニフェスト

★★

現在、社内で電子マニフェストを導入することが検討されており、その運用を担当することになりそうです。いわゆる「紙のマニフェスト」の運用とは、かなり違うのでしょうか？

違いをまとめると、資料5-17のとおりです。

資料5-17　電子マニフェストと紙のマニフェストの運用比較

事務の内容		電子マニフェスト	紙のマニフェスト
事業者	登録（交付）	産業廃棄物を引き渡した日から３日以内 ●登録→ＪＷＮＥＴ※	産業廃棄物を引き渡すのと同時 ●交付→運搬受託者又は処分受託者
	処理終了の確認	●運搬終了報告→ＪＷＮＥＴの通知 ●処分終了報告→ＪＷＮＥＴの通知 ●最終処分終了報告→ＪＷＮＥＴの通知 で確認	●運搬終了報告→Ｂ２票とＡ票の照合 ●処分終了報告→Ｄ票とＡ票の照合 ●最終処分終了報告→Ｅ票とＡ票の照合 で確認
	保存	不要（ＪＷＮＥＴが保存）	５年間保存 ●Ａ票→交付の日～ ●Ｂ２票→運搬受託者から送付されてきた日～ ●Ｄ票→処分受託者から送付されてきた日～ ●Ｅ票→処分受託者から送付されてきた日～
	交付等状況報告	不要（ＪＷＮＥＴが報告）	毎年６月３０日までに報告
運搬受託者	運搬終了報告	運搬終了の日から３日以内 ●報告→ＪＷＮＥＴ	運搬終了の日から１０日以内 ●Ｂ２票を送付→事業者
	保存	不要（ＪＷＮＥＴが保存）	５年間保存 ●Ｃ２票→処分受託者から送付されてきた日～
処分受託者	処分終了報告	処分終了の日から３日以内 ●報告→ＪＷＮＥＴ	処分終了の日から１０日以内 ●Ｃ２票を送付→運搬受託者 ●Ｄ票を送付→事業者
	最終処分終了報告	ＪＷＮＥＴの（最終処分終了報告の）通知の日から３日以内 ●報告→ＪＷＮＥＴ	二次マニフェストのＥ票が送付されてきた日から１０日以内 ●Ｅ票を送付→事業者
	保存	不要（ＪＷＮＥＴが保存）	５年間保存 ●Ｃ１票→Ｅ票を事業者に送付した日～

※管理・運営機関：公益財団法人日本産業廃棄物処理振興センター情報処理センター

なお、電子マニフェストを使用するということであっても産業廃棄物を引き渡した日から３日以内に登録しなかった場合、本来ならば交付の必要があったマニフェストを交付していないとしてマニフェスト交付義務違反になります（罰則が適用されないわけではありません）。ただし、この「…３日以内」に日曜日、土曜日、「祝日法」で規定される休日、１月２日、同月３日及び１２月２９日から同月３１日までの日（以下、「休日等」といいます）を含めません。これは登録の期限だけでなく、報告の期限（運搬終了や処分終了の日から３日以内／最終処分終了報告の通知の日から３日以内）についても同様です。

一方、交付後のマニフェストの運用にあってはその写しの送付の期限（収集運搬や処分が終了した日から１０日以内／いわゆる二次マニフェストのＥ票が送付されてきた日から１０日以内）が規定されているところ、この「…１０日以内」には休日等を含めます（電子マニフェストを運用する場合のように休日等の分だけ猶予されません）。各事務の期限を確認するにあたり、双方で考え方が異なるので注意してください。

以上のとおり電子マニフェストは、原則として即時の登録が望ましいこととされながらも、法令上、産業廃棄物を引き渡した日から（休日等を除く）３日以内に登録することで足りるため、その運用において、たとえば当該３日以内の間に行われた複数回の引渡し（産業廃棄物の種類や運搬先等が同一であることを前提とします）に対し、これらを一括して（１回で）登録して差し支えないと思われます。

参考

法第２条第６項
法第１２条の３
法第１２条の５第１項→則第８条の３１の５第１号／則第８条の３１の６
法第１２条の５第１項→則第８条の３１の５第２号／則第８条の３１の６
法第１２条の５第２項→則第８条の３１の５第１号／則第８条の３１の６
法第１２条の５第２項→則第８条の３１の５第２号／則第８条の３１の６
法第１２条の５第３項→則第８条の３４
法第１２条の５第５項→則第８条の３４の４
法第１２条の５第７項
法第１２条の５第８項→則第８条の３５
法第１２条の５第９項→則第８条の３６
法第１３条の２第１項→厚生省告示第２０８号（平成１０年７月２７日）
厚生省生衛第１１１２号（平成９年１２月１７日）
生衛発第１６３１号（平成１０年１１月１３日）
衛環第７８号（平成１２年９月２８日）
環廃産発第０５０３３０００１号（平成１７年３月３０日）
国コ企第３号・国官総第２６０号・国総事第５２号（平成１７年９月２１日）
環廃産発第０６１２２７００６号（平成１８年１２月２７日）
環廃産発第１１０３１７００１号（平成２３年３月１７日）
環廃企発第１１１２２８００２号・環水大総発第１１１２２８００２号（平成２３年１２月２８日）
中環審第９４２号（平成２９年２月１４日）
環廃産発第１７０６２０１号（平成２９年６月２０日）
環循適発第１８０３３０１０号・環循規発第１８０３３０１０号（平成３０年３月３０日）
環循規発第１８１０１９１号（平成３０年１０月１９日）
環循適発第２００５１５２号・環循規発第２００５１５１号（令和２年５月１５日）
事務連絡（平成１９年１２月１９日）
事務連絡（平成２０年３月３１日）
事務連絡（平成２９年１２月６日）
事務連絡（平成３０年１１月２２日）
事務連絡（令和１年６月１８日）

Q102 電子マニフェストの使用義務の範囲

★★☆

特別管理産業廃棄物（ＰＣＢ廃棄物はありません）の処理委託にあたり、前々年度の発生量が５０ｔ以上であったため、今年度、必ず電子マニフェストを使用しなければならなくなりました。

なお、その発生場所では特別管理産業廃棄物を除く産業廃棄物も排出しており、同様に処理委託することとなっています。この場合、特別管理産業廃棄物を除く産業廃棄物の処理委託にあたっても、必ず電子マニフェストを使用しなければなりませんか？

A

使用する必要はありません。電子マニフェストの使用が義務づけられる事業者（以下、「電子マニフェスト使用義務者」といいます）が必ず電子マニフェストを使用しなければならないこととされる対象は、前々年度のＰＣＢ廃棄物を除く特別管理産業廃棄物の発生量が５０ｔ以上の事業場から排出する当該特別管理産業廃棄物の処理委託に限られます（5-18）。

資料5-18　電子マニフェストの使用義務の対象となる産業廃棄物の処理委託

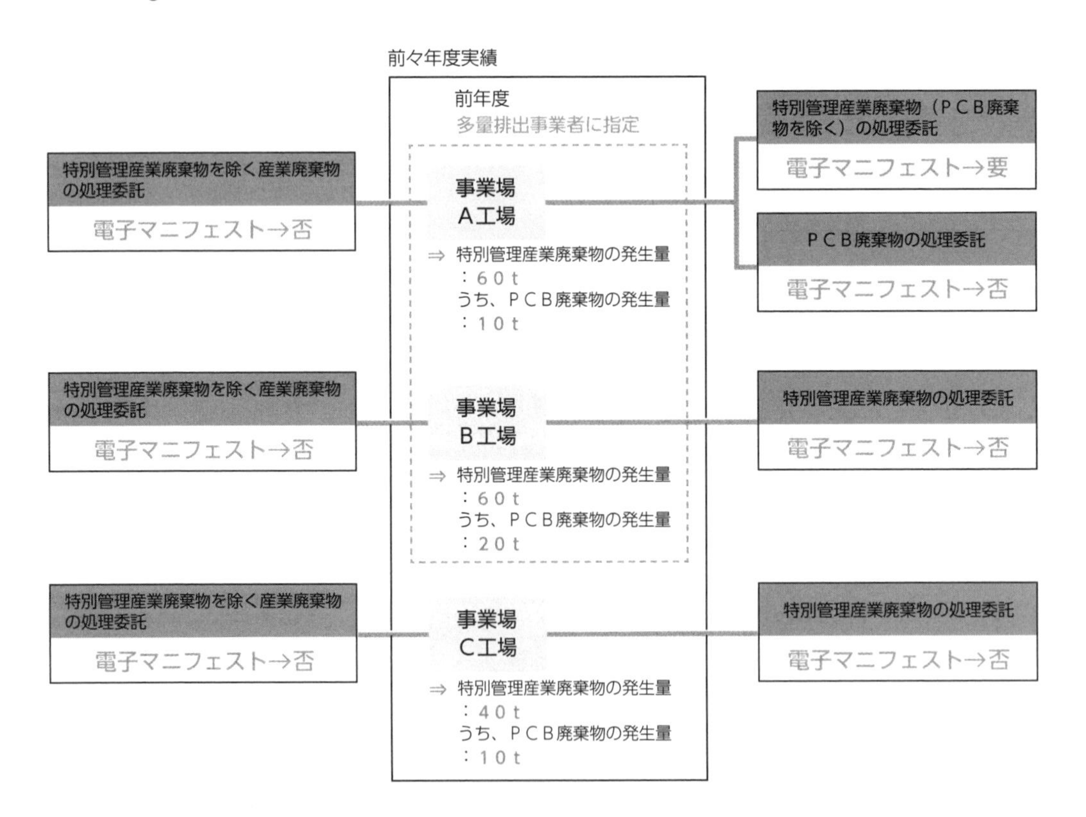

したがって、同一の事業場から排出するＰＣＢ廃棄物や特別管理産業廃棄物を除く産業廃棄物の処理委託に対してまで電子マニフェストの使用を求められません。また、他の事業場であって前々年度のＰＣＢ廃棄物を除く特別管理産業廃棄物の発生量が５０ｔに満たないものがあるケースにおいて、そこから排出するＰＣＢ廃棄物や特別管理産業廃棄物を除く産業廃棄物はいうに及ばず当該特別管理産業廃棄物を含む一切の処理委託に対しても電子マニフェストの使用を求められません。

一方、電子マニフェスト使用義務者は前年度において多量排出事業者に指定されていることから特別管理産業廃棄物処理計画やその実施の状況の報告に係る事務を行っているところ、これらに電子マニフェストの使用に関する事項や実施した取組みが含まれることに注意してください。

参考

法第１２条の２第１０項→令第６条の７／則第８条の１７の２→則様式第２号の１３
法第１２条の２第１０項→令第６条の７／則第８条の１７の２第１１号
法第１２条の２第１１項→則第８条の１７の３→則様式第２号の１４
法第１２条の５第１項→則第８条の３１の２／則第８条の３１の３／則第８条の３１の４
中環審第９４２号（平成２９年２月１４日）
環循適発第１８０３３０１０号・環循規発第１８０３３０１０号（平成３０年３月３０日）
環循規発第１９０２１８１号（平成３１年２月１８日）
環循規発第１９０３２９３号（平成３１年３月２９日）

Q 103 更新許可が下りてくるまでの間の措置

★★★

処理委託先が廃棄物処理業の更新許可を申請しているのですが、申請前許可の有効期間が過ぎても更新許可が下りてきません。現在、委託している廃棄物の処理を、一先ず停止した方がよいでしょうか？

停止する必要はなく、引き続き処理委託して問題ありません。この場合の申請前許可の取扱いについて、更新許可が下りること（以下、「許可処分」といいます）又は更新許可が下りないこと（以下、「不許可処分」といいます）となるまでの間は、なお効力を有することとされるからです（資料5-19）。

しかしながら、この間、有効な産業廃棄物処理業許可証がなく、その写しを産業廃棄物処理委託契約書に添付できないまま処理委託を続けることに対して不安を感じる事業者は少なくありません。そのような事業者にあっては、処理委託先に更新許可の申請書（都道府県等による受領印があるもの）の写しを提出するよう求め、当該許可証が交付されるまでの間、これを（申請前許可証の写しが添付されている）産業廃棄物処理委託契約書に別途添付することにより対応しているものが多くあるようです。

ただし、廃棄物処理業の新規許可を申請している場合であって、これが許可処分又は不許可処分となるまでの間については、なお効力を有することとされる根拠（申請前許可）がそもそもないことから、その申請中の者に廃棄物を処理委託することはできない

資料5-19　更新許可が下りてこない場合の申請前許可の取扱い

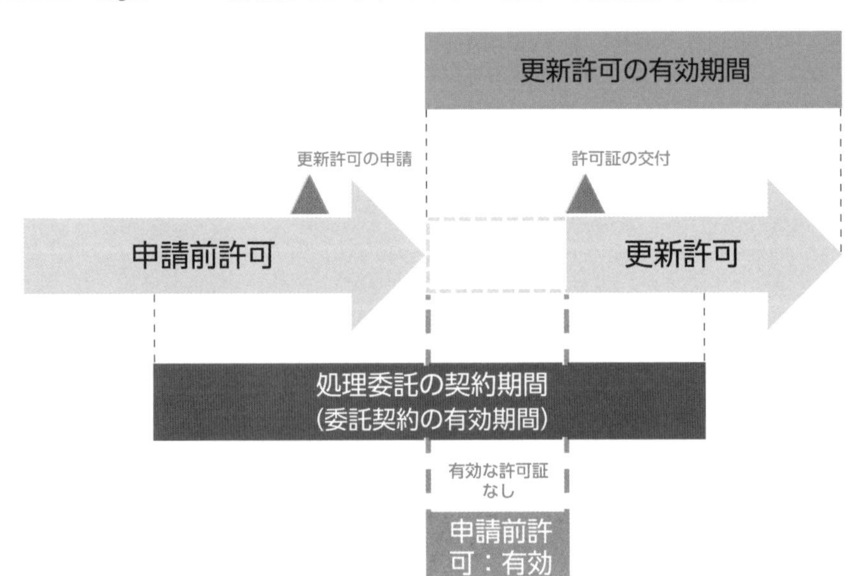

ので注意してください。

参考

法第７条第３項
法第７条第４項
法第７条第８項
法第７条第９項
法第１４条第３項
法第１４条第４項
法第１４条第８項
法第１４条第９項
法第１４条の４第３項
法第１４条の４第４項
法第１４条の４第８項
法第１４条の４第９項
則第９条の２第１項→則様式第６号
則第１０条の４第１項→則様式第８号
則第１０条の１２第１項→則様式第１２号
則第１０条の１６第１項→則様式第１４号
環廃対発第０３１１２８００２号・環廃産発第０３１１２８００６号（平成１５年１１月２８日）
環廃対発第０３１１２８００３号・環廃産発第０３１１２８００７号（平成１５年１１月２８日）
環循規発第１９０４１２１号（平成３１年４月１２日）
環循規発第２００３３０１号（令和２年３月３０日）
環循規発第２００４２７３号（令和２年４月２７日）
環循適発第２００５１２１号（令和２年５月１２日）
環循適発第２００５１５２号・環循規発第２００５１５１号（令和２年５月１５日）
事務連絡（平成３０年７月２５日）
事務連絡（令和１年１０月３０日）
事務連絡（令和２年４月１日）
事務連絡（令和２年５月１９日）
事務連絡（令和２年７月１７日）
長野地判（平成１９年５月２１日・控訴審係属中に取消し）
東京高判（平成２０年４月２３日）
さいたま地判（平成２１年１０月１４日）
長野地判（平成２２年３月２６日）

Q104 混入等防止措置を講じなければならない者

安定型産業廃棄物の埋立処分を委託している産業廃棄物処分業者から、管理型産業廃棄物が混入していたので分別するよう、強くいわれました。これは、産業廃棄物処分業者側が行うべきことではないのですか？

A

産業廃棄物処理基準で、安定型産業廃棄物を埋立処分する場合は、それ以外の産業廃棄物が混入し、又は付着するおそれのないように必要な措置を講ずることが規定されていますが、これは埋立処分の行為者、すなわち自ら処理のケースにおいては事業者、処理委託のケースにおいては産業廃棄物処分業者に対して適用されるものです。したがって、ここでは産業廃棄物処分業者側が最終処分場への搬入時に内容物を確認し、選別等を行う必要があればそれを行うほか、行えないのであれば受入れを拒否すること等の措置を講じなければならず、法令上、埋立処分の行為者に該当しない事業者（埋立処分の委託者）に、その義務はありません。

しかしながら事業者に以上の趣旨を徹底することは、事業者から産業廃棄物処分業者に持ち込まれる廃棄物の選別等があらかじめ行われることが期待できる等、適正な埋立処分に資するものであることとされています。

参考

法第１２条第１項→令第６条第１項第３号ロ→環境庁告示第３４号（平成１０年6月１６日）
法第１４条第１２項→令第６条第１項第３号ロ→環境庁告示第３４号（平成１０年6月１６日）
環水企第１８１号・厚生省生衛第７８８号（平成4年8月３１日）
環水企第１８３号・衛環第２４６号（平成4年8月３１日・平成１２年１２月２８日廃止）
環水企第２９９号（平成１０年7月１６日）
環水企第２６６号・生衛発第９８４号（平成１１年7月1日）
環廃産第１１０３２９００４号（平成２３年3月３０日）

Q 105 中間処理業者による中間処理産業廃棄物の輸出

中間処理した後の産業廃棄物（中間処理産業廃棄物）を輸出するため、その中間処理業者が確認の申請を行うことは可能でしょうか？

不可能です。産業廃棄物の輸出の確認の申請を行うことができる主体は、事業者と都道府県や市町村に限られます（一般廃棄物の輸出の確認の申請にあっては、市町村と事業者に限られます）。

なお、廃棄物の輸出入にあたっては「バーゼル法」の適用を受けるものがあるので注意してください。その他、「外為法」や「関税法」等の適用も受けるので注意してください（資料5-20）。

資料5-20　廃棄物の輸出入に係る各種法令の適用範囲

対象物	有害性	有害	有害	無害	無害
	経済性	有価	無価	無価	有価
バーゼル法		○	○	×	×
		特定有害廃棄物等			
廃棄物処理法		×	○	○	×
			廃棄物		
外為法		○	○	○	○
関税法		○	○	○	○

参考

法第１０条第１項第４号イ
法第１０条第１項第４号ロ→則第６条の２６
法第１２条第５項
法第１５条の４の５
法第１５条の４の７第１項→令第７条の１１／則第１２条の１２の２４
衛環第４０号（平成６年２月２日）
衛環第４１号（平成６年２月２日）
環廃産第３７６号（平成１４年６月２８日）
環廃企発第０５０１１９００１号・環廃産発第０５０１１９００１号（平成１７年１月１９日）
環廃産発第１２０６２５００６号（平成２４年６月２５日・平成３０年８月２０日廃止）
環廃産発第１５０５１４１号（平成２７年５月１４日・平成３０年８月２０日廃止）
中環審第９４２号（平成２９年２月１４日）
環循規発第１８０８２０１号（平成３０年８月２０日）
環循規発第１８０８２０２号（平成３０年８月２０日）
環循適発第１９０５２０１号・環循規発第１９０５２０１号（令和１年５月２０日）

事務連絡（平成１７年6月３０日）
事務連絡（平成２３年１２月9日）
事務連絡（平成２５年2月１２日）
事務連絡（平成２６年1月１７日）
注意喚起（平成３１年4月１２日）
事務連絡（令和２年１０月1日）

Q 106 積替保管を含む収集運搬の範囲

★★★

1 産業廃棄物を収集運搬する過程において、これを一定期間留め置く行為が「産業廃棄物の保管」になることは承知しているのですが、具体的にどの程度の期間留め置くと「産業廃棄物の保管」になるのですか？

2 事業者の産業廃棄物を、港湾で車両から船舶に積み替えて収集運搬します。この場合、産業廃棄物収集運搬業（積替保管を行う）又は特別管理産業廃棄物収集運搬業（積替保管を行う）の許可を受けていなければなりませんか？

A

1 産業廃棄物を収集運搬してきた車両から積替地点以降の車両への積替えと運搬が連続して行われない限り、保管を伴っていることとされています。この点を踏まえると、処分先の受入終了時刻が過ぎていたこと等を理由に、産業廃棄物を積んだ場所から直接搬入することを諦めて一先ず自社に持ち帰り、翌日、改めて処分先に搬入する行為も「産業廃棄物の保管」を含む収集運搬と考えられます。

2 産業廃棄物の「コンテナ輸送」を行う過程において、貨物駅又は港湾で輸送手段を変更する作業のうち次の点を全て満たすものは、その運搬過程にあるととらえ、積替保管に該当しないこととされています。

▶封入する産業廃棄物の種類に応じそれが飛散し、若しくは流出するおそれのない水密性及び耐久性等を確保した密閉型のコンテナを用いた輸送において、又はそれが飛散し、若しくは流出するおそれのない容器に密封してこれをコンテナに封入したまま行う輸送において輸送手段の変更を行うものであること

▶輸送手段の変更において、コンテナが滞留しないものであること（完全予約制で積載予定のコンテナを列車のホームで数時間置く状態や船舶の着岸直前にコンテナを埠頭（ふとう）に置く状態等）

以上を踏まえ、港湾で車両から船舶に積み替えて収集運搬しようとする行為が積替保管に該当しないと判断できれば、産業廃棄物収集運搬業（積替保管を行う）又は特別管理産業廃棄物収集運搬業（積替保管を行う）の許可までを受けている必要はなく、産業廃棄物収集運搬業（積替保管を行わない）又は特別管理産業廃棄物収集運搬業（積替保管を行わない）の許可を受けていれば問題ありません。

なお産業廃棄物の「コンテナ輸送」とは、貨物の運送に使用される底部が方形の器具であって反復使用に耐える構造及び強度を有し、かつ機械荷役、積重ね又は固定の用に供する装具を有するものであって日本産業規格Ｚ１６２７その他関係規格

等で規定される構造・性能等に係る基準を満たしたものに産業廃棄物又は産業廃棄物が入った容器等を封入したまま、開封することなく、輸送することをいいます。

参考

法第１４条第１項
法第１４条第１２項→令第６条第１項第１号ハ
法第１４条第１２項→令第６条第１項第１号ニ
法第１４条の４第１項
法第１４条の４第１２項→令第６条の５第１項第１号ロ
衛産第４２号（昭和６０年7月２６日）
衛産第３６号（平成5年3月３１日・平成１２年１２月２８日廃止）
環廃産発第０５０３２５００２号（平成１７年3月２５日）
環循規発第１９１００７１９号（令和１年１０月7日）
環循規発第２００３３０１号（令和２年3月３０日）

Q 107 フェリーによる海上輸送

★★☆

　フェリー運航業者（甲）が行う産業廃棄物の海上輸送について、次の場合（資料6-1）、甲は産業廃棄物収集運搬業（又は特別管理産業廃棄物収集運搬業）の許可を受けていなければなりませんか？

①第１区間の産業廃棄物収集運搬業者（又は特別管理産業廃棄物収集運搬業者）（乙）のトレーラーが運転手とともにそのままフェリー内に搭載され、甲が第２区間を海上輸送した後、引き続き乙が第３区間を収集運搬する場合

②乙のトレーラーが運転手を除いてそのままフェリー内に搭載され、甲が第２区間を海上輸送した後、第３区間で待機していた乙の運転手がトレーラーに搭乗して収集運搬する場合

③乙のトレーラーが運転手とヘッド（動力車両）を除いてボディ（荷台車両）のみフェリー内に搭載され、甲が第２区間を海上輸送した後、第３区間で待機していた乙の運転手とヘッドがボディを連結して収集運搬する場合

資料6-1　運転手・ヘッド・ボディの搭載別フェリーによる海上輸送

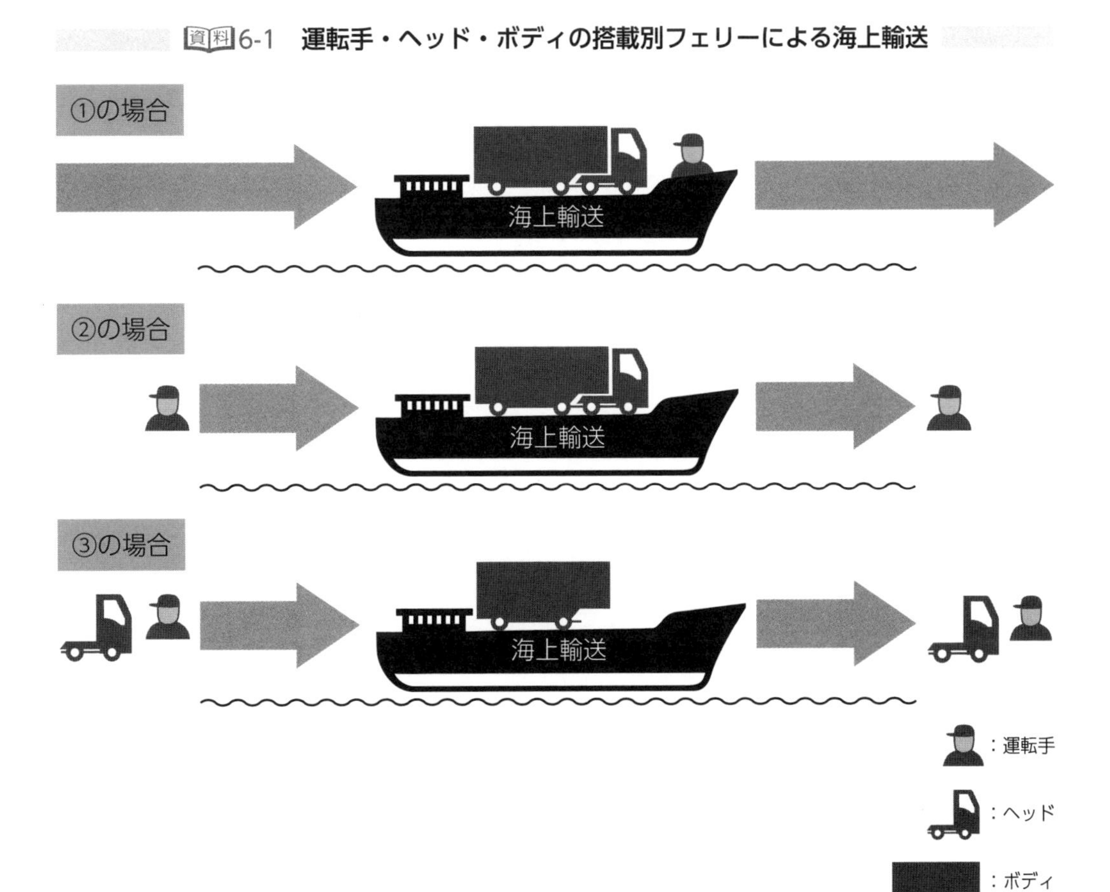

A

①以外は産業廃棄物収集運搬業（又は特別管理産業廃棄物収集運搬業）の許可を受けている必要があると考えられます。①について、運転手・ヘッド・ボディは常時一体となっていること（乙単独による収集運搬が可能な状態にあること）からフェリーは「移動式の架橋」と見なされ、したがってその運航中も乙は産業廃棄物の運搬過程にあるととらえられます。

一方、②及び③について、運転手・ヘッド・ボディは常時一体となっていないこと（乙単独による収集運搬が可能な状態にないこと）から、その運航中は甲が産業廃棄物の収集運搬を業として行っているととらえられます。

なお、②及び③における海上輸送の間、ボディ等は「乙の事業の用に供する施設」でなく、「甲の事業の用に供する施設」になることから変更届が必要となり、その後、第３区間で乙が再びボディ等を使用して産業廃棄物の収集運搬を業として行うことから改めて（もう一度）変更届が必要となるので注意してください。

参考

法第１４条第１項
法第１４条の２第３項→則第１０条の１０第１項第４号
法第１４条の２第３項→則第１０条の１０第３項第４号→則第９条の２第２項第２号
法第１４条の４第１項
法第１４条の５第３項→則第１０条の２３第１項第４号
法第１４条の５第３項→則第１０条の２３第３項第４号→則第９条の２第２項第２号
則第９条の２第３項→則様式第６号の２
衛産第３６号（平成５年3月３１日・平成１２年１２月２８日廃止）
環廃産発第１７０４２８１号（平成２９年4月２８日）
事務連絡（令和３年１月５日）

Q 108 積卸しを行わない都道府県等を通過する収集運搬

★★★

事業者によって排出された産業廃棄物を積む都道府県等と卸す都道府県等の間に、いくつかの都道府県等を通過して収集運搬する（資料6-2）のですが、通過する都道府県等の知事等からも産業廃棄物収集運搬業（又は特別管理産業廃棄物収集運搬業）の許可を受けていなければなりませんか？

受けている必要はありません。産業廃棄物の運搬のみを業として行うにあたり、都道府県知事等（以下、「許可権者」といいます）の許可を受けていなければならないものはその積卸しを行う区域に限られます。

なお許可権者として、都道府県知事のほか、次の市長が該当します。

- ▶「地方自治法」で規定される指定都市の長
- ▶「地方自治法」で規定される中核市の長（令和３年４月以降は、松本市・一宮市の長が含まれます）

ただし、「①都道府県内で一の上記の市を越えて行われる、合理化された産業廃棄物収集運搬業（積替保管を行わない）又は特別管理産業廃棄物収集運搬業（積替保管を行わない）の許可とその許可を受けた者等に対する行政処分の一部（資料6-3）等に関す

資料6-2　**産業廃棄物収集運搬業又は特別管理産業廃棄物収集運搬業の許可を必要とする都道府県等**

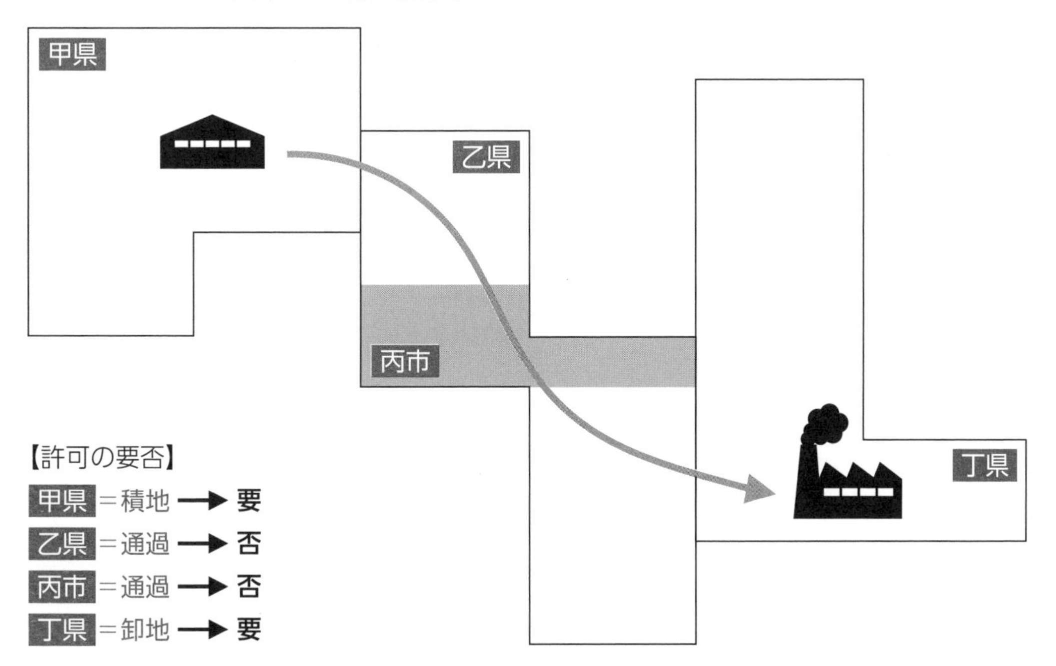

資料6-3　合理化された産業廃棄物収集運搬業又は特別管理産業廃棄物収集運搬業の許可を受けた者等に対する主な行政処分の種類及び当該行政処分を行う権限を有する主体

主な行政処分の種類	権限の主体
事業停止命令	●許可した都道府県知事
許可の取消し	●許可した都道府県知事
報告の徴収	●許可した都道府県知事 ●不適正処理が行われた区域を管轄する都道府県知事、指定都市・中核市の長
立入検査	●許可した都道府県知事 ●不適正処理が行われた区域を管轄する都道府県知事、指定都市・中核市の長
改善命令	●不適正処理が行われた区域を管轄する都道府県知事、指定都市・中核市の長
措置命令	●不適正処理が行われた区域を管轄する都道府県知事、指定都市・中核市の長
生活環境保全上の支障の除去等の措置（行政代執行）	●不適正処理が行われた区域を管轄する都道府県知事、指定都市・中核市の長
措置命令の準用	●不適正処理が行われた区域を管轄する都道府県知事、指定都市・中核市の長

る事務」、「②廃棄物再生事業者の登録に関する事務」等については、これらの市長でなく、都道府県知事の権限に属します。

参考

法第１４条第１項
法第１４条の３
法第１４条の３の２第１項
法第１４条の３の２第２項
法第１４条の４第１項
法第１４条の６
法第１８条
法第１９条
法第１９条の３第２号
法第１９条の５
法第１９条の６
法第１９条の８
法第１９条の１０第２項
法第２０条の２
法第２４条の２第１項→令第２７条
則第８条の２７→環境省令第１６号（令和２年５月１５日）
衛環第２３２号（平成４年８月１３日）
衛環第２３３号（平成４年８月１３日）
環廃対発第０６０３１５００１号・環廃産発第０６０３１５００１号（平成１８年３月１５日）
環廃対発第１１０２０４００４号・環廃産発第１１０２０４００１号（平成２３年２月４日）
環廃対発第１１０２０４００５号・環廃産発第１１０２０４００２号（平成２３年２月４日）
環循適発第１８０３３０１０号・環循規発第１８０３３０１０号（平成３０年３月３０日）

環循規発第１８０３３０２２号（平成３０年3月３０日）
環循規発第１８０３３０２８号（平成３０年3月３０日）
環循規発第１９０３０５３号（平成３１年3月5日）
環循適発第１９０５２０１号・環循規発第１９０５２０１号（令和1年5月２０日）
環循規発第１９０９０３５号（令和１年9月3日）
環循規発第２００２１４２号（令和２年2月１４日）
環循適発第２００３０４４号・環循規発第２００３０４３号（令和２年3月4日）
環循規発第２００４０１６号（令和２年4月1日）
環循規発第２００４１７１号（令和２年4月１7日）
環循規発第２００７２０２号（令和２年7月２０日）
環循規発第２１０１２２１号（令和3年1月２２日）
事務連絡（平成２２年１０月7日）
事務連絡（平成２２年１２月１7日）
事務連絡（平成２３年3月１7日）
京都地決（平成7年3月３０日）
京都地判（平成9年１０月３１日）
東京地判（平成２３年4月２6日）

★★★

Q109 運搬を伴わない積替保管のみの受託

産業廃棄物収集運搬業（積替保管を行う）又は特別管理産業廃棄物収集運搬業（積替保管を行う）の許可を受けているのですが、積替保管のみを受託しようと考えています（前後の搬入出は、他の産業廃棄物収集運搬業者又は特別管理産業廃棄物収集運搬業者が行う予定です）。これは認められるでしょうか？

認否を示す明確な根拠や解釈はありませんが、この点について旧公益社団法人全国産業廃棄物連合会（収集運搬部会運営委員会）が都道府県等（１０９団体）に向けて平成２４年４月に「収集運搬業の積替保管の許可に係る調査」を実施しており、その結果が９月にまとめられています（資料6-4）。「認めない」と「認める」で、運用はおおむね二分されているようです。

資料6-4　収集運搬業の積替保管の許可に係る調査結果抜粋

認否等		団体数	
認めない	積替保管を行う者が搬入及び搬出の双方も受託すること	１０	小計 ５４
	積替保管を行う者が搬入も受託すること	１	
	積替保管を行う者が搬出も受託すること	０	
	積替保管を行う者が搬入又は搬出のいずれかも受託すること	４３	
認める	特段の条件なし		５１
一部認める	廃棄物の種類による		０
複数回答			３
未回答			１
	合計		１０９

参考

法第１４条第１項
法第１４条の４第１項
環整第８５号（昭和５０年９月２６日）
衛産第３６号（平成５年３月３１日・平成１２年１２月２８日廃止）
環循規発第１８０３３０２２号（平成３０年３月３０日）
環循規発第１９０３０５３号（平成３１年３月５日）
環循規発第２００２１４２号（令和２年２月１４日）
環循規発第２１０１２２１号（令和３年１月２２日）

Q110 海洋投入処分のための収集運搬

★★★

特別管理産業廃棄物を除く産業廃棄物の海洋投入処分にあたり、これを行うための船舶に廃棄物を積むまでの収集運搬もあわせて受託しようと考えているのですが、この場合の収集運搬と海洋投入処分の範囲について、どのように区分すればよいか判断できません。

たとえば、「発生場所から船舶までの収集運搬」と「排出海域までの船舶による移動」を一連の行為ととらえることにより、その全てが海洋投入処分の範囲に含まれるものとして産業廃棄物処分業の許可のみで受託すること（別途、産業廃棄物収集運搬業の許可を受けている必要はないこととすること）は可能でしょうか？

A

不可能であり、別途、産業廃棄物収集運搬業の許可を受けている必要があります。

この場合、特別管理産業廃棄物を除く産業廃棄物を発生場所から搬出し、海洋投入処分を行うための船舶（以下、「廃棄物排出船」といいます）に積むまでの行程は収集運搬に該当します。一方、廃棄物排出船により当該産業廃棄物を排出海域へ移動させ、そこで排出するまでの行程が海洋投入処分に該当します。双方を一連の行為ととらえることはできません。

実際の海洋投入処分にあたっては、産業廃棄物収集運搬業と産業廃棄物処分業の許可のほか、「海洋汚染防止法」の規定に基づき環境大臣からそのための許可（船舶からの廃棄物海洋投入処分の許可）も受けていなければなりませんが、当該許可を申請し受けるべき主体は産業廃棄物処理業者（海洋投入処分の受託者）でなく、原則として事業者（海洋投入処分の委託者）であることに注意してください。ただし建設汚泥の海洋投入処分を行うケースにおいては、それを生じさせる建設工事の元請業者でなく、発注者が当該許可を申請し受けている必要があります。一方、事業者から委託を受けて特別管理産業廃棄物を除く産業廃棄物の海洋投入処分を行う産業廃棄物処理業者にあっては、同法の規定に基づき当該産業廃棄物を廃棄物排出船に積む前に海上保安庁長官の確認を受けていなければならないことに注意してください。

なお、一般廃棄物や特別管理産業廃棄物の海洋投入処分は禁止されています。また特別管理産業廃棄物を除く産業廃棄物のうち海洋投入処分が可能なものについても、埋立処分にあたり特段の支障がないと認められる場合にあっては海洋投入処分を行わないようにすることとされています。

参考

法第７条第１３項→令第３条第４号／令第４条の２第４号

法第１４条第１項
法第１４条第６項
法第１４条第１２項→令第６条第１項第４号イ→令別表第３の２／令別表第３の３／総理府令第５号（昭和４８年２月１７日）／総理府令第５号（昭和５１年２月２６日）→総理府令第６号（昭和５１年２月２６日）／環境庁告示第１３号（昭和４８年２月１７日）／環境庁告示第３号（昭和５１年２月２７日）
法第１４条第１２項→令第６条第１項第４号ロ
法第１４条第１２項→令第６条第１項第５号
法第１４条の４第１２項→令第６条の５第１項第４号
環水企第８４号・厚生省環第８９４号（昭和４６年１２月２７日）
環整第１４９号・環産第４５号（昭和５５年１１月１０日）
環産第２１号（昭和５７年６月１４日・平成１２年１２月２８日廃止）
環水企第１８１号・厚生省生衛第７８８号（平成４年８月３１日）
環水企第１８２号・衛環第２４４号（平成４年８月３１日）
衛産第１１９号（平成７年１２月２７日）
衛産第１２０号（平成７年１２月２７日）
環廃対発第０７０３３００１８号・環廃産発第０７０３３０００３号・環地保発第０７０３３０００６号（平成１９年３月３０日）
環廃産発第０７０８１４００１号・環地保発第０７０８１４００１号（平成１９年８月１４日）
中環審第９４２号（平成２９年２月１４日）
環循規発第１９１００７１９号（令和１年１０月７日）
事務連絡（平成２５年６月１２日）
東京地判（平成２３年１２月１６日）

Q111 宅配便を利用した配送 ★★★

長期間にわたり放置されていた試薬の処分を受託することになりそうなのですが、どうやら小瓶の中に微量の試薬が残っているもの二つだけのようです（どちらも特別管理産業廃棄物になるようなものではないと聞いています）。

事業者は、それが産業廃棄物になると認識しているものの、きわめて少量であることを理由に、こちらまでの運搬のためにわざわざ産業廃棄物収集運搬業者に委託しなくてもよいと考えており、宅配便で配送させるといっているのですが、問題ではないのですか？

問題です。法で規定されている原則は廃棄物の多寡により変わるものでありません。少量であることを理由に廃棄物と判断されるべきものが廃棄物でなくなったり、また産業廃棄物になるべきものが一般廃棄物として処理されたりすることがあってはなりませんし、反対に多量であることを理由に一般廃棄物になるべきものが産業廃棄物として処理されたりすることがあってもなりません。

同様に、通常、産業廃棄物の処理に対して適用される各種基準等について、処理する産業廃棄物が少量であるからといってそれらを遵守しなくてよいこととする根拠は一切

資料6-5 宅配業者等に対する「廃棄物の安易な配送」に係る指導・啓発について

先般、当府警では、警察に寄せられた健康被害の相談をもとに、アートメイクと称して女性の顔の一部（眉部等）に針を使用して入れ墨を行っていたエステ店９店舗１１名を、医師法違反で逮捕するなどして事件処理した上、過日、大阪地方検察庁に事件送致したところでありますが、当該事件の捜査過程において、

○「出血を伴う施術で使用された血液や体液が付着している使用済み針」を入れたプラスチック容器が、市販されている袋型の紙袋で梱包され宅配便で配送されていた

○当該プラスチック容器からは、大量の針が紙袋内に散乱、袋内側の緩衝剤に刺さっている様な状態（配送・仕分け等の作業時の振動で散乱したと思われる）

○宅配便の受付伝票の品名欄に「廃棄物」と記載されているのに、そのまま受理し、配送していた（裁縫道具等と記載されていたものもあり）

という事実が判明するなど、一つ間違えば、配送等に従事する方々の手に、当該針が刺さるという重大な事故に直結する危険な状態でありました。

廃棄物の運搬は、廃棄物の処理及び清掃に関する法律（以下、「廃掃法」という。）により、廃棄物収集運搬業の許可を有する業者が適正な手続きに基づき運搬しなければならず、「廃棄物」と記載された物品を許可のない者が運搬したり、許可を有していても定められた手続きに基づくことなく受託・運搬した場合は、同法に抵触する恐れもあります。

そこで貴局におかれましては、前記事例を念頭において、関係団体等を通じ、宅配便等を利用した廃棄物の配送は廃掃法に抵触するおそれがあることを、宅配業者のみならず、コンビニエンスストア等受付業務に従事される方々全般に周知徹底していただき、同種事案の再発防止を図るべく、必要な指導・啓発を至急図られるようお願い申し上げます。

平成２５年１２月２０日生環第７０８号
大阪府警察本部生活安全部長依頼抜粋

なく、等しく適用されることに注意してください。この場合、宅配便を利用して産業廃棄物を配送させることは産業廃棄物収集運搬業の許可を受けていない者、いわゆる無許可業者にその運搬を委託することになりますから、事業者は産業廃棄物処理委託基準違反になります。一方、仮に宅配業者が産業廃棄物と知っていながら配送したということであれば無許可営業になります。

このような違反事例は殊のほか多く、これまでにも警察から関係機関・団体等に対して指導・啓発の依頼がされています（資料6-5）。

参考

法第２条第１項
法第２条第２項
法第２条第４項
法第２５条第１項第１号
法第２５条第１項第６号
環整第４３号（昭和４６年１０月１６日）
環整第４５号（昭和４６年１０月２５日）
環計第３７号（昭和５２年3月２６日）
環循規発第１８０３３０２８号（平成３０年3月３０日）

Q112 複数の廃棄物の相積み

★★★

1 **小口に排出される一般廃棄物や産業廃棄物を効率よく収集するため、これらを1台の車両に積載して運搬しようと考えているのですが、問題でしょうか（車両は、一般廃棄物収集運搬業の許可及び産業廃棄物収集運搬業又は特別管理産業廃棄物収集運搬業の許可の双方に基づく登録を受けています）？**

2 **産業廃棄物の「廃酸」の収集運搬について、これを卸す際等に硫化水素が発生しないようにするため、あらかじめ他の事業者によって排出された産業廃棄物の「廃アルカリ」を積載しておいたところに「廃酸」を収集することにより酸性度を下げてから運搬をはじめることは問題でしょうか？**

A

1 一般廃棄物処理計画にしたがい分別して収集することとされる一般廃棄物は分別の区分にしたがって収集運搬しなければなりませんが、1台の車両であっても仕切りを設けること等により積み分けてこれを行うのであれば、一般廃棄物処理基準に抵触するものではありません。

また石綿含有廃棄物、水銀使用製品産業廃棄物、特別管理廃棄物も他のものと混合するおそれのないように区分して収集運搬しなければなりませんが、既述と同様、1台の車両であっても仕切りを設けること等により積み分けてこれを行うのであれば、廃棄物処理基準に抵触するものではありません。さらに特別管理廃棄物にあっては、他のものと混合するおそれのないように区分して収集運搬しなければならないものの例外（･･･区分せず収集運搬してよい場合）として特別管理一般廃棄物の感染性一般廃棄物と特別管理産業廃棄物の感染性産業廃棄物が混合している場合(それら以外のものが混入するおそれのないケースに限る)」や「特別管理一般廃棄物の廃水銀と特別管理産業廃棄物の廃水銀等が混合している場合（それら以外のものが混入するおそれのないケースに限る)」等も認められています。

なお特別管理産業廃棄物を他のものと混合するおそれのないように区分して収集運搬することについて、同一の業種の同一の工程から排出された特別管理産業廃棄物であって、単に含有物質の濃度が厳密に見ると異なっているようなものの混合は差し支えないこと（特別管理産業廃棄物処理基準違反にならないこと）とされています。

2 問題です。産業廃棄物の「廃アルカリ」を積載しておいたところに「廃酸」を収集することは、これらを収集運搬する過程において「廃棄物の処分（中和)」を行っていることになると考えられ、産業廃棄物収集運搬業（又は特別管理産業廃棄物収集運搬業）の許可の範囲を逸脱しています。

参考

法第７条第１３項→令第３条第１号ホ
法第７条第１３項→令第３条第１号ル
法第７条第１３項→令第４条の２第１号イ（２）→則第１条の９
法第１４条第１２項→令第６条第１項第１号ロ
法第１４条の４第１２項→令第６条の５第１項第１号→則第８条の６
衛環第２３３号（平成４年８月１３日）
環水企第１８２号・衛環第２４４号（平成４年８月３１日）
環水企第１８３号・衛環第２４６号（平成４年８月３１日・平成１２年１２月２８日廃止）
衛産第３６号（平成５年３月３１日・平成１２年１２月２８日廃止）
環廃産第９０－２号（平成１５年２月１３日）
環廃対発第１１０２０４００５号・環廃産発第１１０２０４００２号（平成２３年２月４日）
環廃産第１１０３２９００４号（平成２３年３月３０日）
環廃対発第１１０３３１００１号・環廃産発第１１０３３１００４号（平成２３年３月３１日）
環循適発第１７０８０８１号・環循規発第１７０８０８３号（平成２９年８月８日）
環循規発第１９０３０１７号（平成３１年３月１日）
事務連絡（平成２９年５月１２日）
事務連絡（平成３０年３月３０日）

Q113 フロン類が充填された産業廃棄物の収集運搬の受託

★★

飲食店で使用されていた冷凍冷蔵ショーケースが不要になり、その収集運搬を受託します。これは「フロン排出抑制法」の適用を受けるもの（第一種特定製品）らしいのですが、第一種フロン類充填回収業者としての登録を受けていないことから、フロン類の回収については登録を受けている業者に別途依頼してもらいます。

先方からは、「店に第一種フロン類充填回収業者／産業廃棄物収集運搬業者とも出入りがあると混雑し、搬出までに時間がかかりそうなので、店内でフロン類の回収を行わず、それが充填されたままの状態で収集運搬してほしい」といわれています。なおフロン類の回収にあたっては、収集運搬先の中間処理施設で第一種フロン類充填回収業者が待機しており、そこで回収が行われた後、不要な冷凍冷蔵ショーケースを中間処理施設に投入することとなっているようです。

以上の場合、フロン類が充填されたままの状態の不要な冷凍冷蔵ショーケースを、（第一種フロン類充填回収業者としての登録を受けていないまま）収集運搬して問題ないでしょうか？

A

フロン類の回収が確認できない不要な冷凍冷蔵ショーケースを産業廃棄物処理業者が引き取ることは「フロン排出抑制法」により原則禁止とされており、先方からフロン類の回収が終了していることを示す行程管理票（引取証明書）の写しの交付を受けない限り、それを引き取ること、すなわち収集運搬することはできません。

ただし第一種フロン類充填回収業者としての登録を受けて先方からその収集運搬とフロン類の回収の双方の委託を受ける場合にあっては、行程管理票（回収依頼書等）の交付及びその搬出後に適正なフロン類の回収が確実に行われるものとして例外的に、フロン類が充填されたままの状態の不要な冷凍冷蔵ショーケースを収集運搬することが認められています。その他、先方からその収集運搬と「フロン類の回収の仲介」の双方の委託を受け、さらにこれら双方の受託者（第一種フロン類充填回収業者としての登録を受けていない産業廃棄物処理業者）が第一種フロン類充填回収業者にフロン類の回収を委託することもできることとされています。したがって行程管理票（委託確認書等）の交付及び回付を通じ適正なフロン類の回収の仲介が確実に行われるというのであれば、フロン類が充填されたままの不要な冷凍冷蔵ショーケースを、（第一種フロン類充填回収業者としての登録を受けていないまま）収集運搬することについて直ちに問題があるとまではいえません。

なお別置型の業務用冷凍空調機器等（室外機）を収集運搬する場合、これに冷媒の追加充填が行われているケースが多くポンプダウンだけでは冷媒が配管内に残るためフロン類の回収にあたり現場での事前回収を基本とすることから、収集運搬先での事後回収を予定している以上の例外的な行為は認められないと思われます。

参考

法第２条第１項
環整第４３号（昭和４６年１０月１６日）
環整第４５号（昭和４６年１０月２５日）
２０２０製化管第１号・環地温発第２００１１６３号（令和２年１月１６日）
事務連絡（平成３０年9月6日）
事務連絡（令和１年１０月１５日）
事務連絡（令和２年7月9日）

Q 114 電子マニフェストを使用する場合の運搬車に備えつける書面

★★★

電子マニフェストを使用する事業者から産業廃棄物の収集運搬を受託しました。実際の収集運搬にあたり、いわゆる「紙のマニフェスト」を携行しないことになるため、産業廃棄物収集運搬業許可証（又は特別管理産業廃棄物収集運搬業許可証）の写しのほか、別途、運搬車に「①電子マニフェストの加入証の写し」と「②法令で規定される事項を記載した書面」を備えつけなければならないことを確認しています。

ところが電子マニフェストによる収集運搬実績が豊富な同業者にあっては、運搬車が通信手段を標準装備していることを理由に、各々の運転手に②を携行させていないようです。ハードディスクやＵＳＢメモリ等に記録した電子データを②の代わりに携行させているというのであれば、まだ理解できるのですが、②の内容について記載・記録したものを一切携行させていないとなると問題ではないのですか？

基本的に問題ありません。随時必要な連絡を行うことができる設備又は器具（携帯電話端末や無線端末等をいい、以下、「連絡設備等」といいます）で本社・支社・営業所等と常時連絡が可能であり、これにより次の事項を直ちに確認できる場合、運搬車に②やその電子データを備えつけることは不要とされています（産業廃棄物処理基準違反又は特別管理産業廃棄物処理基準違反になりません）。

- ▶運搬する産業廃棄物の種類及び数量
- ▶産業廃棄物の運搬を委託した者（事業者等）の氏名又は名称
- ▶運搬する産業廃棄物を積載した日並びに積載した事業場の名称及び連絡先
- ▶運搬先の事業場の名称及び連絡先

ただし、山間部等の連絡が困難な場所での収集運搬や深夜における収集運搬等のように、連絡できない、又は連絡しても連絡先が対応できない場合にあっては、これが「連絡設備等で･･･直ちに確認できる場合」に含まれないこととされていることから、既述のとおり備えつける必要があります。

参考

法第１４条第１２項→令第６条第１項第１号イ→則第７条の２の２第４項→則第７条の２第３項第４号
法第１４条第１２項→令第６条第１項第１号イ→則第７条の２の２第４項→則第７条の２第３項第５号
法第１４条の４第１２項→令第６条の５第１項第１号→則第８条の５の４
衛環第７８号（平成１２年9月２８日）
環廃対発第０４０４０１００８号・環廃産発第０４０４０１００５号（平成１６年4月1日）
環廃対発第０５０２１８００３号・環廃産発第０５０２１８００１号（平成１７年2月１８日）

Q115 分別又は圧縮の受託

★★★

特別管理産業廃棄物を除く産業廃棄物の「分別（選別）」又は「圧縮」を受託するためには、産業廃棄物収集運搬業（積替保管を行う）と産業廃棄物処分業のどちらの許可を受けていなければなりませんか？

A

一般に分別又は圧縮は中間処理に該当することから、産業廃棄物処分業の許可を受けている必要があります。ただし、既に許可を受けている産業廃棄物処理業の一環として、その利便を図るために行われるものは独立した許可の対象となりません。たとえば、収集運搬の効率化を目的として人力や簡易な機械力により行われる、特別管理産業廃棄物を除く産業廃棄物の分別又は圧縮は「物理的、化学的又は生物学的な手段によって形態・外観・内容等について変化をあたえる行為」とまでいえないことから中間処理に該当せず、したがって産業廃棄物収集運搬業（積替保管を行う）の許可に係る事業の範囲に含まれると考えられます。

以上の考え方は、不要な機械設備や什器類の部品取りを目的とした手解体等についても同様です。

参考

法第１４条第１項
法第１４条第６項
環整第２号（昭和４７年1月１０日・平成１２年１２月２８日廃止）
環整第１２８号・環産第４２号（昭和５４年１１月２６日・平成１２年１２月２８日廃止）
環整第８７号（昭和５８年6月１４日・平成１０年5月7日廃止）
衛産第３６号（平成５年3月３１日・平成１２年１２月２８日廃止）
環廃産第９０－２号（平成１５年2月１３日）
環廃対発第０６０８０９００２号・環廃産発第０６０８０９００４号（平成１８年8月9日）
環廃対発第０６０９２７００１号・環廃産発第０６０９２７００２号（平成１８年9月２７日）
環廃対発第１１０２０４００５号・環廃産発第１１０２０４００２号（平成２３年2月4日）
環廃対発第１１０３３１００１号・環廃産発第１１０３３１００４号（平成２３年3月３１日）

Q116 産業廃棄物の性状が変わらない中間処理の受託

★★★

事業者から産業廃棄物の「廃プラスチック類」の破砕を受託するのですが、刃の大きさ・間隔に比べて規格が小さいこと（粒状又は粉状であること）から、破砕施設に投入する前と投入した後で形状が変わりません。そのような「廃プラスチック類」の破砕を受託する場合であっても、必ず破砕施設に投入しなければならないのでしょうか？

A

破砕施設への投入の是非について検討するまでもなく、そもそも、そのような「廃プラスチック類」の破砕を受託してはいけません。不燃性を有する廃棄物の焼却や無水性を有する廃棄物の乾燥又は脱水を受託すること等と同様、産業廃棄物の性状が変わらない中間処理を受託することは、いたずらにその処理行程を引き延ばすだけに過ぎないからです。これは「①生活環境の保全」及び「②公衆衛生の向上」という法の目的、さらには産業廃棄物処理業の許可に係る制度の趣旨に沿わないものです。

また、同様の理由により、事業者から破砕を受託した産業廃棄物処分業者（甲）が破砕後の中間処理産業廃棄物を他の産業廃棄物処分業者（乙）に改めて（もう一度）破砕してもらうよう委託することも問題とされています（ただし、乙による破砕が再生を目的としている場合等、一部認められる例もあります）。

産業廃棄物処理委託基準（又は特別管理産業廃棄物処理委託基準）を遵守しているか否かにかかわらず、産業廃棄物の性状が変わらない中間処理や同じ方法を繰り返す中間処理の委託を問題とする以上の考え方は、破砕以外の中間処理の委託についても同様です。

参考

法第１条
法第１２条第５項
法第１２条第７項
厚生省環第７８４号（昭和４６年１０月１６日）
環整第４３号（昭和４６年１０月１６日）
衛環第２３２号（平成４年8月１３日）

Q117 中間処理施設に投入しない有価物の拾集

★★★

事業者から産業廃棄物の「がれき類」と「金属くず」の混合物の「破砕」を受託します。選別後の「金属くず」は売却でき、しかも破砕しない方が好条件で購入してもらえるので、それを破砕施設に投入する前に選別した上、「金属くず」についてはそのまま売却し、「がれき類」のみを破砕しようと考えているのですが、問題ないでしょうか？

A

問題です。この場合は「金属くず」を含めた「がれき類」との混合物を産業廃棄物として引き取り破砕するという趣旨で受託するわけですから、「金属くず」を破砕しないことは事業者による処理委託の内容を契約のとおり行わないことになります。有価物として「金属くず」を拾集し売却するということであっても、それは必ず破砕してからでなければなりません。

なお産業廃棄物処分業の許可に係る事業の範囲として、（破砕以外に）別途、「選別」も受けている場合（又は積替保管を行う産業廃棄物収集運搬業の許可を受けている場合）は、既述の「がれき類」の破砕に加え、その前段階として「がれき類」と「金属くず」の混合物の選別も受託することにより、以上の処理を業として行うことが可能になります。

ところで過去の通知では、廃自動車・中古パソコン等の解体業者や混合廃棄物の選別業者を例に「①処分を実施するための前処理として分解・選別を行い、売却できるものは売却し、（自ら）処分できないものはこれを中間処理産業廃棄物として他人に処理委託してよいこと」、「②分解・選別後、処分を実施するための中間処理施設に一切通さず全て搬出する形態は、積替保管に該当するため、①に含まれないこと」（資料6-6）と示されたことがありました。つまり、「処分を受託した複合廃棄物や混合廃棄物について、分解・選別後、その一部に対してだけでも処分が実施されれば、それ以外の処分が実施されない部分までを処分後の有価物として売却し、又は中間処理産業廃棄物として他人に処理委託できること」としたわけです。

しかしながらその通知の内容は、事業の範囲と整合しない処理や再委託を許容するものであり、したがって産業廃棄物処理業の許可に係る制度の趣旨に沿わないと考えられます。また、廃棄物に由来する物品の不正転売・流通等、「古物営業法」の違反や民事上の問題等に発展しかねない行為を助長するものでもあり、通常認められないと思われます。

資料6-6 複合廃棄物や混合廃棄物の分解・選別から搬出までのフロー

①の場合

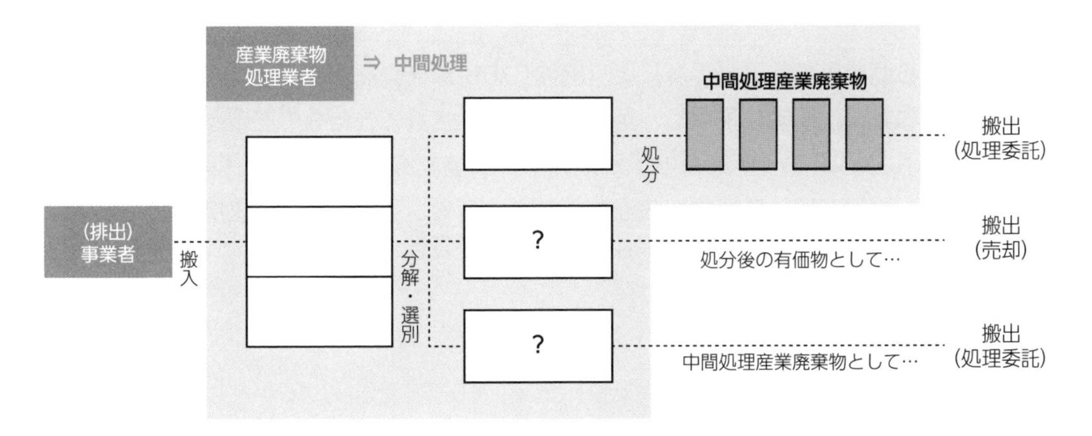

②の場合

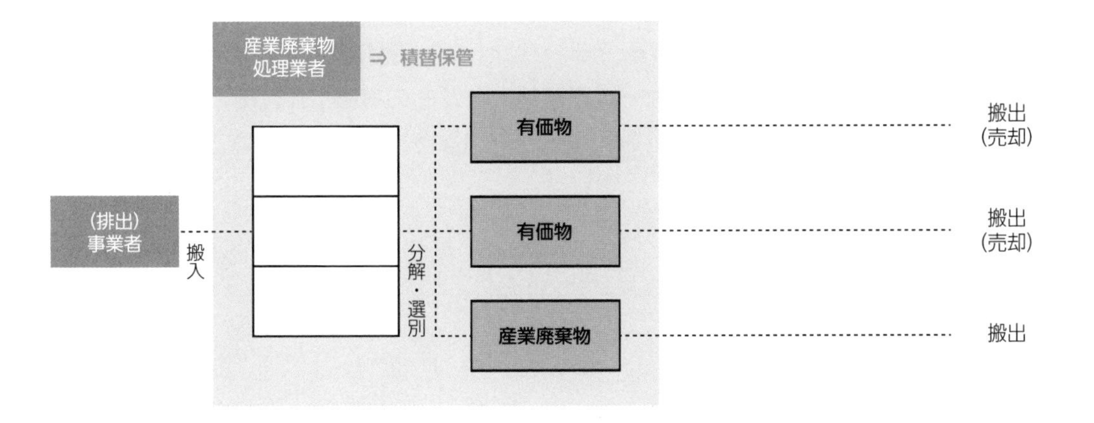

参考

法第１２条第５項
法第１４条第１項
法第１４条第６項
法第１４条第１６項
環計第３６号（昭和５２年３月２６日）
警察庁丁生企発第１０４号（平成７年９月１１日）
環廃産第９０－２号（平成１５年２月１３日）
環廃産発第０５０８２２００１号（平成１７年８月２２日・平成１８年９月２７日廃止）
環廃対発第１１０２０４００５号・環廃産発第１１０２０４００２号（平成２３年２月４日）
環廃産発第１２０３３０００２号（平成２４年３月３０日）
環廃企発第１６０１１８４号・環廃産発第１６０１１８６号（平成２８年１月１８日）
環廃企発第１６０１２０１号・環廃産発第１６０１２０１号（平成２８年１月２０日）
環廃産発第１６０１２０３号（平成２８年１月２０日）
環廃産発第１６０６２１１号（平成２８年６月２１日）
中環審第９４２号（平成２９年２月１４日）
環循規発第２００４１７１号（令和２年４月１７日）
事務連絡（平成２８年２月１０日）
事務連絡（平成２９年１月２６日）
事務連絡（平成２９年６月２０日）

Q 118 運搬容器を含む廃棄物の中間処理の受託

★★☆

事業者から産業廃棄物の「汚泥」と「廃油」の焼却を受託するにあたり、従業員の安全衛生面や作業環境面等に配慮し、焼却施設に搬入されてきたものを運搬容器ごと投入しようと考えています（事業者の了解はえています）。この場合、（「汚泥」と「廃油」だけでなく）運搬容器も廃棄物に該当することとして、これに係る産業廃棄物処分業の許可を別途受けていなければなりませんか？

そのとおり運搬容器に係る産業廃棄物処分業の許可を別途受けていなければなりません。

感染性廃棄物の処分はその典型的な例であり、作業中の感染の危険性を避けるため梱包された状態のままで焼却施設や溶融施設に投入する等衛生的に行うこととされていることから、通常、感染性廃棄物を処分する廃棄物処理業者は運搬容器に係る産業廃棄物処分業の許可（産業廃棄物の「廃プラスチック類」等）を別途受けています。

なお運搬容器の素材等によっては一般廃棄物になるものもありえ、そのようなケースにおいては一般廃棄物処分業の許可を別途受けていなければならないので注意してください。

参考

法第２条第１項
法第２条第２項
法第２条第４項
法第１４条第６項
環整第４５号（昭和４６年１０月２５日）
環計第３７号（昭和５２年３月２６日）
環循規発第１８０３３０２８号（平成３０年３月３０日）
事務連絡（平成３０年３月３０日）

Q119 受託者の保管期限

★★★

処理委託により事業者から引き渡された産業廃棄物は、どれだけの期間、産業廃棄物処理業者によって保管し続けることが認められているのですか？

収集運搬にあたっての積替えのための保管であっても、処分にあたっての保管であっても、「保管上限」（数量制限）については産業廃棄物処理基準（又は特別管理産業廃棄物処理基準）において直接かつ明確に規定されていますが、「保管期限」（期間制限）についてはそれに相当するものが規定されておらず、「①搬入された産業廃棄物の性状に変化が生じないうちに搬出すること」、「②産業廃棄物の処理施設において、適正な処分又は再生を行うためにやむをえないと認められる期間」とそれぞれ規定されるまでにとどまっており、これらの内容に客観性がないことから具体的に「…日間」等と確定することはできません。

では、産業廃棄物処理業者が①又は②を満たしていると判断してさえいれば、具体的な期限を設けずに産業廃棄物を保管し続けていて問題はないのかといいますと、各々の保管（と収集運搬又は処分）に連動するマニフェストの運用により制限されることとなります。

たとえば事業者から特別管理産業廃棄物を除く産業廃棄物を引き渡される場合、収集運搬にあたっての積替えのための保管を行う産業廃棄物処理業者にあっては、マニフェストの交付の日から９０日以内にＢ２票、Ｂ４票又はＢ６票を送付しなければ事業者による措置内容等報告を通じ、都道府県等から行政指導等を受けることがありえます。同様に、処分にあたっての保管を行う産業廃棄物処理業者にあっては、マニフェストの交付の日から９０日以内にＤ票を、また１８０日以内にＥ票を送付しなければ事業者による措置内容等報告を通じ、都道府県等から行政指導等を受けることがありえます。

一般にＢ２票、Ｂ４票、Ｂ６票、Ｄ票又はＥ票は事業者から委託された産業廃棄物の収集運搬、処分又は最終処分が終了したことを報告するためのものであり、これを送付した後もなお、収集運搬にあたっての積替えのための保管又は処分にあたっての保管を産業廃棄物処理業者が行うことは虚偽のマニフェストの写しの送付として禁止されている状況を示します。したがってそのような状況に陥らないようにマニフェストを適正に運用しようとすれば、必然的にマニフェストの交付の日（事業者から特別管理産業廃棄物を除く産業廃棄物を引き渡された日）から９０日を超えて、またその中間処理産業廃棄物にあっては１８０日を超えて既述のとおり保管し続けることはできないこととなります（事業者から特別管理産業廃棄物を引き渡される場合は、当該日から６０日を超えて、またその中間処理産業廃棄物にあっては１８０日を超えて以上のとおり保管し続けることができないこととなります）。

参考

法第１２条の３第８項→則第８条の２８／則第８条の２９
法第１２条の４第３項
法第１２条の４第４項
法第１４条第１２項→令第６条第１項第１号ホ→令第３条第１号チ→則第１条の４第３号
法第１４条第１２項→令第６条第１項第２号ロ（２）→則第７条の６
法第１４条第１２項→令第６条第１項第２号ロ（３）
法第１４条の４第１２項→令第６条の５第１項第１号ハ→則第８条の８
法第１４条の４第１２項→令第６条の５第１項第１号ニ
法第１４条の４第１２項→令第６条の５第１項第２号リ（２）→則第８条の１２の２
法第１４条の４第１２項→令第６条の５第１項第２号リ（３）
衛環第３７号（平成１０年5月7日）
生衛発第７８０号（平成１０年5月7日）
環廃対発第０５０９３０００４号・環廃産発第０５０９３０００５号（平成１７年9月３０日）
環廃産発第１１０３１７００１号（平成２３年3月１７日）

Q120 再生利用を目的とした加工のための引取り

加工費を受領して使用済みの溶剤の蒸留を受託し、加工後のものを委託元が再び使用し、又は他人に売却します。この場合、産業廃棄物処分業（又は特別管理産業廃棄物処分業）の許可を受けていなければなりませんか？

A

この場合の蒸留は「廃棄物の処分（再生）」にならないと判断できることから、受けている必要はないと考えられます（当該蒸留に伴って生じた残さの事業者には使用済みの溶剤の加工業者が該当します）。ただし、使用済みの溶剤（パラクロルベンジルクロライド等）の引取りにあたり委託元の異なるものが混合している等のために、加工後のものが加工前に使用していた委託元とは別の者によって再び使用され、又は他人に売却されるというのであれば、「廃棄物の処分（再生）」になるので産業廃棄物処分業（又は特別管理産業廃棄物処分業）の許可を受けていなければなりません。

以上の考え方は、不要になったその他の原材料や部品の再生利用を目的とした加工のほか、中古パソコンの再使用を目的としたデータ消去等についても基本的に同様です。

参考

法第２条第１項
法第２条第４項
法第２条第５項
法第１４条第６項
法第１４条の４第６項
環整第４５号（昭和４６年１０月２５日）
環整第８２号（昭和４８年１０月２４日）
環計第３７号（昭和５２年３月２６日）
衛環第６５号（平成１２年７月２４日）
衛産第９５号（平成１２年７月２４日）
環循規発第１８０３３０２８号（平成３０年３月３０日）

Q121 試験研究のための引取り

★★

事業者から産業廃棄物の試験研究を行うよう依頼されたのですが、この場合、産業廃棄物処理業の許可を受けていなければなりませんか？

A

産業廃棄物の試験研究（サンプル分析等ではありません）が次の点に該当し、その計画を都道府県等に提出するのであれば、産業廃棄物の処理を業として行うわけでないことから許可を受けている必要はありません。また産業廃棄物処理施設と同等の施設を使用するようなケースであっても、試験研究を目的としていることから設置の許可も要しないこととされています。

▶営利を目的とせず、学術研究又は処分の用に供する施設の整備若しくは処理技術の改良、考案若しくは発明に係るものであること

▶試験研究の期間はその結果を示すことができる合理的な期間（試験研究を行う上で最も短い期間）であり、取り扱う産業廃棄物の量は試験研究に必要な最小限の量であり、かつ、その結果を示すことができる合理的な期間に取り扱う量であること

▶試験研究については、産業廃棄物処理基準（又は特別管理産業廃棄物処理基準）を踏まえ、不適正処理を行うものでないこと（試験研究に使用する産業廃棄物処理施設と同等の施設にあっては、構造基準や維持管理基準を踏まえ、生活環境保全上支障のないものであること）

▶試験研究という性質に鑑み、同様の内容の試験研究が既に実施されている場合はその結果を踏まえて実施の必要性を判断し、主として不正な産業廃棄物の処理を目的としたものでないことが確認できるものであること

▶試験研究に必要な期間を超えている、必要な量を超える産業廃棄物の処理を行っている、不適正処理が行われている等、計画にしたがっていない不適正な状態が判明した場合は、告発等の速やかな対応を行うことが適切であること（無許可営業等の対象となります）

参考

法第１４条第１項
法第１４条第５項
法第１４条第６項
法第１４条第１０項
法第１４条第１２項
法第１４条の４第１項
法第１４条の４第５項
法第１４条の４第６項
法第１４条の４第１０項
法第１４条の４第１２項
法第１５条第１項

法第１５条の２第１項第１号
法第１５条の２の３第１項
法第２５条第１項第１号
環廃産発第０４０２１７００５号（平成１６年２月１７日）
環廃産発第０６０３３１００１号（平成１８年３月３１日）
環循規発第２００３３０１号（令和２年３月３０日）
大阪地判（昭和５４年７月３１日）

Q122 一般廃棄物の収集運搬の受託

★★☆

1 **家庭の引越しにあたり排出される転居廃棄物（家庭系廃棄物）を引き取り、これを持って帰るよう、転居者（引越しの発注者）からいわれました。この場合、引越荷物運送業者であっても一般廃棄物収集運搬業の許可を受けていなければなりませんか？**

2 **一般廃棄物になる食品廃棄物の収集運搬について、許可を受けていなくても業として行える場合があるのですか？**

3 **1 のほか、特定家庭用機器、スプリングマットレス、自動車用タイヤ・鉛蓄電池又は牛の脊柱が一般廃棄物となったもの等を、「一般廃棄物収集運搬業の許可を要しない者」として（当該許可を受けることなく）収集運搬していた業者が一般廃棄物処理基準（又は特別管理一般廃棄物処理基準）に違反した場合、改善命令の対象となりますか？**

A

1 一般廃棄物処理基準にしたがい、営利を目的とせず業として行う場合であって次の点を全て満たすのであれば、受けている必要はありません。

▶「①転居廃棄物の種類及び数量」、「②引越荷物運送業者が管理する所定の場所の所在地」、「③②において転居廃棄物を引き渡す市町村の名称又は一般廃棄物収集運搬業者の氏名若しくは名称及び住所（法人にあっては代表者の氏名）」を記載した文書の交付を転居者から受け、転居廃棄物を②まで運搬し、そこで③へ引き渡すこと

▶欠格要件に該当しないこと

▶不利益処分を受け、その不利益処分のあった日から５年を経過しない者に該当しないこと

ただし、以上の規定は転居廃棄物に限られており、企業の引越しにあたり同様に排出される事業系廃棄物（事業系一般廃棄物や産業廃棄物）を含まないことに注意してください。

2 「食品リサイクル法」の規定に基づき農林水産大臣等の登録を受けた再生利用事業者の事業場に搬入する（収集運搬する）場合、食品廃棄物（食品循環資源）を卸す区域の許可を受けている必要はありません（積む区域の許可は受けていなければなりません）。

同様に、農林水産大臣等の認定を受けた再生利用事業計画（食品リサイクルループ）の範囲において食品廃棄物（食品循環資源）を収集運搬する場合、積む区域の許可も卸す区域の許可も受けている必要はありません。

ただし、以上の特例は一般廃棄物になる食品廃棄物（家庭から排出される生ごみを除きます）に限られており、産業廃棄物になる食品廃棄物を含まないことに注意してください。

3 一般廃棄物処理基準（又は特別管理一般廃棄物処理基準）に違反したことにより、その業者は「一般廃棄物収集運搬業の許可を要しない者」としての要件に適合しなくなったこと（一般廃棄物収集運搬業の許可を受けていなければならない者になっていること）から、改善命令でなく無許可営業の対象となります。

以上の考え方は、再生利用の目的となる自動車用タイヤ又は牛の脊柱が一般廃棄物となったもの等を、「一般廃棄物処分業の許可を要しない者」として（当該許可を受けることなく）処分していた業者が一般廃棄物処理基準（又は特別管理一般廃棄物処理基準）に違反した場合についても同様です。

参考

法第６条の２第６項→則第１条の１７第７号
法第７条第１項→則第２条第７号
法第７条第１項→則第２条第８号
法第７条第１項→則第２条第９号
法第７条第１項→則第２条第１０号
法第７条第１項→則第２条第１１号
法第７条第１項→則第２条第１４号
法第７条第６項→則第２条の３第６号
法第７条第６項→則第２条の３第７号
法第７条第６項→則第２条の３第１０号
法第１９条の３第１号
法第２５条第１項第１号
環廃対第１３３号（平成１３年3月３０日）
１３年総合第２８１５号（平成１３年１０月２６日）
１３年総合第３５３３号（平成１４年3月５日）
環廃産第８３号（平成１５年２月１０日）
環廃対発第０３０６２５００２号（平成１５年６月２５日）
環廃対発第１６０１２００３号（平成２８年１月２０日）
環循適発第２００５０１３号・環循規発第２００５０１１号（令和２年５月１日）
２消安第２４９６号（令和２年8月３１日）
事務連絡（平成１３年１０月３０日）

★★★

Q 123 処理困難通知の範囲

1 処分の用に供する施設で破損その他の事故が発生し、これを使用できない状態にありますが、産業廃棄物は保管上限に至っていません（当分の間、受け入れ続けても産業廃棄物処理基準違反又は特別管理産業廃棄物処理基準違反になりません）。この場合、その事業者に処理困難通知を出さなければなりませんか？

2 事業者（甲）から産業廃棄物の焼却を、事業者（乙）から産業廃棄物の破砕を、それぞれ委託されていたところ、破砕施設で事故が発生し、これを使用できないことから（当該破砕施設で破砕する予定の）産業廃棄物が保管上限に至りました。この場合、乙だけでなく、甲にも処理困難通知を出さなければなりませんか？

3 産業廃棄物処理施設を廃止し、又は休止したことにより現に委託されている産業廃棄物の処分を行うことができない状態にありますが、（それ以外に）別途、通常稼働している産業廃棄物処理施設があり、これによる処分は可能です。この場合、その事業者に処理困難通知を出さなければなりませんか？

A

1 保管上限に至るまでの間であれば産業廃棄物の搬入が継続されても生活環境の保全上支障が生ずることはないため、処理困難通知の対象とならないこととされています。

2 焼却施設で事故が発生したわけでなく、したがって甲から現に委託されている産業廃棄物の焼却については引き続き適正に行うことができることから、甲に処理困難通知を出す必要はありません。

3 必要に応じ契約内容の変更を経て、通常稼働している産業廃棄物処理施設で処分を行うというのであれば、処理困難通知の対象となりえません。

以上の考え方は、最終処分場での埋立処分が終了したことにより現に委託されている産業廃棄物の埋立処分を行うことができない状態にあるものの、（それ以外に）別途、通常稼働している最終処分場があり、これによる埋立処分が可能である場合についても同様です。

参考

法第１４条第１３項→則第１０条の６の２
法第１４条第１３項→則第１０条の６の２第１号
法第１４条第１３項→則第１０条の６の２第２号
法第１４条第１３項→則第１０条の６の２第３号
法第１４条の２第４項
法第１４条の３の２第３項
法第１４条の４第１３項→則第１０条の１８の２
法第１４条の４第１３項→則第１０条の１８の２第１号
法第１４条の４第１３項→則第１０条の１８の２第２号

法第１４条の４第１３項→則第１０条の１８の2第3号
法第１４条の5第4項
法第１４条の６
環廃対発第１１０２０４００４号・環廃産発第１１０２０４００１号（平成２３年2月4日）
環廃対発第１１０２０４００５号・環廃産発第１１０２０４００２号（平成２３年2月4日）
中環審第９４２号（平成２９年2月１４日）
環循適発第１８０３３０１０号・環循規発第１８０３３０１０号（平成３０年3月３０日）
環循適発第１９１１２１１号・環循規発第１９１１２１２号（令和１年１１月２１日）
環循規発第２００４１７１号（令和２年4月１７日）

★★☆

Q124 無許可営業と受託禁止違反、名義貸しの禁止違反

1 **産業廃棄物収集運搬業（又は特別管理産業廃棄物収集運搬業）や産業廃棄物処分業（又は特別管理産業廃棄物処分業）の許可等を受けていないにもかかわらず、事業者から産業廃棄物の処理を受託したものの、当該処理に係る実際の行為は一切行わず、その全てを第三者に再委託する者は無許可営業になりますか？**

2 **廃棄物処理業の許可に係る名義貸しとは何ですか？**

A

1 なりません（再委託禁止違反にもなりません）が、受託禁止違反になります。

2 廃棄物処理業の許可を受けていない者、いわゆる無許可業者に廃棄物処理業者が自らの許可証を貸与すること等により、外観上そうした者が許可を受けているよう、体裁を整えさせ、当該廃棄物処理業者の名義をもって業を行わせることをいい、無許可営業を助長し、法の根幹をなす廃棄物処理業の許可に係る制度の信頼を失墜させる行為として禁止されています。

これに違反した廃棄物処理業者に対しては、無許可営業と同等の罰則が適用されます。また、これに違反したことにより生じ、若しくはこれによりえた財産又はその報酬としてえた財産は、無許可営業による場合と同様、「組織的犯罪処罰法」で規定される犯罪収益に該当することから原則没収の対象となります。

参考

法第７条第１項
法第７条第６項
法第７条第１２項
法第７条の５
法第１４条第１項
法第１４条第６項
法第１４条第１２項
法第１４条第１５項→則第１０条の６の５
法第１４条第１６条
法第１４条の３の３
法第１４条の４第１項
法第１４条の４第６項
法第１４条の４第１２項
法第１４条の４第１５項→則第１０条の１８の５
法第１４条の４第１６項
法第１４条の７
法第２５条第１項第１号
法第２５条第１項第７号
法第２５条第１項第１３号
法第２６条第１号
厚生省生衛第１１１２号（平成９年１２月１７日）
衛環第３１８号（平成9年１２月２６日）
衛環第３１９号（平成9年１２月２６日）
衛環第７８号（平成１２年9月２８日）
環廃産発第１１０３１０００２号（平成２３年3月１５日）
環循規発第１８０３３０２８号（平成３０年3月３０日）

Q125 変更届の可否等 ★★★

1 他人から車両を賃借りの上、これを使用して産業廃棄物収集運搬業（又は特別管理産業廃棄物収集運搬業）を行うべく、変更届を出すことは可能でしょうか？

2 他の産業廃棄物収集運搬業者（又は特別管理産業廃棄物収集運搬業者）が使用する車両を共同使用して産業廃棄物収集運搬業（又は特別管理産業廃棄物収集運搬業）を行うべく、変更届を出すことは可能でしょうか？

3 石綿含有産業廃棄物や水銀使用製品産業廃棄物を収集運搬するために、産業廃棄物収集運搬業者がパッカー車（塵芥（じんかい）車）を追加登録する旨の変更届を出すことは可能でしょうか？

4 他の産業廃棄物収集運搬業者（又は特別管理産業廃棄物収集運搬業者）が使用する運搬容器を使用して産業廃棄物収集運搬業（又は特別管理産業廃棄物収集運搬業）を行うべく、変更届を出すことは可能でしょうか？

A

1 可能です。産業廃棄物収集運搬業（又は特別管理産業廃棄物収集運搬業）に使用する車両は継続的な使用権原を有していれば十分であり、必ずしも使用者が当該車両の所有権を有していることは必要でないこととされています。

運用の実態については、旧公益社団法人全国産業廃棄物連合会（収集運搬部会運営委員会）が都道府県等（１１１団体）に向けて平成２７年４月に「(特別管理)産業廃棄物収集運搬業の許可の申請等におけるレンタル車両の取扱いについての照会」を実施しており、その結果が６月にまとめられています（資料6-7）。全体の１割強が、産業廃棄物収集運搬業（又は特別管理産業廃棄物収集運搬業）に使用するものとしてレンタル車両を登録することはできないこととしているようです。また登録することができることとしているものにあっては、原則１年以上のレンタル期間を求めることが多いようです。

なお変更届は変更の日から１０日以内に出すことを基本としますが、法人に係る商号や役員等の変更といった登記事項証明書の添付を必要とするものについては「会社法」との関係を踏まえ、変更の日から３０日以内に出すこととされています。

2 不可能です。いわゆる車両の重複登録によってでは、双方の産業廃棄物収集運搬業者（又は特別管理産業廃棄物収集運搬業者）が的確に、かつ継続して業を行えないことから、事業の用に供する施設（産業廃棄物収集運搬業又は特別管理産業廃棄物収集運搬業の許可に係る基準に適合するもの）として認められません。

3 不可能と思われます。パッカー車によってでは、産業廃棄物処理基準を遵守して石綿含有産業廃棄物や水銀使用製品産業廃棄物を収集運搬することができず、した

資料6-7 （特別管理）産業廃棄物収集運搬業の許可の申請等におけるレンタル車両の取扱いについての照会結果抜粋

登録の可否		団体数	
許可申請時	できる	９８	１１１
	できない	１３	
変更届出時	できる	９９	１１１
	できない	１２	

がって産業廃棄物収集運搬業者が的確に、かつ継続して業を行えないことから、事業の用に供する施設（産業廃棄物収集運搬業の許可に係る基準に適合するもの）として、通常認められません。

同様の理由により、産業廃棄物の「がれき類」や「鉱さい」等を収集運搬するために、産業廃棄物収集運搬業者が、いわゆる土砂禁車両（自動車検査証の備考欄に「積載物品は土砂等以外のものとする」と記載されている車両）を追加登録する旨の変更届を出すことも不可能と思われます。

4 変更届の可否について検討するまでもなく、そもそも不要です。

参考

法第１４条第１項→則第９条の２第２項第３号
法第１４条第５項第１号→則第１０条第１号
法第１４条の２第３項→則第１０条の１０第１項第４号
法第１４条の２第３項→則第１０条の１０第２項
法第１４条の４第１項→則第１０条の１２第２項
法第１４条の４第５項第１号→則第１０条の１３第１号
法第１４条の５第３項→則第１０条の２３第１項第４号
法第１４条の５第３項→則第１０条の２３第２項
衛産第３６号（平成５年３月３１日・平成１２年１２月２８日廃止）
生衛発第７８０号（平成１０年５月７日）
環廃対発第０６０８０９００２号・環廃産発第０６０８０９００４号（平成１８年８月９日）
環廃対発第０６０９２７００１号・環廃産発第０６０９２７００２号（平成１８年９月２７日）
環廃対発第１１０３３１００１号・環廃産発第１１０３３１００４号（平成２３年３月３１日）
環廃産発第１７０４２８１号（平成２９年４月２８日）
環循適発第１７０８０８１号・環循規発第１７０８０８３号（平成２９年８月８日）
環循規発第１８０３３０２２号（平成３０年３月３０日）
環循規発第１９０３０１７号（平成３１年３月１日）
環循規発第１９０３０５３号（平成３１年３月５日）
環循規発第２００２１４２号（令和２年２月１４日）
環循規発第２００３３０１号（令和２年３月３０日）
環循適発第２００５１５２号・環循規発第２００５１５１号（令和２年５月１５日）
環循規発第２１０１２２１号（令和３年１月２２日）
事務連絡（平成２９年５月１２日）
松山地判（平成６年９月３０日）
高松高判（平成７年１２月１９日）

Q126 変更許可の申請と変更届

★★☆

次の変更を行う場合の事務は、変更許可の申請と変更届のどちらになりますか？

①車両のみを使用して業務を行っていた産業廃棄物収集運搬業者（又は特別管理産業廃棄物収集運搬業者）が、船舶を使用して同様の業務を行う場合

②積替保管を行っていた産業廃棄物収集運搬業者（又は特別管理産業廃棄物収集運搬業者）が、同じ管轄区域内の別の場所で同様の積替保管を行う場合

③積替保管を行っていた産業廃棄物収集運搬業者（又は特別管理産業廃棄物収集運搬業者）が、これまで収集運搬のみ行え積替保管まで行えなかった産業廃棄物も積替保管を行う場合

④産業廃棄物処理施設に該当しない破砕施設を使用して業務を行っていた産業廃棄物処分業者が、敷地内のレイアウト（当該破砕施設や破砕のための保管の場所等の位置）を変えて同様の業務を行う場合

⑤産業廃棄物処理施設に該当しない焼却施設を使用して業務を行っていた産業廃棄物処分業者（又は特別管理産業廃棄物処分業者）が、焼却方式の異なる施設に入れ替えて（当該焼却施設の構造等を変えて）同様の業務を行う場合

⑥産業廃棄物処理施設に該当しない破砕施設を使用して業務を行っていた産業廃棄物処分業者が、当該破砕施設の処理能力を上げて同様の業務を行う場合

⑦車両と産業廃棄物処理施設に該当しない破砕施設を使用して業務を行っていた産業廃棄物収集運搬・処分業者が、敷地内で、破砕のための保管とは別に、新たに積替保管を行う場合

A

⑦のみが変更許可の申請になり、それ以外は変更届になります。

変更許可の申請を必要とするのは、既に受けている産業廃棄物処理業の許可において事業の範囲を広げる場合です。ここでいう事業の範囲とは、産業廃棄物収集運搬業又は特別管理産業廃棄物収集運搬業の許可については「取り扱う産業廃棄物又は特別管理産業廃棄物の種類（石綿含有産業廃棄物、水銀使用製品産業廃棄物又は水銀含有ばいじん等が含まれる場合は、その旨を含む）」と「積替保管を行う／積替保管を行わないの別」を、産業廃棄物処分業又は特別管理産業廃棄物処分業の許可については「処分方法ごとに区分された、取り扱う産業廃棄物又は特別管理産業廃棄物の種類（石綿含有産業廃棄物、水銀使用製品産業廃棄物又は水銀含有ばいじん等が含まれる場合は、その旨を含む）」を、それぞれいいます。したがって、これらの内容を増やす場合は変更許可の申請を行わなければなりません（減らす場合は一部廃止届を出すことで足ります）。

なお、「④について、位置を変える破砕施設が産業廃棄物処理施設に該当するケース」

や「⑤について、構造等を変える焼却施設が産業廃棄物処理施設に該当するケース」においては、別途、産業廃棄物処理施設設置の変更許可を受けなければならず、「⑥について、処理能力を上げることにより当該破砕施設が産業廃棄物処理施設に該当することとなるケース」においては、別途、産業廃棄物処理施設設置の許可を受けなければならないので注意してください。

また、「⑦について、新たに積替保管を行うために既存のレイアウト（当該破砕施設や破砕のための保管の場所等の位置）を変えるケース」においては、別途、変更届が必要です。

参考

法第１４条の２第１項
法第１４条の２第３項→則第１０条の１０
法第１４条の５第１項
法第１４条の５第３項→則第１０条の２３
法第１５条第１項→令第７条
法第１５条の２の６第１項→則第１２条の８
環整第９０号（昭和５３年8月２１日）
衛産第４２号（昭和６０年7月２６日）
衛環第２３３号（平成4年8月１３日）
衛産第３６号（平成５年３月３１日・平成１２年１２月２８日廃止）
衛環第２５１号（平成9年9月３０日）
衛環第３７号（平成１０年5月7日）
生衛発第７８０号（平成１０年5月7日）
環廃対発第１１０２０４００５号・環廃産発第１１０２０４００２号（平成２３年2月4日）
環廃産発第１４０６２３１３号（平成２６年6月２３日）
環循規発第２００３３０１号（令和２年3月３０日）
松山地判（平成１２年7月１７日）
高松高判（平成１３年4月１２日）
最高裁一小決（平成１４年7月１５日）
さいたま地判（平成１９年2月7日）
東京高判（平成２１年7月1日）

Q 127 優良産廃処理業者認定制度

★★★

1 優良認定を受けると、どのようなメリットがありますか？

2 優良認定の申請は、いつでもできますか？

3 遵法性に係る基準にある「特定不利益処分」とは、具体的に何を指すのですか？

4 事業の透明性に係る基準にある「一定期間」とは、具体的にどれだけの期間を指すのですか？

5 事業の透明性に係る基準について、公表するべき法人・個人に関する基礎情報として代表者・役員等の氏名及び就任年月日、運搬施設の種類及び数量等並びに人員配置は１年に１回以上の頻度で更新することとなっていますが、これらに変更がなかったことから「･･･年･･･月･･･日現在」等の時点表示を失念し、その結果、既述のとおり更新していることを明らかにできていなかったことが発覚しました。これは優良基準不適合と判断されますか？

6 事業の透明性に係る基準について、優良認定の申請にあたり提出を求められる膨大な書類は、申請者が自らの名義で作成し、又は行政書士等に依頼して作成させたものでなければなりませんか？

7 環境配慮の取組みに係る基準について、優良認定を受けようとする都道府県等に複数の事業所がある場合、ＩＳＯ１４００１又はエコアクション２１等による認証はこれら全ての事業所で取得していなければならないのでしょうか？

8 環境配慮の取組みに係る基準にある「エコアクション２１と相互認証されている認証制度」として、具体的にどのようなものがありますか？

9 電子マニフェストに係る基準について、電子マニフェストの運用実績が必要なのでしょうか？

10 財務体質の健全性に係る基準にある「自己資本比率」、「営業利益金額等」、「経常利益金額等」とはそれぞれ何ですか？

11 財務体質の健全性に係る基準について、法人税等を滞納していないこととありますが、法人税のほか、どのような税目が対象となりますか？

A

1 次のメリットがあります。

▶**産業廃棄物処理業許可証に優良のマークが記載される点**：優良認定を受けていない産業廃棄物処理業者との差別化が明確に図れます。

▶**コンプライアンス意識の高い事業者からの受託機会を増やせる点**：優良認定を受けている産業廃棄物処理業者に処理委託することは、法上、事業者が一定の注意義務を果たしていると見なされ、措置命令の対象とされる可能性を低めます。

▶**産業廃棄物処理業の許可の有効期限が通常より2年延長される点**：産業廃棄物処理業の更新許可を申請する頻度を抑え、これに係る事務負担を軽減できます。

▶**廃プラスチック類の保管上限が通常の2倍になる点等（産業廃棄物処分業者の場合のみ）**：より柔軟な受入態勢で産業廃棄物の「廃プラスチック類」の処分又は再生を行うことが可能になります。また新型インフルエンザ等に起因した処分の用に供する施設の使用停止その他やむをえない理由により「廃プラスチック類」を除く産業廃棄物を保管する際にも、一定の範囲内において保管上限が緩和されます。

▶**次の更新許可の申請時に提出する書類が一部省略できる点**：次に産業廃棄物処理業の更新許可を申請する際の事務負担を軽減できます。

▶**環境配慮契約法に基づく総合評価落札方式の加点対象となっている点**：「環境配慮契約法」の規定に基づき国や独立行政法人等が産業廃棄物を処理委託するための相手方を決定する際、環境性能が高い者として有利に評価され、落札できる可能性が高まります。

▶**財政投融資において優遇される点**：株式会社日本政策金融公庫による「環境・エネルギー対策貸付制度」において融資の対象となります。

▶**地方公共団体による支援が期待できる点**：地方公共団体にあっては、「優良産廃処理業者認定制度」を促進する観点から、以下の取組みが求められています。

①自ら排出した産業廃棄物（いわゆるオフィスごみや下水汚泥等）の処理委託において、優良認定を受けている産業廃棄物処理業者と優先的に契約することについて積極的に検討すること

②いわゆる公共工事に伴い生ずる建設廃棄物の処理が優良認定を受けている産業廃棄物処理業者に委託されやすくなるような方策を、（発注者として）元請業者に対し積極的に実施すること

③その他優良認定を受けている産業廃棄物処理業者に対し独自に優遇措置を講ずること

2 原則として、産業廃棄物処理業の更新許可の申請時に限られます（経過措置の「優良確認」については、随時申請が可能です）。

したがって、現に優良基準に適合しているにもかかわらず「優良確認」の機会を逸し、また直近において優良認定の申請を伴わない更新許可の申請により産業廃棄物処理業の許可を受けてしまったものは、次の更新許可の申請時まで待たなければならないところ、かつて、以上の経緯で優良認定等を受けることができなかった産業廃棄物処理業者に対する救済措置等として、1度だけ優良認定の申請を伴わない更新許可の申請により産業廃棄物処理業の許可を受けてしまったものに限り、次の更新期限の到来を待たずして当該更新許可の申請を行う場合は、これとあわせ優良認定の申請が可能とされていました。

令和2年2月の改正則では、産業廃棄物処理業者による「優良産廃処理業者認定

制度」の活用をさらに促す観点から、そのような救済措置等を恒常的なもの（「1度だけ･･･」に限らないもの）とするため、遵法性に係る基準が以上の考え方を前提とした内容に見直されています（資料6-8）。具体的には、現に受けている産業廃棄物処理業の許可の更新期限の到来を待たずして、改めて優良認定を伴う当該更新許可の申請を行おうとする産業廃棄物処理業者の「特定不利益処分を受けていない期間」について、「申請前許可の有効期間を含む連続する５年間」と規定されています（たとえば申請前許可を受けてから３年が経過した時点で優良認定を伴う更新許可の申請を行おうとする場合にあっては、当該３年と申請前許可を受ける前の旧許可の有効期間直近２年の５年間が対象となります）。

3 次の行政処分をいいます。

▶廃棄物処理業に係る事業停止命令
▶廃棄物処理施設に係る改善・使用停止命令
▶廃棄物処理施設設置の許可の取消し
▶「廃棄物の再生利用に係る特例」に基づく認定の取消し
▶「廃棄物の広域的処理に係る特例」に基づく認定の取消し
▶「廃棄物の無害化処理に係る特例」に基づく認定の取消し

資料6-8 許可更新期限の到来を待たずして優良認定を伴う許可の更新が可能な時期

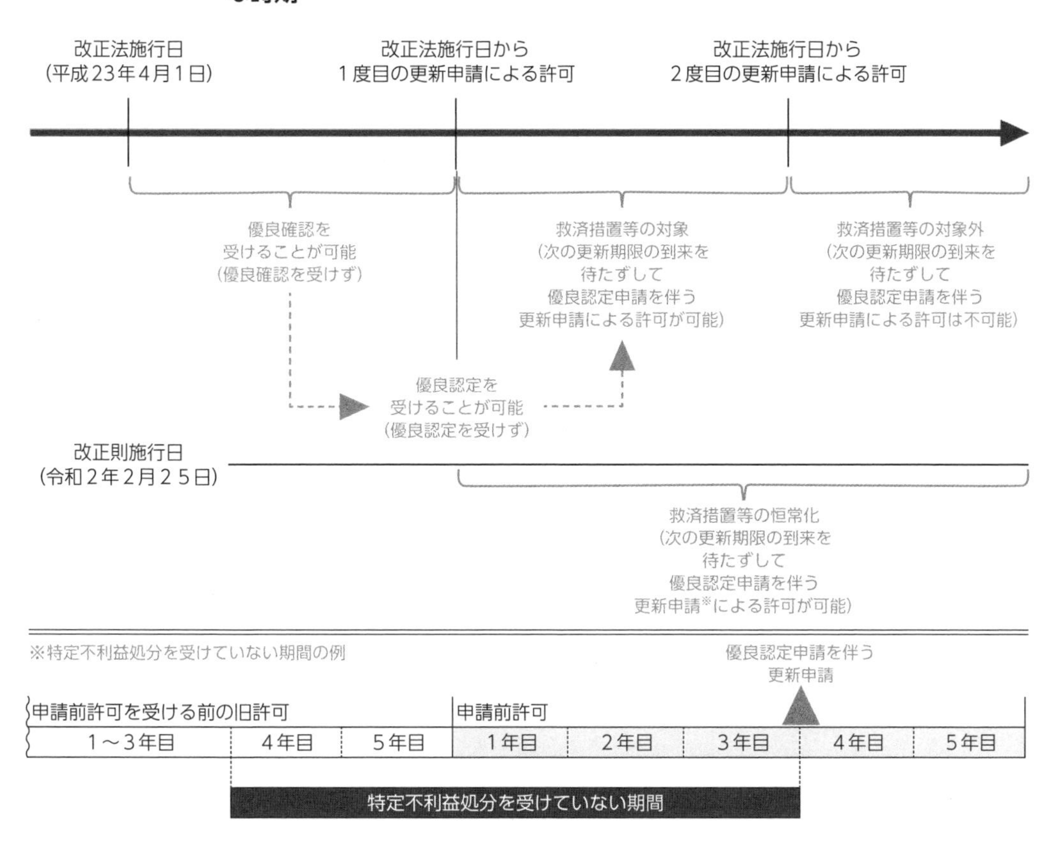

▶「二以上の事業者による産業廃棄物の処理に係る特例」に基づく認定の取消し

▶廃棄物の不適正処理に係る改善命令

▶廃棄物の不適正処理に係る措置命令（措置命令の準用を含みます）

4 通常、産業廃棄物処理業の更新許可の申請の日、すなわち優良認定の申請の日前６月間をいいます。また既に優良認定を受けている場合は、現在の産業廃棄物処理業の許可の日から次の優良認定の申請の日までの間（通常７年間）、継続して情報を公表・更新していることが必要です。ただし「優良確認」については、以上の考え方と若干異なる点があるので注意してください。

5 そのような時点表示（３６５日に１回以上の単純な更新記録）が付記されていなかったことのみをもって事業の透明性が確保されていないとして優良基準不適合と判断される例が散見されますが、企業情報を広く事業者等に公開するという事業の透明性に係る基準の趣旨からも、また「優良産廃処理業者認定制度」を普及させていくためにも、以上の判断は適切でないことと思料されています。複数の基礎情報に対して最終更新日をまとめて明記する等により、事業者側等でそれらが最新のものであることが認識可能な状態とすることで足ります。

その他公表するべき情報を更新する頻度について、次の考え方が示されています。

▶**変更の都度**

変更後遅滞なく情報を更新すれば足りること

▶**１年に１回以上**

事業者等が産業廃棄物処理業者に係る最新の情報を容易に確認できるよう、少なくとも毎年必要な情報を更新するべきとの趣旨であり、産業廃棄物処理業全体の優良化を図ることが「優良産廃処理業者認定制度」の趣旨であることや情報の集計時期の設定、更新時期の曜日のずれ等の更新に係る事務的な理由により毎年の更新日が前後する場合があることを踏まえ、こうした場合であっても遅滞なく情報を更新すれば足りること

▶**少なくとも定時株主総会で承認を受け、又は報告された都度**

直前３年の事業年度における貸借対照表等又はこれらに相当する情報について、企業の実務運営等に沿った運用が行われるよう、その趣旨の明確化を図るものであること（株式会社以外の法人にあっても、定時株主総会に準ずる機関等で報告され、又は承認を受けた後等のタイミングで少なくとも毎年更新し、その都度公表しているという趣旨で足りること）

6 環境大臣が指定する機関（公益財団法人産業廃棄物処理事業振興財団）の名義で作成された書類も認められます。

7 必ずしも全ての事業所で取得していることは求められておらず、これらのうち、いずれかの事業所で取得していることで足ります。

なお、優良認定を受けようとする都道府県等に事業所がない場合にあっては、当該優良認定に係る産業廃棄物処理業の許可の申請書に記載された事業所のうち、い

ずれかで取得していることで足ります。

8 次の認証制度があります。

▶エイチ・イー・エス推進機構が運営する「ＨＥＳ（北海道環境マネジメントシステムスタンダード）：産業廃棄物処理業者用システム規格《２版》」

▶みちのく環境管理規格認証機構が運営する「みちのく環境管理規格（みちのくＥＭＳ）（MICHINOKU Environmental Management System）優良産廃処理業者用規格（初版）」

▶一般社団法人Ｍ－ＥＭＳ認証機構が運営する「Ｍ－ＥＭＳステップ２Ｗ（みえ・環境マネジメントシステム・スタンダードエコアクション２１相互認証版）（２版）」

なお、これまで特定非営利活動法人ＫＥＳ環境機構が運営してきた「ＫＥＳステップ２Ｗ（ＫＥＳ環境マネジメントシステムスタンダードエコアクション２１相互認証版）」は、エコアクション２１との相互認証における制度間確認のための申請を辞退しており、現在、運営されていないので注意してください。

9 ＪＷＮＥＴ（管理・運営機関：公益財団法人日本産業廃棄物処理振興センター情報処理センター）に加入して運用可能な状態であればよく、実績まで求められるわけではありません。

10「自己資本比率」とは貸借対照表上の純資産の額をこれと負債の額の合計額で除してえた値をいいます。

一方、「営業利益金額等」とは損益計算書上の営業利益金額に減価償却費の額を加えてえた額をいいます。同様に、「経常利益金額等」とは損益計算書上の経常利益金額に減価償却費の額を加えてえた額をいいます。なお減価償却費の額は、通常、売上原価や販売費と一般管理費の額の一項目として記載されていますが、そのように分割して明示的に記載されていない場合は「減価償却費の額＝０」と推定して差し支えないこととされています。

11 次の税目が含まれます。また社会保険料や労働保険料も対象となります。

▶国税（法人税、消費税）

▶都道府県税（道府県民税・都民税、事業税、不動産取得税、地方消費税）

▶市町村税（市町村民税・特別区民税、事業所税、固定資産税、都市計画税）

参考

法第７条の３
法第９条の２
法第９条の２の２
法第９条の８
法第９条の９
法第９条の１０
法第１２条第７項
法第１２条の２第７項
法第１２条の７
法第１４条第１項→則第９条の２第４項→環境省告示第７４号（令和２年９月２３日）
法第１４条第１項→則第９条の２第６項

法第１４条第２項→令第６条の９第２号→則第９条の３
法第１４条第６項→則第１０条の４第３項→環境省告示第７４号（令和２年9月２３日）
法第１４条第６項→則第１０条の４第５項
法第１４条第７項→令第６条の１１第２号→則第１０条の４の２
法第１４条第１２項→令第６条第１項第２号ロ（３）→則第７条の８第１項第３号
法第１４条第１２項→令第６条第１項第２号ロ（３）→則第７条の８第１項第７号
法第１４条第１２項→令第６条第１項第２号ロ（３）→則第７条の８第３項
法第１４条の３
法第１４条の４第１項→則第１０条の１２第２項
法第１４条の４第２項→令第６条の１３第２号→則第１０条の１２の２
法第１４条の４第６項→則第１０条の１６第２項
法第１４条の４第７項→令第６条の１４第２号→則第１０条の１６の２
法第１４条の６
法第１５条の２の７
法第１５条の３
法第１５条の４の２
法第１５条の４の３
法第１５条の４の４
法第１９条の３
法第１９条の４
法第１９条の４の２
法第１９条の５
法第１９条の６
法第１９条の１０
令（平成２２年１２月２２日政令第２４８号）付則第５条
則第１０条の２→則様式第７号の２
則第１０条の６→則様式第９号の２
則第１０条の１４→則様式第１３号の２
則第１０条の１８→則様式第１５号の２
環廃対発第１１０２０４００４号・環廃産発第１１０２０４００１号（平成２３年2月4日）
環廃対発第１１０２０４００５号・環廃産発第１１０２０４００２号（平成２３年2月4日）
環廃産発第１３０８２７１２号（平成２５年8月２７日）
中環審第９４２号（平成２９年2月１４日）
環循適発第１８０２０２１号・環循規発第１８０２０２１号（平成３０年2月2日）
環循規発第１８０３３０２８号（平成３０年3月３０日）
環循規発第１８０６０８１号（平成３０年6月8日）
環循規発第１９０９０５１３号（令和１年9月5日）
環循規発第２００２２５１号（令和２年2月２５日）
環循規発第２００３３０１号（令和２年3月３０日）
環循規発第２００４０１６号（令和２年4月1日）
環循適発第２００５０１３号・環循規発第２００５０１１号（令和２年5月1日）
事務連絡（平成２３年3月２４日）
事務連絡（平成２５年3月２９日）
事務連絡（平成２７年3月３０日）
事務連絡（平成２７年4月１０日）
事務連絡（令和２年3月３１日）
事務連絡（令和２年１０月1日）

Q128 合併・分割等に伴う許可の取扱い

★★☆

1 次の場合、産業廃棄物処理業の許可の取扱いはどうなりますか？

①産業廃棄物処理業の許可を受けている法人（甲）が、産業廃棄物処理業の許可を受けていない法人（乙）を吸収合併し、法人（丙）に商号変更した上で、甲と同様の産業廃棄物処理業を行う場合

②産業廃棄物処理業の許可を受けていない法人（乙）が、産業廃棄物処理業の許可を受けている法人（甲）を吸収合併し、法人（丙）に商号変更した上で、甲と同様の産業廃棄物処理業を行う場合

③産業廃棄物処理業の許可を受けている法人（甲）が、産業廃棄物処理業の許可を受けていない法人（乙）と新設合併し、法人（丙）として、甲と同様の産業廃棄物処理業を行う場合

2 次の場合、産業廃棄物処理施設の取扱いはどうなりますか？

①産業廃棄物処理施設を設置している法人（甲）と産業廃棄物処理施設を設置していない法人（乙）の合併後、甲が存続する場合

②産業廃棄物処理施設を設置している法人（甲）と産業廃棄物処理施設を設置していない法人（乙）の合併後、乙が存続する場合

③産業廃棄物処理施設を設置している法人（甲）と産業廃棄物処理施設を設置していない法人（乙）の合併により法人（丙）が設立される場合

④産業廃棄物処理施設を設置している法人（甲）を法人（乙）と分割し、甲に産業廃棄物処理施設が残る場合

⑤産業廃棄物処理施設を設置している法人（甲）を法人（乙）と分割し、乙が産業廃棄物処理施設を承継する場合

⑥法人（乙）が、産業廃棄物処理施設を設置している法人（甲）から産業廃棄物処理施設を譲り受け、又は借り受ける場合

⑦法人（乙）が、産業廃棄物処理施設を設置している法人（甲）から産業廃棄物処理施設（の設置者）について相続する場合

A

1 ①について、甲の消滅を伴っていないため、これに係る産業廃棄物処理業の許可をもって丙は甲と同様の業務を行うことができます。

一方、②及び③について、甲の消滅を伴っているため、これに係る産業廃棄物処理業の許可をもって丙が甲と同様の業務を行うことはできず、都道府県知事等から新たに産業廃棄物処理業の許可を受けなければならないこととされています（消滅する甲は、廃止届が必要です）。

2 ①及び④について、甲は引き続き産業廃棄物処理施設を使用できます。

一方、②及び⑤について、乙は都道府県知事等から合併又は分割の認可を受けなければなりません。同様に、③について、丙は都道府県知事等から合併の認可を受けなければなりません。

また、⑥について、乙は都道府県知事等から産業廃棄物処理施設の譲受け又は借受けの許可を受けなければなりません。

一方、⑦について、乙は都道府県知事等に産業廃棄物処理施設（の設置者）について相続があったことをその日から３０日以内に届け出なければなりません。

参考

法第１４条第１項
法第１４条第６項
法第１４条の４第１項
法第１４条の４第６項
法第１５条の４
衛産第３６号（平成５年３月３１日・平成１２年１２月２８日廃止）
衛環第７８号（平成１２年9月２８日）
生衛発第１４６９号（平成１２年9月２８日）
衛環第９６号（平成１２年１２月２８日）
環循規発第２００３３０１号（令和２年３月３０日）

Q 129 申請者の能力 ★★★

1 欠格要件とは何ですか？

2 欠格要件にある「…執行を受けることがなくなった日から５年を経過しない者」には、刑の執行猶予のいい渡しを受け、取り消されずに猶予の期間を経過した者が含まれますか？

3 欠格要件にある「…その他生活環境の保全を目的とする法令」とは、具体的に何を指すのですか？

4 産業廃棄物処理業者ですが、社長が違反行為をしました。一とおり確認する限り欠格要件に該当していないようなので安心していたところ、「その業務に関し不正又は不誠実な行為をするおそれがあると認めるに足りる相当の理由がある者」（いわゆる「おそれ条項」）に該当することになるのではないかと心配になってきました。これは、どのような者を指すのですか？

5 欠格要件にある「…廃棄物の処理の業務」とは、具体的に何を指すのですか？

6 許可を申請する者の能力の一つとして求められる「経理的基礎を有すること」について、どのような基準にしたがって、その当否が判断されるのですか？

A

1 一般的適性について適正な廃棄物処理業等の遂行を期待しえない者を類型化し、排除することを趣旨とした、法で規定される要件をいいます。廃棄物処理業者等が法人の場合は法人そのものと役員等（法人に対し業務を執行する社員、取締役、執行役又は監査役等といったそれらに準ずる者と同等以上の支配力を有するものと認められる者を含みます）が、個人の場合は事業主である個人等（政令で定める使用人を含みます）が、当該要件のいずれかに該当すると廃棄物処理業や廃棄物処理施設設置が許可されない、又は速やかにこれらの許可が取り消されます（法人において事後的に役員等を解雇・解任し、又は役員等が自らその地位を完全に辞任すること、さらにこれらの時期を遡（さかのぼ）らせた虚偽の変更の登記を行うことにより許可の取消処分を免れようとする、いわゆる欠格要件逃れは一切認められません）。

なお、「法人に対し業務を執行する社員、取締役、執行役又は監査役等といったそれらに準ずる者と同等以上の支配力を有するものと認められる者」として、「①相談役や顧問等の名称を有する者（一般に、会社法で規定される会計参与及び定款により監査の範囲を会計に関するものに限定された監査役を含まないこととされています）」、「②発行済株式総数の５％以上の株式を有する株主や出資額の５％以上の額に相当する出資者（自然人に限ります）」等が考えられます。

一方、「政令で定める使用人」として、申請者の使用人であって「①本店又は支店（商人以外の者にあっては、主たる事務所又は従たる事務所）の代表者」、「②継続的に業務を行うことができる施設を有する場所で、廃棄物処理業に係る契約を締結する権限を有する者を置くものの代表者」が該当します。

2 この場合、刑のいい渡しの効力そのものが失われることから含まれません（5年を経過することは不要です）。ただし、刑の一部（全部ではありません）の執行猶予のいい渡しを受け、取り消されずに猶予の期間を経過した者にあっては、あくまで刑の執行が猶予されなかった期間（以下、「実刑期間」といいます）を刑期とする刑に減軽されるものであり、したがって実刑期間での執行を終わり、又は執行を受けることがなくなった日において刑の執行を受け終わったことになることから、当該日から5年を経過しない間は欠格要件に該当します。

3 いわゆる環境関連法令として、「①大気汚染防止法」、「②騒音規制法」、「③海洋汚染防止法」、「④水質汚濁防止法」、「⑤悪臭防止法」、「⑥振動規制法」、「⑦バーゼル法」、「⑧ダイオキシン類対策特別措置法」、「⑨ＰＣＢ廃棄物処理特別措置法」があります。法及び「浄化槽法」だけでなく、①～⑨に違反し罰金刑に処せられた者（執行を終わり、又は執行を受けることがなくなった日から5年を経過しない者に限ります）も欠格要件に該当します。

4 廃棄物処理業等の許可を受けた者の公共的性質に見合った姿勢・資質及び社会的信用性等の観点から、将来、その業務に関して不正又は不誠実な行為をすることが相当程度の蓋然性（がいぜんせい）をもって予想される者をいいます。すなわち、絶対とまではいわないものの、単に可能性があるというレベルを超えて「･･･不正又は不誠実な行為をする･･･ことが予想される者」であり、特段の事情がない限り、次の者はこれに該当することとされています。

▶過去に繰り返して許可の取消処分を受けている者

▶法、「浄化槽法」、**3**の環境関連法令若しくはこれらに基づく処分に違反し、公訴を提起され、又は逮捕、勾留（こうりゅう）その他の強制の処分を受けている者

▶「暴力団対策法」（一部の規定を除きます）に違反し、又は「①傷害」、「②現場助勢」、「③暴行」、「④凶器準備集合及び結集」、「⑤脅迫」、「⑥背任」といった「刑法」の罪若しくは「暴力行為等処罰法」の罪を犯し、公訴を提起され、又は逮捕、勾留その他の強制の処分を受けている者（廃棄物の処理に関連するものに限ります）

▶繰り返して法、「浄化槽法」、**3**の環境関連法令又はこれらに基づく処分に違反しており、行政庁の指導等が累積している者

▶以下の例のように、廃棄物の処理の業務に関連して他の法令に違反し、繰り返して罰金以下の刑に処せられた者

①「道路交通法」に違反して廃棄物の過積載を行う。

②「森林法」に違反して許可を受けずに森林の伐採等の開発行為を行い、廃棄物処理施設を拡張する。

③「都市計画法」や「農地法」に違反して開発許可や農地の転用の許可を受けずに廃棄物処理施設を設置する。

▶以下の例のように、自己、自社若しくは第三者の不正の利益を図る目的又は第三者に損害を加える目的をもって暴力団員を利用している者

①自己又は自社と友誼(ゆうぎ)関係にある者が暴力団員であることを告げる。

②暴力団の名称入り名刺等を示す。

③暴力団員に対し、「暴力団対策法」で規定される暴力的要求行為の要求等を行う。

▶以下の例のように、暴力団員に、自発的に資金等を供給し、又は便宜を供与する等、直接的又は積極的に暴力団の維持・運営に協力し、若しくは関与している者

①相手方が暴力団又は暴力団員であることを知りながら、自発的に用心棒その他これに類する役務の有償の提供を受ける。

②暴力団又は暴力団員が行う事業、興行、いわゆる「義理ごと」に参画し、参加し、若しくは援助する。

▶その他上記の場合と同程度以上に的確な業の遂行を期待しえないと認められる者（上記５点目について、繰り返して罰金以下の刑に処せられるまでに至っていないケースであっても廃棄物の処理の業務に関連して他の法令に違反し行政庁の指導等が累積すること等により、それと同程度に的確な業の遂行を期待しえないと認められる者はこれに該当します）

5 廃棄物処理に関連する法令を理解し、廃棄物を適正に処理することを含むものをいうと考えられます。たとえば「①法令に基づく許可や届出に係る書類の作成及び提出」、「②マニフェストの管理及び運用」、「③都道府県等の担当職員や事業者等との意思疎通」等は、これに含まれることとされています。

したがって、仮に成年被後見人・被保佐人であっても一律に欠格要件として取り扱われるわけではなく、医師の診断書、認知症に関する試験結果、登記事項証明書等により①～③等を適切に行うにあたって必要な認知、判断及び意思疎通を適切に行えると判断されたものは欠格要件に該当しません。

6 「①金銭債務の支払不能に陥った者」、「②事業の継続に支障をきたすことなく弁済期日にある債務を弁済することが困難である者」、「③銀行取引停止処分がなされた者」、「④利益が計上できておらず、かつ自己資本比率が１０％未満の者であって、今後、持続的な経営の見込み又は経営の改善の見込みがないもの及び申請に係る事業の将来の見通しについて廃棄物処理部門又は企業全体としても適切な収益が見込まれないもの」、「⑤未処理の廃棄物の適正処理に要する費用が現に留保されていない中間処理業者」、「⑥維持管理積立金制度に係る必要な積立額が現に積み立てられていない最終処分業者」、「⑦民事再生法に基づく再生手続き又は会社更生法に基づく再生手続き等の手続きが開始され、産業廃棄物処理業に係る経理的状況がその開始要件とされている産業廃棄物処理業者」等は、経理的基礎を有さないと判断することとされています。

実際の判断にあたっては、次の点に注意してください。

▶事業の用に供する施設について法定耐用年数に見合った減価償却が行われていること、役員報酬が著しく少なく計上されていないこと等を確認すること

▶中間処理業者にあっては未処理の廃棄物の適正処理に要する費用が現に留保され、最終処分業者にあっては埋立処分終了後の維持管理に要する費用が計上されていること等を確認すること

▶利益が計上できているか否かについては原則として過去３年間程度の損益平均値をもって判断するが、欠損の場合であっても直前期が黒字に転換しており、かつ経営の改善の見込みがあれば容認される余地があること

▶自己資本比率が１０％を超えていない場合であっても、少なくとも債務超過の状態でなく、かつ持続的な経営の見込み又は経営の改善の見込みがあれば容認される余地があること

▶多額の設備投資を要する場合にあっては、設備投資の当初に利益を計上できないことが多いことから、減価償却率に応じた損益の減少等を勘案して判断すること

▶申請に係る事業の規模が大きい場合や申請者の自己資本に比して多額の設備投資を要する等、申請に係る事業の将来の見通しについて適切な収益が見込まれるか否かの確認が特に必要と認める場合の確認方法としては、当該事業の開始に要する資金の総額及びその資金の調達方法を記載した書類として、設備投資に要する資金の額が申請者の資金調達額と当期純利益（申請者の事業全体の当期純利益でなく、申請に係る事業の当期純利益をいい、その算出にあたっては、一般管理費や各種税金等といった当該事業のみからでは算定できない費用について、申請者の事業全体に係るこれらの費用を、対象とする事業領域に応じ案分して行うものであること）の合計額を超えないか否かについて確認できる事業収支計画書の提出を求める方法等があること

▶申請に係る事業の将来の見通しについて適切な収益が見込まれない場合や審査対象を当該事業のみの将来の見通しに限定することが不適当な場合にあっては、適宜、審査対象を廃棄物処理部門又は事業全体に係る将来の見通しに拡大できること

▶維持管理積立金、各種税金、社会保険料又は労働保険料等の義務的支払いが履行されていない場合にあっては、その経理的基礎に疑義があると考えられることから、既述の確認方法に準じた方法により慎重に判断すること

▶経理的基礎を有さないと判断する場合にあっては、金融機関からの融資の状況を証明する書類や中小企業診断士の診断書等を必要に応じて提出させ、また商工部局や労働経済部局等の協力も求める等して慎重に判断すること

▶「優良産廃処理業者認定制度」に基づく優良認定等を受けている産業廃棄物処理業者にあっては、経理的基礎と財務体質の健全性に係る基準の双方を満たしている必要があること

参考

法第７条第５項第３号→則第２条の２第２号ロ
法第７条第５項第４号
法第７条第５項第４号イ→則第２条の２の２
法第７条第５項第４号ニ→令第４条の６
法第７条第５項第４号ル→令第４条の７
法第７条第１０項第３号→則第２条の４第１号ロ（２）
法第７条第１０項第３号→則第２条の４第２号ロ（２）
法第７条第１０項第４号
法第７条の２第４項
法第７条の２第５項→則第２条の８第１項
法第７条の４第１項
法第８条の２第１項第３号→則第４条の２の２第２号
法第８条の２第１項第４号
法第９条第６項
法第９条第７項→則第５条の５の３の２第１項
法第９条の２の２第１項
法第１４条第２項→令第６条の９第２号→則第９条の３第５号
法第１４条第２項→令第６条の９第２号→則第９条の３第６号
法第１４条第２項→令第６条の９第２号→則第９条の３第７号
法第１４条第２項→令第６条の９第２号→則第９条の３第８号
法第１４条第２項→令第６条の９第２号→則第９条の３第９号
法第１４条第５項第１号→則第１０条第２号ロ
法第１４条第５項第２号
法第１４条第５項第２号ホ→令第６条の１０
法第１４条第７項→令第６条の１１第２号→則第１０条の４の２第５号
法第１４条第７項→令第６条の１１第２号→則第１０条の４の２第６号
法第１４条第７項→令第６条の１１第２号→則第１０条の４の２第７号
法第１４条第７項→令第６条の１１第２号→則第１０条の４の２第８号
法第１４条第７項→令第６条の１１第２号→則第１０条の４の２第９号
法第１４条第１０項第１号→則第１０条の5第１号ロ（２）
法第１４条第１０項第１号→則第１０条の5第２号ロ（２）
法第１４条第１０項第２号
法第１４条の２第３項→則第１０条の１０の３の２第１項
法第１４条の３の２第１項
法第１４条の４第２項→令第６条の１３第２号→則第１０条の１２の２第５号
法第１４条の４第２項→令第６条の１３第２号→則第１０条の１２の２第６号
法第１４条の４第２項→令第６条の１３第２号→則第１０条の１２の２第７号
法第１４条の４第２項→令第６条の１３第２号→則第１０条の１２の２第８号
法第１４条の４第２項→令第６条の１３第２号→則第１０条の１２の２第９号
法第１４条の４第５項第１号→則第１０条の１３第２号ハ
法第１４条の４第５項第２号
法第１４条の４第７項→令第６条の１４第２号→則第１０条の１６の２第５号
法第１４条の４第７項→令第６条の１４第２号→則第１０条の１６の２第６号
法第１４条の４第７項→令第６条の１４第２号→則第１０条の１６の２第７号
法第１４条の４第７項→令第６条の１４第２号→則第１０条の１６の２第８号
法第１４条の４第７項→令第６条の１４第２号→則第１０条の１６の２第９号
法第１４条の４第１０項第１号→則第１０条の１７第１号ロ（３）
法第１４条の４第１０項第１号→則第１０条の１７第２号ロ（３）
法第１４条の４第１０項第２号
法第１４条の５第３項→則第１０条の２４の２
法第１４条の６
法第１５条の２第１項第３号→則第１２条の２の３第２号
法第１５条の２第１項第４号
法第１５条の２の６第３項→則第１２条の１１の３の２
法第１５条の３第１項
法第２３条の３
法第２４条の４
環計第３６号（昭和５２年3月２６日）
衛環第２３２号（平成４年8月１３日）
衛環第２３３号（平成４年8月１３日）
厚生省生衛第１１１２号（平成９年１２月１７日）
衛環第３１８号（平成９年１２月２６日）
衛環第３１９号（平成９年１２月２６日）
衛環第３７号（平成１０年5月7日）
生衛発第７８０号（平成１０年5月7日）
衛環第７８号（平成１２年9月２８日）

生衛発第１４６９号（平成１２年9月２８日）
環廃対発第０３１１２８００２号・環廃産発第０３１１２８００６号（平成１５年１１月２８日）
環廃対発第０３１１２８００３号・環廃産発第０３１１２８００７号（平成１５年１１月２８日）
環廃対発第０５０４０１００２号・環廃産発第０５０４０１００３号（平成１７年4月1日）
環廃対発第０５０９３０００４号・環廃産発第０５０９３０００５号（平成１７年9月３０日）
環廃産発第０５１０３１００６号（平成１７年１０月３１日）
環廃産発第０６０３１５００４号（平成１８年3月１５日）
環廃対発第０６０３３１００６号・環廃産発第０６０３３１００２号（平成１８年3月３１日）
環廃産発第０６０４０３００３号（平成１８年4月3日）
環廃対発第１１０２０４００４号・環廃産発第１１０２０４００１号（平成２３年2月4日）
環廃対発第１１０２０４００５号・環廃産発第１１０２０４００２号（平成２３年2月4日）
警察庁丁暴発第２３２号（平成２６年5月１６日）
中環審第９４２号（平成２９年2月１４日）
環循適発第１７０８０８１号・環循規発第１７０８０８３号（平成２９年8月8日）
環循規発第１８０３３０２８号（平成３０年3月３０日）
環循適発第１９１１２１１号・環循規発第１９１１２１２号（令和1年１１月２１日）
環循規発第２００３３０１号（令和2年3月３０日）
環循規発第２００４０１６号（令和2年4月1日）
事務連絡（平成１３年１０月１２日）
事務連絡（平成１４年2月１４日）
事務連絡（平成２５年6月１８日）
事務連絡（平成２７年4月１０日）
事務連絡（令和１年１１月２０日）
さいたま地判（平成１５年2月２６日）
仙台地判（平成１５年2月２７日）
仙台高判（平成１６年5月２０日）
札幌地判（平成１６年１２月1日）
東京高判（平成１８年9月２０日）
千葉地判（平成１９年1月３１日）
仙台地判（平成１９年4月２３日）
千葉地判（平成１９年8月２１日）
仙台高判（平成１９年9月２０日）
大阪地判（平成２０年1月２４日）
名古屋地判（平成２０年9月１１日）
静岡地判（平成２１年2月２６日）
東京高判（平成２１年5月２０日）
東京高判（平成２１年7月１６日）
最高裁一小決（平成２２年9月9日）
長野地判（平成２３年9月１６日）
福島地判（平成２４年4月２４日）

★★★

Q130 許可の取消し

1 廃棄物処理業等の許可が取り消される事由のうち羈束（きそく）行為化されているもの（許可を取り消さなければならないことと規定されているもの）の対象として、「違反行為をしたとき、又は他人に対して違反行為をすることを要求し、依頼し、若しくは唆し（そそのかし）、若しくは他人が違反行為をすることを助けたときに該当し、情状が特に重いとき」がありますが、では、「･･･情状が特に重いとき」とは、具体的にどのような場合を指すのですか？

2 役員等（ロ）として産業廃棄物処理業の法人２社を経営しているのですが、どうやら法人（甲）に在籍する別の役員等（イ）が欠格要件に該当したらしく、これに係る許可の取消しを免れないことは覚悟しています。

気がかりなのは、もう一方の法人（乙）に係る許可の存続に影響がないかという点です。どうでしょうか（イは乙に役員等として在籍していません）？

A

1 重大な法違反を行ったケースや繰り返し違反行為を行っていることから是正が期待できないケース等、「廃棄物の適正処理の確保」という法の目的に照らし、事業停止命令等を経ず直ちに許可を取り消すことが相当である場合をいいます。その当否については、違反行為の態様や回数、違反行為による影響、行為者の是正可能性等の諸事情から判断することとされており、重大な法違反として、たとえば「①無許可営業」、「②不正手段による営業許可取得」、「③無許可事業範囲変更」、「④不正手段による事業範囲変更許可取得」、「⑤事業停止命令・措置命令違反」、「⑥委託基準違反」、「⑦名義貸しの禁止違反」、「⑧施設無許可設置」、「⑨不正手段による施設設置許可取得」、「⑩施設無許可変更」、「⑪不正手段による施設変更許可取得」、「⑫無確認輸出（未遂と目的での予備を含みます）」、「⑬受託禁止違反」、「⑭投棄禁止違反（未遂と目的での収集運搬を含みます）」、「⑮焼却禁止違反（未遂と目的での収集運搬を含みます）」、「⑯指定有害廃棄物の処理禁止違反」、「⑰再委託禁止違反」、「⑱施設改善命令等・改善命令違反」、「⑲施設無許可譲受け・無許可借受け」、「⑳無許可輸入」、「㉑輸入許可条件違反」は、これに該当します。

なお「違反行為」とは、法又は法に基づく処分に違反する行為をいい、刑事処分や行政処分を受けていることを前提とするものでないことに注意してください。また「･･･要求し」、「･･･依頼し」、「･･･唆し」及び「･･･助けた」とは、次の行為をいいます。

▶要求し・依頼し・唆し

「要求し」とは優越的立場で他人に対し違反行為をすることを求めるもの、「依

資料6-9　役員等が欠格要件に該当することによる許可の取消し

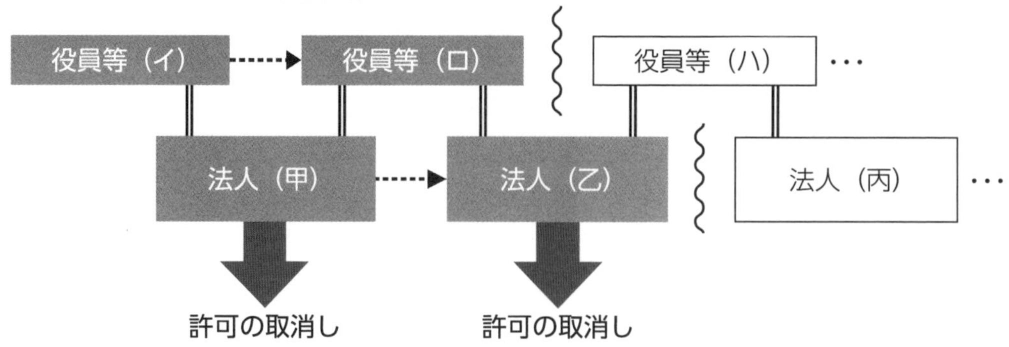

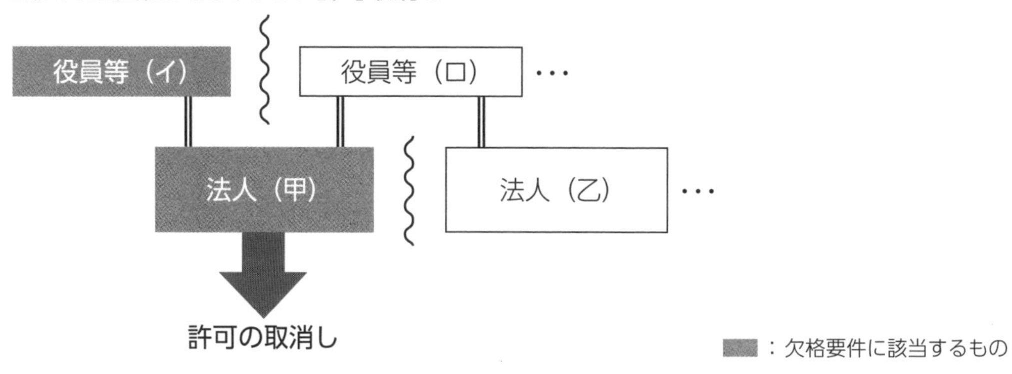

頼し」とは自らと同等以上の地位にある者に対し違反行為をすることを求めることや優越的立場でなく他人に対し違反行為をすることを求めるもの、「唆し」とは相手方との関係を問わず他人に対し違反行為をすることを誘い勧めるもの（より弱い程度で求めるもの）であり、いずれも実際に違反行為が行われることを要しないものであること（事業者に対し産業廃棄物処理委託契約書の作成若しくはマニフェストの交付・記載を行わないよう働きかけ、又は産業廃棄物処理業者に対し虚偽のマニフェストの交付を行うよう働きかける行為等は、これに該当します）

▶助けた

他人が違反行為をすることを容易にするものであること（廃棄物処理業の許可を受けていない者、いわゆる無許可業者を斡旋・仲介し、又は産業廃棄物処理業者が当該無許可業者の事業場に産業廃棄物を収集運搬する行為や産業廃棄物処理委託基準違反若しくは特別管理産業廃棄物処理委託基準違反又は再委託禁止違反の対象となる処理委託であることを知りえながら受託する行為等は、これに該当します）

2　イが欠格要件に該当した理由として、法上の悪質性が重大な許可取消し原因に該当する場合はロも欠格要件に該当することとなり、したがって乙に係る許可も連鎖して取り消されます（それ以降の法人に係る許可については、連鎖して取り消されません）。

一方、法上の悪質性が重大でない許可取消し原因に該当する場合はロが欠格要件に該当しないこととなり、したがって乙に係る許可は取り消されません（資料6-9）。

なお法上の悪質性が重大な許可取消し原因に該当する場合とは、「① 1 の重大な法違反を行ったケース」、「②暴力団が関与したケース」、「③その業務に関し不正又は不誠実な行為をするおそれがあると認めるに足りる相当の理由があるケース」等をいいます。仮にイが、たとえば「道路交通法」に違反し、禁錮（きんこ）刑に処せられたというのであれば、欠格要件に該当することにより甲も欠格要件に該当し、したがってその許可は取り消されることとなりますが、①～③を踏まえロは欠格要件に通常該当せず、したがって乙に係る許可も取り消されません。

参考

法第７条の４
法第９条の２の２
法第１４条の３の２第１項
法第１４条の３の２第２項
法第１４条の６
法第１５条の３
法第２５条
法第２６条
法第２７条
衛産第２６号（昭和６０年5月２９日）
衛環第４１号（平成６年２月２日）
衛環第７８号（平成１２年9月２８日）
生衛発第１４６９号（平成１２年9月２８日）
環廃対発第０３１１２８００２号・環廃産発第０３１１２８００６号（平成１５年１１月２８日）
環廃対発第０３１１２８００３号・環廃産発第０３１１２８００７号（平成１５年１１月２８日）
環廃対発第０５０９３０００４号・環廃産発第０５０９３０００５号（平成１７年9月３０日）
環廃産発第０７０４０９００１号（平成１９年4月9日・平成２５年3月２９日廃止）
環廃対発第１１０２０４００４号・環廃産発第１１０２０４００１号（平成２３年2月4日）
環廃対発第１１０２０４００５号・環廃産発第１１０２０４００２号（平成２３年2月4日）
環廃産発第１１０３１０００２号（平成２３年3月１５日）
中環審第９４２号（平成２９年2月１４日）
環循規発第１８０３３０２８号（平成３０年3月３０日）
事務連絡（平成１３年7月3日）
事務連絡（平成１３年１２月6日）
名古屋地決（平成5年6月２９日）
名古屋地判（平成6年3月２３日）
宇都宮地判（平成１６年3月２４日）
名古屋高裁金沢支判（平成１７年8月２９日）
千葉地判（平成１８年6月２０日）
青森地判（平成１９年2月２３日）
東京地判（平成１９年9月２６日）
青森地判（平成２０年3月２７日）
千葉地判（平成２１年1月２７日）
東京高判（平成２１年10月１４日）
和歌山地判（平成２４年9月２４日）
名古屋地判（平成２６年3月１３日）

もっと詳しく
知りたい！

付　録

廃棄物処理のための
ガイドライン・マニュアル等一覧

安全で適正な廃棄物の処理を実務レベルで確保していくためには、法令で規定されている基準や制度を遵守するだけでなく、廃棄物の性状や排出の状況等を踏まえ、テーマごとに体系立てて取りまとめられたガイドライン・マニュアル等を活用することも重要です。

しかしながら、こうした資料は、法令と同様、頻繁に制改定され、又は廃止されており、さらに官報等で公示されることもないため、通常、事業者や廃棄物処理業者が最新のものを網羅的に把握することは困難です。

そこで、廃棄物処理のためのガイドライン・マニュアル等として、現在、有用なものを以下に示します。

1） 個別の廃棄物処理等に係るもの

名　称	所　管	公　表
シュレッダー処理される自動車及び電気機械器具の事前選別ガイドライン	厚生省	平成 7年 6月
根株等の利用について	厚生省	平成11年11月
引越時に発生する廃棄物の取扱いについて −引越を行う方、引越を請け負う事業者のためのマニュアル−	環境省	平成15年 2月
使用済鉛蓄電池の取扱いに関する技術指針	環境省	平成17年 3月
石綿含有家庭用品の処理方法等について	環境省	平成18年 6月
建設汚泥の再生利用に関するガイドライン	国土交通省	平成18年 6月
建設工事で遭遇する廃棄物混じり土対応マニュアル マニュアル案	国土交通省	平成20年 3月
在宅医療廃棄物の処理に関する取組推進のための手引き	環境省	平成20年 3月
ＰＯＰｓ廃農薬の処理に関する技術的留意事項	環境省	平成21年 8月
一般廃棄物の溶融固化物の再生利用に関する指針	環境省	平成21年10月
海岸漂着物等の効率的な処理に関する事例集	国土交通省	平成22年 8月
建設廃棄物処理指針（平成２２年度版）	環境省	平成23年 3月
石綿含有廃棄物等処理マニュアル（第２版）	環境省	平成23年 3月
ＰＦＯＳ含有廃棄物の処理に関する技術的留意事項	環境省	平成23年 3月
ＰＣＢ廃棄物収集・運搬ガイドライン	環境省	平成23年 8月
津波堆積物、ガラスくず、陶磁器くず（瓦くず、れんがくずを含む。）、又は不燃混合物の細粒分（ふるい下）に由来する再生資材の活用例等	環境省	平成24年 5月
漁場施設への災害廃棄物等再生利用の手引き	水産庁	平成24年 7月

名　称	所　管	公表
港湾における船内廃棄物の受入に関するガイドライン（案）　Ｖｅｒ．１.１	国土交通省	平成２４年１２月
海中ごみ等の処理に関する指針	環　境　省	平成２５年　３月
ＰＣＢが使用された廃安定器の分解又は解体について	環　境　省	平成２６年　９月
搬出困難な微量ＰＣＢ汚染廃電気機器等の設置場所における解体・切断方法	環　境　省	平成２７年　１月
家庭から排出される水銀使用廃製品の分別回収ガイドライン	環　境　省	平成２７年１２月
微量ＰＣＢ汚染廃電気機器等の処理に関するガイドライン　－洗浄処理編－	環　境　省	平成２８年　９月
微量ＰＣＢ含有電気機器課電自然循環洗浄実施手順書	経済産業省 環　境　省	平成２９年　３月
医療機関に退蔵されている水銀血圧計等回収マニュアル	環　境　省	平成２９年　３月
廃棄物処理法に基づく感染性廃棄物処理マニュアル	環　境　省	平成３０年　３月
教育機関等に退蔵されている水銀使用製品回収事業事例集	環　境　省	平成３０年　３月
使用済小型電子機器等の回収に係るガイドライン（Ｖｅｒ．１.２）	環　境　省 経済産業省	平成３０年　６月
太陽光発電設備のリサイクル等の推進に向けたガイドライン（第二版）	環　境　省	平成３０年１２月
水銀廃棄物ガイドライン　第２版	環　境　省	平成３１年　３月
土壌汚染対策法ガイドライン	環　境　省	平成３１年　３月
低濃度ＰＣＢ廃棄物収集・運搬ガイドライン	環　境　省	令和　１年１２月
使用済紙おむつの再生利用等に関するガイドライン	環　境　省	令和　２年　３月
漁業系廃棄物処理ガイドライン（改訂）	環　境　省	令和　２年　５月
低濃度ＰＣＢ廃棄物の処理に関するガイドライン　－焼却処理編－	環　境　省	令和　２年１０月

２）　廃棄物管理等の強化に係るもの

名　称	所　管	公表
「広域廃棄物処理事業に係る一般廃棄物（ごみ）処理方針」作成要領	厚　生　省	昭和６１年１０月
事業者による製品等の廃棄物処理困難性自己評価のためのガイドライン	厚　生　省	昭和６２年１２月
排出事業者のための廃棄物・リサイクルガバナンスガイドライン	経済産業省	平成１６年　９月
電子マニフェスト普及促進方策	環　境　省	平成１７年　３月
有機性汚泥等の海洋投入処分申請の進め方に係る指針	環　境　省	平成１８年　３月

付
録

名　称	所　管	公　表
赤泥の海洋投入処分申請の進め方に係る指針	環　境　省	平成18年　3月
特定事業者による容器包装廃棄物として排出される見込量の算定のためのガイドライン	環　境　省 経済産業省 財　務　省 厚生労働省 農林水産省	平成18年12月
海岸清掃事業マニュアル	環　境　省	平成23年　3月
リユース・リサイクル仕分け基準の作成に係るガイドライン	環　境　省	平成24年　3月
廃石膏ボード現場分別解体マニュアル	国土交通省	平成24年　3月
海岸漂着物流出防止ガイドライン	環　境　省	平成25年　3月
一般廃棄物会計基準	環　境　省	平成25年　4月
一般廃棄物処理有料化の手引き	環　境　省	平成25年　4月
市町村における循環型社会づくりに向けた一般廃棄物処理システムの指針	環　境　省	平成25年　4月
廃棄物情報の提供に関するガイドライン －WDSガイドライン－ （Waste Data Sheetガイドライン）（第2版）	環　境　省	平成25年　6月
地方公共団体のための環境配慮契約導入マニュアル	環　境　省	平成26年　2月
災害関係業務事務処理マニュアル（自治体事務担当者用）	環　境　省	平成26年　6月
大規模災害発生時における災害廃棄物対策行動指針	環　境　省	平成27年11月
食品廃棄物等の発生量及び食品循環資源の再生利用等実施率に係る測定方法ガイドライン	農林水産省 環　境　省	平成28年　3月
産業廃棄物不法投棄等原状回復支援事業実施要領	環　境　省	平成28年　4月
食品廃棄物の不正転売防止に関する産業廃棄物処理業者等への立入検査マニュアル	環　境　省	平成28年　6月
ごみ処理基本計画策定指針	環　境　省	平成28年　9月
水銀使用製品の適正分別・排出の確保のための表示等情報提供に関するガイドライン	環　境　省 経済産業省	平成28年　9月
食品リサイクル法に基づく食品廃棄物等の不適正な転売の防止の取組強化のための食品関連事業者向けガイドライン	農林水産省 環　境　省	平成29年　1月
電子マニフェスト普及拡大に向けたロードマップに基づくマニフェスト制度の運用状況の総点検に関する報告	環　境　省	平成29年　2月
建設汚泥の海洋投入処分申請の進め方に係る指針 ［改訂版］	環　境　省	平成29年　2月
特定危険部位の管理及び牛海綿状脳症検査に係る分別管理等のガイドライン	厚生労働省	平成29年　2月
排出事業者責任に基づく措置に係るチェックリスト	環　境　省	平成29年　6月
災害廃棄物対策指針（改定版）	環　境　省	平成30年　3月

名　称	所　管	公　表
有害使用済機器の保管等に関するガイドライン（第１版）	環　境　省	平成３０年　３月
市町村等における水銀使用廃製品の回収事例集 　第２版	環　境　省	平成３０年　６月
一般廃棄物又は産業廃棄物の輸出の確認に係る審査基準等（通知）別紙	環　境　省	平成３０年　８月
ＰＣＢ廃棄物等の掘り起こし調査マニュアル（第５版）	環　境　省	平成３０年　８月
ＰＣＢ廃棄物等の掘り起こし事例集（第３版）	環　境　省	平成３０年　８月
電子マニフェスト普及拡大に向けたロードマップ	環　境　省	平成３０年１０月
多量排出事業者による産業廃棄物処理計画及び産業廃棄物処理計画実施状況報告策定マニュアル（第３版）	環　境　省	平成３１年　２月
水銀による環境の汚染の防止に関する法律に基づく水銀含有再生資源の管理に関するガイドライン 　Ｖｅｒ　２．０	環　境　省 経済産業省	平成３１年　２月
市町村一認定事業者の契約に係るガイドライン（Ｖｅｒ．１．２）	環　境　省 経済産業省	平成３１年　３月
下水汚泥広域利活用検討マニュアル	国土交通省	平成３１年　３月
市町村分別収集計画策定の手引き（九訂版）	環　境　省	平成３１年　４月
プラスチック資源循環戦略	消費者庁 外　務　省 財　務　省 文部科学省 厚生労働省 農林水産省 経済産業省 国土交通省 環　境　省	令和　１年　５月
海洋プラスチックごみ対策アクションプラン	環　境　省	令和　１年　５月
国及び独立行政法人等における温室効果ガス等の排出の削減に配慮した契約の推進に関する基本方針（環境配慮契約法基本方針）関連資料	環　境　省	令和　２年　２月
災害時の一般廃棄物処理に関する初動対応の手引き 　第１版	環　境　省	令和　２年　２月
「特定有害廃棄物等」（バーゼル法の規制対象貨物）の輸出に関する手引き	経済産業省 環　境　省	令和　２年　２月
ポリ塩化ビフェニル含有塗膜調査実施要領（第２版）	環　境　省	令和　２年　３月
漁業系廃棄物計画的処理推進指針	水　産　庁	令和　２年　５月
食品循環資源利用飼料の安全確保のためのガイドライン	農林水産省	令和　２年　８月
災害廃棄物の撤去等に係る連携対応マニュアル 　〔被災家屋から搬出された片付けごみの処理〕	環　境　省 防　衛　省	令和　２年　８月

3） 廃棄物処理業に係るもの

名　称	所　管	公　表
企業が反社会的勢力による被害を防止するための指針	犯罪対策閣僚会議	平成１９年　６月
平成２０年度石綿廃棄物無害化処理認定及び技術検討業務報告書 ～産業廃棄物処理業許可申請者等の経理的基礎の審査に係る留意事項等の検討～	環　境　省	平成２１年　３月
食品循環資源の再生利用等の促進に関する法律に基づく再生利用事業を行う者の登録事務等取扱要領	農林水産省 経済産業省 環　境　省	平成２８年　４月
食品循環資源の再生利用等の促進に関する法律に基づく再生利用事業計画の認定事務等取扱要領	農林水産省 環　境　省 国　税　庁 厚生労働省 経済産業省 国土交通省	平成２８年　４月
産業廃棄物処理業の振興方策に関する提言	環　境　省	平成２９年　３月
食品廃棄物の不正転売事案について（総括）	環　境　省	平成２９年　６月
行政処分の指針	環　境　省	平成３０年　３月
エコアクション２１産業廃棄物処理業者向けガイドライン２０１７年版	環　境　省	令和　１年　５月
エコアクション２１産業廃棄物処理業者の相互認証に関する規程	環　境　省	令和　２年　４月
優良産廃処理業者認定制度運用マニュアル	環　境　省	令和　２年１０月
産業廃棄物処理業者及び特別管理産業廃棄物処理業者に係る許可番号等取扱要領	環　境　省	令和　３年　１月

4） 廃棄物処理施設の構造及び維持管理等に係るもの

名　称	所　管	公　表
廃棄物最終処分場安定化監視マニュアル	環　境　庁	平成　１年１１月
ごみ処理に係るダイオキシン類発生防止等ガイドライン －ダイオキシン類削減プログラム－	厚　生　省	平成　９年　１月
一般廃棄物の最終処分場及び産業廃棄物の最終処分場に係る技術上の基準を定める命令の運用に伴う留意事項について	環　境　庁 厚　生　省	平成１０年　７月
高濃度ダイオキシン類汚染物分解処理技術マニュアル	厚　生　省	平成１１年１２月
廃棄物最終処分場性能指針	環　境　省	平成１４年１１月
廃棄物処理施設整備国庫補助事業に係る汚泥再生処理センター性能指針	環　境　省	平成１５年１２月
廃棄物処理施設整備国庫補助事業に係るコミュニティ・プラント性能指針	環　境　省	平成１５年１２月

名　称	所　管	公　表
し尿・浄化槽汚泥高度処理施設性能指針	環　境　省	平成15年12月
最終処分場残余容量算定マニュアル	環　境　省	平成17年　3月
最終処分場跡地形質変更に係る施行ガイドライン	環　境　省	平成17年　6月
最終処分場維持管理積立金に係る維持管理費用算定ガイドライン	環　境　省	平成18年　4月
廃棄物処理施設生活環境影響調査指針	環　境　省	平成18年　9月
廃棄物処理施設解体時等の石綿飛散防止対策マニュアル（改訂版）	環　境　省	平成19年　3月
不適正処分場における土壌汚染防止対策マニュアル（案）	環　境　省	平成19年　3月
廃棄物処理施設整備国庫補助事業に係るごみ処理施設性能指針	環　境　省	平成20年　3月
廃棄物処理施設の財産処分マニュアル	環　境　省	平成20年　4月
長寿命化計画作成に当たっての留意点 （その他の一般廃棄物処理施設編）	環　境　省	平成22年　3月
廃棄物処理施設の定期検査ガイドライン（第１版）	環　境　省	平成23年　4月
し尿・浄化槽汚泥からのリン回収・利活用の手引き	環　境　省	平成25年　3月
移動式がれき類等破砕施設に係る考え方及び設置許可申請に係る審査方法について	環　境　省	平成26年　5月
移動式がれき類等破砕施設の生活環境影響調査に関するガイドライン	環　境　省	平成26年　5月
廃棄物処理施設長寿命化総合計画作成の手引き （ごみ焼却施設編）	環　境　省	平成27年　3月
廃棄物処理施設長寿命化総合計画作成の手引き （し尿処理施設・汚泥再生処理センター編）	環　境　省	平成27年　3月
海面最終処分場の廃止に関する基本的な考え方	環　境　省	平成31年　3月
海面最終処分場の廃止と跡地利用に関する技術情報集	環　境　省	平成31年　3月
廃棄物処理施設の基幹的設備改良マニュアル ごみ焼却施設 し尿処理施設 マテリアルリサイクル推進施設	環　境　省	令和　2年　4月

5）　廃棄物処理法に基づく特例制度に係るもの

名　称	所　管	公　表
再生利用個別指定業者に関する準則	厚　生　省	平成　6年　4月
建設汚泥の再生利用指定制度の運用における考え方	環　境　省	平成18年　7月
石綿を含む廃棄物における無害化処理認定制度申請の手引き（第１版）	環　境　省	平成18年　8月
廃棄物熱回収施設設置者認定マニュアル	環　境　省	平成23年　2月

付録

名　称	所　管	公　表
廃棄物の輸入の許可に係る審査基準等（通知）別紙	環　境　省	平成３０年　8月
広域認定制度申請の手引き	環　境　省	平成３０年　9月
再生利用認定制度申請の手引き	環　境　省	平成３０年１０月
「特定有害廃棄物等」（バーゼル法の規制対象貨物）の輸入に関する手引き	経済産業省 環　境　省	令和　2年　2月

6）　廃棄物該当性の判断及び検定等に係るもの

名　称	所　管	公　表
廃棄物処理におけるダイオキシン類標準測定分析マニュアル	厚　生　省	平成　9年　2月
感染性廃棄物の処理において有効であることの確認方法について	環　境　省	平成１６年　3月
建設汚泥処理土利用技術基準	国土交通省	平成１８年　6月
容器包装に関する基本的な考え方	環　境　省 経済産業省 財　務　省 厚生労働省 農林水産省	平成１８年１２月
ダイオキシン類に係る土壌調査測定マニュアル	環　境　省	平成２１年　3月
石綿含有一般廃棄物等の無害化処理等に係る石綿の検定方法	環　境　省	平成２１年１２月
無害化処理生成物等に係る電子顕微鏡を用いた石綿の測定方法	環　境　省	平成２１年１２月
絶縁油中の微量ＰＣＢに関する簡易測定法マニュアル（第３版）	環　境　省	平成２３年　5月
復旧復興のための公共工事に活用する災害廃棄物由来の再生資材であって廃棄物に該当しないものの要件等	環　境　省	平成２４年　5月
平成２４年度バイオマス発電燃料等に関する廃棄物該当性の判断事例集	環　境　省	平成２５年　3月
規制改革通知に関するＱ＆Ａ集 （平成１７年３月２５日付け環廃産発第０５０３２５００２号環境省大臣官房廃棄物・リサイクル対策部産業廃棄物課長通知）	環　境　省	平成２５年　6月
使用済み電気・電子機器の輸出時における中古品判断基準	環　境　省	平成２５年　9月
産業廃棄物の検定方法に係る分析操作マニュアル（第２版）	環　境　省	令和　1年１０月
ポリ塩化ビフェニルを含有する可能性のある塗膜のサンプリング方法	環　境　省	令和　1年１０月
低濃度ＰＣＢ含有廃棄物に関する測定方法（第５版）	環　境　省	令和　2年１０月
プラスチックの輸出に係るバーゼル法該非判断基準	環　境　省	令和　2年１０月
サーキュラー・エコノミーに係るサステナブル・ファイナンス促進のための開示・対話ガイダンス	経済産業省 環　境　省	令和　3年　1月

7） 廃棄物処理への温暖化・エネルギー対策に係るもの

名　称	所　管	公　表
ごみ固形燃料の適正管理方策について	環　境　省	平成15年12月
エネルギー回収能力増強化のための施設整備マニュアル	環　境　省	平成20年　1月
産業廃棄物処理分野における温暖化対策の手引き	環　境　省	平成20年　3月
車両対策の手引き －廃棄物分野における地球温暖化対策－	環　境　省	平成21年　3月
廃棄物処理部門における温室効果ガス排出抑制等指針マニュアル	環　境　省	平成24年　3月
発電利用に供する木質バイオマスの証明のためのガイドライン	林　野　庁	平成24年　6月
フロン類の使用の合理化及び管理の適正化に関する法律（フロン排出抑制法）第一種フロン類再生に関する運用の手引き（第１版）	経済産業省 環　境　省	平成27年12月
フロン類の使用の合理化及び管理の適正化に関する法律（フロン排出抑制法）フロン類の破壊に関する運用の手引き（第７版）	経済産業省 環　境　省	平成27年12月
メタンガス化施設整備マニュアル（改訂版）	環　境　省	平成29年　3月
廃棄物系バイオマス利活用導入マニュアル	環　境　省	平成29年　3月
廃棄物エネルギー利用高度化マニュアル	環　境　省	平成29年　3月
廃棄物最終処分場等における太陽光発電の導入・運用ガイドライン	環　境　省	平成29年　3月
廃棄物最終処分場への太陽光発電導入事例集	環　境　省	平成29年　3月
高効率ごみ発電施設整備マニュアル	環　境　省	平成30年　3月
廃棄物エネルギー利活用計画策定指針	環　境　省	平成31年　4月
廃棄物エネルギー利活用方策の実務入門 ～廃棄物エネルギー利活用にあたっての技術的課題等への対応手順の解説書～	環　境　省	令和　1年　6月
フロン類の使用の合理化及び管理の適正化に関する法律（フロン排出抑制法）第一種特定製品の管理者等に関する運用の手引き 第２版	環　境　省 経済産業省	令和　2年　3月
フロン類の使用の合理化及び管理の適正化に関する法律（フロン排出抑制法）充塡回収業者・引渡受託者・解体工事元請業者・引取等実施者等に関する運用の手引き 第２版	環　境　省 経済産業省	令和　2年　3月
エネルギー回収型廃棄物処理施設整備マニュアル	環　境　省	令和　2年　4月
フロン類算定漏えい量報告マニュアル Ｖｅｒ．２．４	環　境　省 経済産業省	令和　2年　6月

8） 廃棄物処理の労働安全衛生に係るもの

名　称	所　管	公　表
機械式ごみ収集車に係る安全管理要綱	労　働　省	昭和６２年　２月
清掃事業における安全衛生管理要綱	労　働　省	平成　５年　３月
加熱を伴う業務用生ごみ処理機における安全対策指針	環　境　省	平成１７年　６月
廃棄物処理施設事故対応マニュアル作成指針	環　境　省	平成１８年１２月
廃棄物処理における新型インフルエンザ対策ガイドライン	環　境　省	平成２１年　３月
海岸漂着危険物対応ガイドライン	農林水産省 水　産　庁 国土交通省	平成２１年　６月
建築物等の解体等工事における石綿飛散防止対策に係るリスクコミュニケーションガイドライン	環　境　省	平成２９年　４月
災害時における石綿飛散防止に係る取扱いマニュアル（改訂版）	環　境　省	平成２９年　９月
「建築物等の解体等の作業及び労働者が石綿等にばく露するおそれがある建築物等における業務での労働者の石綿ばく露防止に関する技術上の指針」に基づく石綿飛散漏洩防止対策徹底マニュアル ［２．２０版］	厚生労働省	平成３０年　３月
廃棄物焼却施設内作業におけるダイオキシン類ばく露防止対策要綱	厚生労働省	令和　２年　６月
廃棄物に関する新型コロナウイルス感染症対策ガイドライン	環　境　省	令和　２年　９月

9） 原子力発電所事故由来の放射性物質による汚染物に係るもの

名　称	所　管	公　表
８，０００Ｂｑ／ｋｇを超え１００，０００Ｂｑ／ｋｇ以下の焼却灰等の処理方法に関する方針	環　境　省	平成２３年　８月
廃棄物関係ガイドライン －事故由来放射性物質により汚染された廃棄物の処理等に関するガイドライン－ 第２版	環　境　省	平成２５年　３月
放射性物質による局所的汚染箇所への対処ガイドライン	環　境　省	平成２５年　４月
除染等業務に従事する労働者の放射線障害防止のためのガイドライン	厚生労働省	平成３０年　１月
事故由来廃棄物等処分業務に従事する労働者の放射線障害防止のためのガイドライン	厚生労働省	平成３０年　１月
除染関係ガイドライン 第２版追補	環　境　省	平成３０年　３月

注１：名称について、添付先の通知にある標題ではなく、ガイドライン・マニュアル等のタイトルに忠実なものとした。
注２：公表について、改定を経ているものは、取りまとめられた当初の年月でなく、改定時の年月とした。

文　献

■一般財団法人化学物質評価研究機構　『化学物質のリスク評価がわかる本』　丸善出版株式会社　２０１２年１１月
■一般社団法人企業環境リスク解決機構　『産業廃棄物適正管理能力検定　公式テキスト　第４版』　第一法規株式会社　２０１９年５月
■一般社団法人日本木質バイオマスエネルギー協会編　『地域ではじめる木質バイオマス熱利用』　株式会社日刊工業新聞社　２０１８年５月
■一般社団法人廃棄物資源循環学会編著　『災害廃棄物分別・処理実務マニュアル－東日本大震災を踏まえて－』　株式会社ぎょうせい　２０１２年５月
■ＮＴＳ総合コンサルティンググループ・株式会社トランスコウプ総研編著　『産業廃棄物処理業における人事労務戦略－採用プロセス改善・定着率向上・長時間労働是正で「人を生かす職場づくり」を！－』　第一法規株式会社　２０２１年２月
■ＮＰＯ法人日本環境調査会編　『環境債務の実践マニュアル　資産除去債務、アスベスト、ＰＣＢ廃棄物、土壌汚染の総合対策』　株式会社中央経済社　２０１０年１０月
■大阪弁護士会本部作成　「エコアクション２１　環境活動レポート２０１４年度」　大阪弁護士会　２０１５年５月
■株式会社日本廃棄物管理機構　『廃棄物管理のための行政処分緑書　２０１３／２０１４』　株式会社クリエイト日報出版部　２０１３年５月
■環境教育研究会編　「２０２０年度（令和２年度）　廃棄物管理士講習会テキスト」　公益社団法人大阪府産業資源循環協会　２０２０年７月
■環境省大臣官房廃棄物・リサイクル対策部産業廃棄物課編集　『改訂版　ポリ塩化ビフェニル廃棄物の適正な処理の推進に関する特別措置法　逐条解説・Ｑ＆Ａ』　中央法規出版株式会社　２０１７年４月
■環境省水・大気環境局土壌環境課編集　『逐条解説　土壌汚染対策法』　新日本法規出版株式会社　２０１９年８月
■経済産業省商務情報政策局情報通信機器課編　『２０１０年版　家電リサイクル法［特定家庭用機器再商品化法］の解説　経済産業省リサイクルシリーズ８』　財団法人経済産業調査会出版部　２０１０年８月
■経済産業省製造産業局化学物質管理課オゾン層保護等推進室・環境省地球環境局地球温暖化対策課フロン対策室監修　『図説　よくわかるフロン排出抑制法』　中央法規出版株式会社　２０１７年４月
■建設副産物リサイクル広報推進会議編集　『建設リサイクルハンドブック２０２０』　株式会社大成出版社　２０２１年２月
■公益財団法人産業廃棄物処理事業振興財団編著　『改訂版（２刷）　建設現場従事者のための残土・汚染土取扱ルール　産業廃棄物・汚染土壌排出管理者講習テキスト（残土・汚染土コース、総合管理コース）』　株式会社大成出版社　２０１８年１０月
■公益財団法人日本産業廃棄物処理振興センター編　「２０２０年度　ＰＣＢ廃棄物の収集運搬業作業従事者講習会テキスト」　公益財団法人日本産業廃棄物処理振興センター　２０２０年５月

■公益社団法人大阪府産業資源循環協会危機管理委員会編 「廃棄物法制等普及促進シリーズＶｏｌ．１０ 産業廃棄物処理業に関するＢＣＰ策定ガイドライン（第２版）」 公益社団法人大阪府産業資源循環協会 ２０１９年１１月
■公益社団法人大阪府産業資源循環協会事務局編 「建設廃棄物３Ｒ・適正処理の手引き」 公益社団法人大阪府産業資源循環協会 ２０２１年３月
■公益社団法人大阪府産業資源循環協会事務局編 「よくわかるシリーズ１ マニフェストのしくみ」 公益社団法人大阪府産業資源循環協会 ２０２０年７月
■公益社団法人大阪府産業資源循環協会事務局編 「よくわかるシリーズ２ さんぱい運搬のルール」 公益社団法人大阪府産業資源循環協会 ２０２１年３月
■公益社団法人大阪府産業資源循環協会事務局編 「よくわかるシリーズ３ 優良認定のながれ」 公益社団法人大阪府産業資源循環協会 ２０２１年３月
■公益社団法人大阪府産業資源循環協会事務局編 「よくわかるシリーズ４ 廃棄物のトリセツ」 公益社団法人大阪府産業資源循環協会 ２０２０年７月
■公益社団法人大阪府産業資源循環協会事務局編 「よくわかるシリーズ５ 安全処理のすすめ」 公益社団法人大阪府産業資源循環協会 ２０２１年３月
■公益社団法人日本医師会・公益財団法人日本産業廃棄物処理振興センター編 「２０２０年度医療関係機関等を対象にした特別管理産業廃棄物管理責任者に関する講習会テキスト」 公益財団法人日本産業廃棄物処理振興センター ２０２０年８月
■古物営業研究会 『３訂版 わかりやすい古物営業の実務』 東京法令出版株式会社 ２０２０年７月
■タクマ環境技術研究会編 『基礎からわかるごみ焼却技術』 株式会社オーム社 ２０１７年１１月
■タクマ環境技術研究会編 『基礎からわかる下水・汚泥処理技術』 株式会社オーム社 ２０２０年６月
■龍野浩一 廃棄物管理士講習会の展望－平成２２年２月現在の所感－ 「Clean Life Vol. ４０（特集 ～廃棄物管理士の普及促進に向けて～）」所収 社団法人大阪府産業廃棄物協会 ２０１０年３月
■龍野浩一 廃棄物処理のためのガイドライン・マニュアル等一覧（平成２５年１０月１日時点）「Clean Life Vol. ５５（特集 必携！廃棄物処理のためのガイドライン・マニュアル等）」所収 公益社団法人大阪府産業廃棄物協会 ２０１３年１２月
■龍野浩一 第１部 基調講演 廃棄物法制の経緯と「ごみ処理」の展望 「Clean Life Vol. ５９（特集 未来のごみ処理のあり方を考えるフォーラム）」所収 公益社団法人大阪府産業廃棄物協会 ２０１４年１２月
■龍野浩一 「運用上の解釈ますます難解に 過去の指導・助言事例を厳選集約－廃棄物処理法のＱ＆Ａ－」『週刊循環経済新聞 ２０１５年（平成２７年）２月９日号』所収 日報ビジネス株式会社 ２０１５年２月
■龍野浩一 「今、求められる廃棄物処理業の在り方」『週刊循環経済新聞 ２０１７年（平成２９年）１月２３日号』所収 日報ビジネス株式会社 ２０１７年１月
■龍野浩一 「水銀廃棄物に区分・基準等が新設」『週刊循環経済新聞 ２０１８年（平成３０年）１月２９日号』所収 日報ビジネス株式会社 ２０１８年１月
■龍野浩一 「知っておきたい廃棄物処理実務のＱ＆Ａ」『会社法務Ａ２Ｚ ２０１５年５月号（特集 環境課題における解決の糸口）』所収 第一法規株式会社 ２０１５年４月

■龍野浩一　「事業者処理責任を踏まえた合理性のある中間処理施設について」『ＩＮＤＵＳＴ　２０１６年2月号（特集　中間処理施設ＡＢＣ)』所収　公益社団法人全国産業廃棄物連合会・株式会社環境新聞社　２０１６年2月
■龍野浩一　「近時の法令改正や解釈の明確化を踏まえた廃棄物管理について」『環境管理　２０１７年１０月号（特集　廃棄物処理法改正と適正処理)』所収　一般社団法人産業環境管理協会　２０１７年１０月
■廃棄物処理法編集委員会編著　『令和２年版　廃棄物処理法の解説』　一般財団法人日本環境衛生センター　２０２０年6月
■その他（映像資料）
○龍野浩一談　「森友学園がＨＰ上で反論・ゴミの埋め戻しは仮置き」『報道ステーション　２０１７年2月２７日（月)』内放送　株式会社テレビ朝日　２０１７年2月
○龍野浩一談　「衆議院予算委員会・国有地（森友学園）売却めぐり追及」『グッド！モーニング　２０１７年2月２８日（5時００分)』内放送　株式会社テレビ朝日　２０１７年2月
○龍野浩一談　「土砂搬出へ…森友学園（借入金）で…認可審議で異論も」『ワイドスクランブル　２０１７年3月１日（１２時５３分)』内放送　株式会社テレビ朝日　２０１７年3月

索　引

か

さ

た

な

は

ま

や

ら

著者紹介

龍野浩一（たつの・こういち）

公益社団法人大阪府産業資源循環協会事務局長

１９７１年、大阪府生まれ。
神戸大学経済学部卒業、同大学院経済学研究科修了後、社団法人大阪府産業廃棄物協会入局、同研究員、同次長を経て現職。この間、廃棄物管理士講習会を事業化。

【社会活動】京都産業大学経済学部招聘特別講師（２００４年度）
独立行政法人国際協力機構集団研修講師（２００７～２０１０年度）
一般社団法人日本経営協会関西本部会員研究会セミナー講師（２０１１～２０１２年度）
徳島県産業廃棄物・特別管理産業廃棄物適正処理講習会講師（２０１２年度～）
奈良県産業廃棄物排出事業所管理者・優良処理事業者育成研修会講師（２０１７年度～）
一般社団法人企業環境リスク解決機構産業廃棄物適正管理能力検定検討委員（２０１８年度～）

【関係書籍】『会社を強くする産業廃棄物処理業の経営実務』（第一法規・２００６年）／共著
『産業廃棄物排出企業のリスク・マネジメント』（第一法規・２００６年）／共著
『通知で納得！条文解説廃棄物処理法』（第一法規・２００９年）／共監
『チェックリスト廃棄物処理基準』（第一法規・２０１１年）／共監著
『廃棄物処理の実務Ｑ＆Ａ』（第一法規・２０１７年）／共著
『環境キーワード事典』（第一法規・２０１８年）／共著
『廃棄物処理実務便覧』（第一法規・２０１９年）／共著

【運営協力】「廃棄物処理実務ＮＡＶＩ」／インターネットサービス

サービス・インフォメーション

通話無料

①商品に関するご照会・お申込みのご依頼
TEL 0120(203)694／FAX 0120(302)640
②ご住所・ご名義等各種変更のご連絡
TEL 0120(203)696／FAX 0120(202)974
③請求・お支払いに関するご照会・ご要望
TEL 0120(203)695／FAX 0120(202)973

●フリーダイヤル(TEL)の受付時間は、土・日・祝日を除く9:00〜17:30です。
●FAXは24時間受け付けておりますので、あわせてご利用ください。

これは廃棄物？だれが事業者？お答えします！廃棄物処理（改訂第3版）

2015年9月30日　初版第1刷発行
2016年5月30日　初版第2刷発行
2017年3月20日　初版第3刷発行
2018年2月5日　改訂増補版第1刷発行
2018年10月25日　改訂増補版第2刷発行
2019年6月5日　改訂増補版第3刷発行
2021年3月20日　改訂第3版第1刷発行
2024年1月25日　改訂第3版第2刷発行

著者　龍野浩一
発行者　田中英弥
発行所　第一法規株式会社
〒107-8560　東京都港区南青山2-11-17
ホームページ　https://www.daiichihoki.co.jp/

お答え廃棄物3　ISBN 978-4-474-07190-2　C2036（2）